权威·前沿·原创

皮书系列为
"十二五""十三五"国家重点图书出版规划项目

生态安全绿皮书

GREEN BOOK OF
ECOLOGICAL SECURITY

甘肃国家生态安全屏障建设
发展报告（2018）

REPORT ON THE DEVELOPMENT OF GANSU PROVINCE'S
NATIONAL ECOLOGICAL SECURITY BARRIERS (2018)

顾　问／陆大道　李景源　郭清祥　孙伟平　胡文臻
主　编／刘举科　喜文华
副主编／高天鹏　钱国权　常国华　汪永臻

社会科学文献出版社
SOCIAL SCIENCES ACADEMIC PRESS (CHINA)

图书在版编目（CIP）数据

甘肃国家生态安全屏障建设发展报告.2018／刘举
科，喜文华主编.－－北京：社会科学文献出版社，
2019.2
（生态安全绿皮书）
ISBN 978－7－5097－8213－2

Ⅰ.①甘…　Ⅱ.①刘…②喜…　Ⅲ.①生态环境建设
－研究报告－甘肃－2018　Ⅳ.①X321.242

中国版本图书馆 CIP 数据核字（2018）第 286928 号

生态安全绿皮书
甘肃国家生态安全屏障建设发展报告（2018）

主　　编／刘举科　喜文华
副 主 编／高天鹏　钱国权　常国华　汪永臻

出 版 人／谢寿光
项目统筹／周　琼
责任编辑／周　琼　李惠惠

出　　版／社会科学文献出版社·社会政法分社（010）59367156
　　　　　　地址：北京市北三环中路甲29号院华龙大厦　邮编：100029
　　　　　　网址：www. ssap. com. cn
发　　行／市场营销中心（010）59367081　59367083
印　　装／三河市龙林印务有限公司

规　　格／开本：787mm×1092mm　1/16
　　　　　　印张：20　字数：300千字
版　　次／2019年2月第1版　2019年2月第1次印刷
书　　号／ISBN 978－7－5097－8213－2
定　　价／108.00元

皮书序列号／PSN G－2017－659－1/1

本书如有印装质量问题，请与读者服务中心（010－59367028）联系

生态安全绿皮书编委会名单

主要编撰者简介

陆大道　男　经济地理学家，中国科学院院士。中国科学院地理研究所原所长，现任中国科学院地理科学与资源研究所研究员，中国地理学会理事长。

李景源　男　全国政协委员。中国社会科学院学部委员、文哲学部副主任，中国社会科学院文化研究中心主任，哲学研究所原所长，中国历史唯物主义学会副会长，博士，研究员，博士生导师。

郭清祥　男　回族，甘肃省人民政府参事室党组书记、主任，中国统战理论研究会民族宗教理论甘肃研究基地研究员，《民族学与西北民族社会》《中国伊斯兰百科全书》主编。

孙伟平　男　上海大学特聘教授，中国社会科学院哲学研究所原副所长，中国辩证唯物主义研究会副会长，中国现代文化学会副会长，文化建设与评价专业委员会会长，博士，研究员，博士生导师。

胡文臻　男　中国社会科学院社会发展研究中心常务副主任，中国社会科学院中国文化研究中心副主任，中国林产工业联合会杜仲产业分会副会长，安徽省庄子研究会副会长，特约研究员，博士。

刘举科　男　甘肃省人民政府参事，中国社会科学院社会发展研究中心特约研究员，教育部全国高等教育自学考试指导委员会教育类专业委员会委员，中国现代文化学会文化建设与评价专业委员会副会长，兰州城市学院教授，享受国务院政府特殊津贴专家。

喜文华　男　回族，联合国工业发展组织国际太阳能中心主任，亚太地区太阳能研究培训中心主任，中国绿色能源产业技术创新战略联盟理事长，甘肃自然能源研究所名誉所长，研究员，享受国务院政府特殊津贴专家。

高天鹏　男　甘肃省人民政府参事室特约研究员，甘肃省植物学会副理事长，甘肃省矿区污染治理与生态修复工程研究中心主任，祁连山北麓矿区生态系统与环境野外科学观测研究站负责人，兰州城市学院学术带头人，博士，教授，硕士生导师。

钱国权　男　甘肃省人民政府参事室特约研究员，甘肃省城市发展研究院副院长，兰州城市学院地理与环境工程学院党委书记，教授，人文地理学博士。

常国华　女　兰州城市学院地理与环境工程学院副院长、副教授，中国科学院生态环境研究中心环境科学博士。

汪永臻　男　兰州城市学院地理与环境工程学院副教授，应用经济学博士。

摘　要

生态安全是国家安全的重要组成部分。2015 年 7 月公布实施的《中华人民共和国国家安全法》为维护国家核心利益和国家其他重大利益提供了法制保障。其中规定了以"保护人民的根本利益"为宗旨,"维护和发展最广大人民的根本利益,创造良好生存发展条件和安定工作生活环境"。生态安全屏障是构建国家"两屏三带"生态安全战略格局的重要组成部分。生态安全屏障具有净化、调节与阻滞、土壤保持、水源涵养、生物多样性保育等多种功能。生态安全屏障建设能够为最广大人民群众提供更多优质生态产品,以不断满足人民群众日益增长的对优美生态环境的需求。

甘肃省地处我国西北地区重要生态安全屏障建设区、北方防沙带建设区、黄河长江等重要水源涵养区、生物多样性保护优先区,是国家"两屏三带"生态安全战略重要实施区,对国家生态安全具有重要战略保障作用。我们必须承担起国家生态安全屏障建设的历史重任,坚持"绿水青山就是金山银山"的绿色发展理念,为加快推进国家生态安全屏障综合实验区建设,切实为筑牢生态安全屏障做出贡献。为实现这一战略目标,生态安全研究团队在第一部生态安全绿皮书的基础上,按照"树立绿色发展理念,实现生态安全目标,构筑西部生态屏障,实施'四屏一廊'工程,建设生态文明社会,保障人民健康生活"的甘肃国家生态安全屏障建设思路,又推出了《甘肃国家生态安全屏障建设发展报告(2018)》。

本报告以"保护人民的根本利益"为宗旨,以国家"两屏三带"生态安全战略格局为依托,以构筑国家西部生态安全屏障为目标,以更新民众观念、提供决策咨询、指导工程实践、引领绿色发展为己任,将国家"两屏三带"规划甘肃功能区细化为"四屏一廊"生态安全屏障与主体功能区,并进行科学规划、组织与实施，按照国家《生态文明建设目标评价考核办法》，结合生态安全屏障建设实践，科学制定了考核评价指标体系，建立了考核评价模型，对甘肃国家生态安全屏障安全等级指数进行评价，对资源环境承载力进行评价，对生态安全屏障建设区地质灾害风险进行评估，并给出每一生态屏障下一步建设的侧重度、难度和综合度等具体建议。跟踪研究甘肃国家生态安全屏障建设进展及重大生态保护修复工程成效，探索建立多元化生态补偿机制，逐步提高对森林、草原、湿地与耕地、矿产资源开发、海洋、流域和生态功能区七大生态功能区的补偿标准，充分借鉴和汲取生态安全屏障建设的新理念、新思想、新战略和好经验、好做法、好模式。

生态安全屏障建设是一个关乎国家生态安全的全局性、基础性、历史性工程，必须下大力气建设好，进一步解决好生态环境保护与经济发展的关系，坚持人与自然和谐共生，让良好生态环境成为人民生活的增长点，成为经济社会持续健康发展的支撑点。构建以生态系统良性循环和环境风险有效防控为重点的生态安全体系，保障国家生态安全。推动形成绿色发展方式和生活方式，坚定走生产发展、生活富裕、生态良好的文明发展道路，建设美丽中国，为人民创造良好的生产生活环境，为国家生态安全做出贡献。

关键词：生态安全　生态屏障　"两屏三带"　"四屏一廊"

Abstract

Ecological security is part and parcel of national security. *The National Security Law of People's Republic of China*, as adopted in July, 2015, is a legal safeguard maintaining national core interests and other vital interests. The purpose of this law is to protect the fundamental interest of the people, maintain and develop the fundamental interest of the overwhelming majority of people and create good subsistence and development conditions and a peaceful environment for work and living. In the construction of national "two barriers, three zones", ecological barrier is an important part of the national ecological security strategic pattern. The ecological barrier also possesses a lot of functions, such as purification, adjustment, blocking, soil conservation, water conservation, biodiversity conservation, etc. Thus, the construction of the ecological barrier can provide more ecological products with high qualities to meet people's ever-growing needs for a better ecological environment.

Gansu province, enjoying an important geographical location, is located in the important ecological security barrier construction area in northwestern China, the construction area of northern windbreak, the important conservation area of the Yellow River, the Changjiang River and other rivers, and the priority area of biodiversity conservation. It is also the implementation area of the national "two barriers, three zones" ecological security strategy, playing a strategic role in national ecological security. We should undertake the historical responsibilities of the construction of national ecological security barriers, and insist on the concept of green development that lucid waters and lush mountains are invaluable assets, to make contributions to the construction of the comprehensive experimental areas of the national ecological security barriers. In order to realize this strategic goals, on the basis of the report we published in 2017, our research team published the *Report on the Development of Gansu Province's National Ecological Security Barriers*

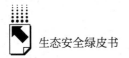

(2018) according to the thoughts of constructing the Gansu province's national ecological security barriers, including the establishment of green development concepts, the realization of ecological security, the construction of ecological barriers in western China, the implementation of the "four barriers, one corridor" project, the construction of ecological civilization society, and the security of people's healthy life.

The report upholds the conceptions of protecting the fundamental interest of the people, aims to construct the western ecological security barriers of China based on the national ecological security strategy "two barriers, three zones", and tries to upgrade the general public's ecological awareness, provide decision-making consultation and guidance of engineering practices, as well as to advocate and lead the green development. Through the scientific plan, organization and practices, the green book subdivided the Gansu province functional area of the "two barriers, three zones" plan into the "four barriers, one corridor" ecological security barriers and the main functional area construction plan. According to the national *Regulation of Evaluation and Examination of Ecological Civilization Construction*, the report has set a scientific evaluation standard and built an evaluation model by integrating the practices of ecological security construction. And then on the basis of this evaluation standard and model, the report has evaluated the security level index of Gansu Province's national ecological security barriers, resource and environment carrying capacity, and the risk of the geological disaster in the construction area of the ecological security barriers. Furthermore, concrete suggestions have been given to the construction of every ecological barrier in the next step, concerning the focus, difficulty and the comprehensive degree of the construction. Moreover, the book keeps tracking and studying the construction progress of national ecological security barriers of Gansu province, as well as the result of the ecological protection and restoration project, explores the establishment of the diversified mechanism for ecological compensation, and gradually increases the compensation standard of the seven ecological function areas, including the forest, the grasslands, the wetland and cultivated land, the exploration of mineral resources, the ocean, the drainage basin and the ecological function area. In this progress, new concepts, new ideas, good experience, good practices and good models about the construction of ecological barriers have been fully borrowed and absorbed.

The construction of national ecological security barriers is a global, fundamental and historical project concerning the ecological security of China. We should make great efforts to construct the barriers, move forward to solve the problems between the ecological environment protection and the economic development, and stick to the harmonious co-existence between human and nature. A fairly good ecological environment should be turned into the growth point of people's living standard, and the supporting point of the sustained and healthy development of economy and society. Thus it is important to build an ecological security system focused on the constructive cycle of the ecosystem and the effective prevention and control of the environmental risk to guarantee the national ecological security. To ensure the ecological security of China, we are working on accelerating the formation of green development patterns and life style, and determined to continue on the civilized path of development featuring the growth of production, an affluent life and a sound ecological environment. It is our duty to build a beautiful China, create a good living and working environment for the people, and make contributions to the ecological security of China.

Keywords: Ecological Security; Ecological Barriers; "Two Barriers, Three Zones"; "Four Barriers, One Corridor"

序 言

郭清祥

党的十八大以来，党中央提出坚持人与自然和谐共生的基本方略，明确建设生态文明是中华民族永续发展的千年大计，对加快生态文明体制改革、建设美丽中国做出了战略部署。生态安全是国家安全的重要组成部分，是关系最广大人民群众生存发展的核心利益。2015年7月公布实施的《中华人民共和国国家安全法》为维护国家核心利益和国家其他重大利益提供了法制保障。其中规定了以"保护人民的根本利益"为宗旨，"维护和发展最广大人民的根本利益，创造良好生存发展条件和安定工作生活环境"。习近平总书记分别就甘肃祁连山自然生态保护区破坏、陕西延安削山造城、浙江杭州千岛湖临湖违规搞建设、秦岭北麓西安段圈地建别墅、新疆卡山自然保护区违规"瘦身"、腾格里沙漠污染、青海木里矿区破坏性开采等严重破坏生态环境事件，以及长江经济带"共抓大保护，不搞大开发"做出重要指示批示，要求把解决突出生态环境问题作为民生优先领域，对各类破坏行为严肃查处、绝不松手，确保绿水青山常在和各类自然生态系统安全稳定，推动生态环境保护发生历史性、转折性、全局性变化，确保2035年美丽中国目标基本实现。

习近平总书记视察甘肃时强调，要"着力加强生态环境保护，提高生态文明水平"，为甘肃省加快绿色发展，推进生态文明建设指明了方向、提供了根本遵循。甘肃地处长江、黄河上游，历来是全国水土流失治理和防沙治沙的重点区域，其生态建设是确保西部大开发战略实施、涵养补给黄河水源、根治长江水患、实现下游地区经济社会可持续发展的有效保障，是阻止沙尘暴等恶劣气候环境、促进北方地区经济社会发展的前沿阵地，也是

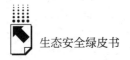

《全国主体功能区规划》确定的"两屏三带"全国生态安全战略格局中"青藏高原生态屏障"、"黄土高原—川滇生态屏障"和"北方防沙带"的重要组成部分,甘肃生态安全在西北地区乃至全国具有非常重要的地位。在国家主体功能区规划中,甘肃省近90%的土地面积被纳入限制开发和禁止开发区,甘肃在国家生态安全格局中战略地位十分重要。甘肃生态环境脆弱,保障甘肃生态安全意义重大。

甘肃省委、省政府先后出台《甘肃省加快转型发展建设国家生态安全屏障综合试验区总体方案》《甘肃省加快推进生态文明建设实施方案》《甘肃省建设国家生态安全屏障综合试验区"十三五"实施意见》《甘肃省主体功能区规划》《祁连山生态保护与建设综合治理规划》《甘肃"两江一水"区域综合治理规划》《甘肃渭河源区生态保护与综合治理规划》等保护生态环境的政策规划,提高思想认识,认真领会"绿水青山就是金山银山"的发展理念与要求,转变发展方式。尤其是2017年中办、国办就甘肃祁连山国家级自然保护区生态环境问题发出通报后,甘肃省委、省政府以问题为导向,狠抓整改,2018年出台《甘肃省推进绿色生态产业发展规划》把生态保护和建设放在更加突出地位,培育壮大十大绿色生态产业,包括节能环保、清洁生产、清洁能源、循环农业、中医中药、文化旅游、通道物流、数据信息、军民融合和先进制造产业,并确定了265个、总投资达8200多亿元的绿色生态产业重点项目。在发展布局上,将按照不同区域特点,建设中部绿色生态产业示范区、河西走廊和陇东南绿色生态产业经济带。到2020年,甘肃省将借助十大绿色生态产业使产业结构调整取得较大进展,生态文明体制改革取得重大突破,生态产业体系初步形成,最终使绿色产业成为全省经济的重要增长极。

生态环境的保护和治理是一项长期工程。干旱范围广、水土资源不匹配、植被少而不均、承载力低、修复能力弱是甘肃生态的基本特征,受地理位置和自然条件制约、人口增长和经济规模扩张及全球气候变化的大环境影响,加之经济发展方式转变滞后、资源开发依赖程度强,生态环境的压力持续增加,在短期内难以改变。尤其是在当前经济下行压力加大、环境承载力有限的情况下，面对实现中央"五位一体"战略布局目标，全省生态保护与建设面临更为严峻的形势和挑战。从治理难度和区域方面看，生态保护和治理难度越来越大，区域上更为分散。从生态演变特性和阶段特征看，全省生态演变总体上依然呈现"面上向好、局点恶化、博弈相持、尚未扭转"的特点，生态问题"边治理、边发生""已治理、又复发"的现象存在，生态恶化的形势尚未得到根本遏制，生态依旧脆弱的特质没有改变，生态保护与建设"持久战"的局面还将延续。特别是植被破坏、水土流失、土地沙化、草地退化、自然灾害等生态问题，仍然是甘肃经济社会可持续发展的主要生态"瓶颈"，全省生态保护与建设依然任重道远。

在此背景下，甘肃省人民政府参事室组织专家团队在《甘肃国家生态安全屏障建设发展报告（2017）》的基础上，进一步完善生态安全评价体系、评价方法与内容，贯彻党的十九大和全国第一次生态环境保护大会精神，又推出了《甘肃国家生态安全屏障建设发展报告（2018）》，对国家西部生态安全屏障建设进行了深入研究。本报告共分为四部分，第一部分为总报告，主要介绍国家和甘肃省生态安全问题和生态屏障建设状况，并对甘肃省生态安全屏障建设进展进行深入的分析和评价，进而提出"树立绿色发展理念，实现生态安全目标，构筑西部生态屏障，实施'四屏一廊'工程，建设生态文明社会，保障人民健康生活"的发展思路。第二部分为评价篇，对甘肃省境内的"四屏一廊"，即河西祁连山内陆河生态安全屏障、甘南高原地区黄河上游生态安全屏障、南部秦巴山地区长江上游生态安全屏障、陇东陇中黄土高原地区生态安全屏障和中部沿黄河地区生态走廊安全屏障建设情况进行评价，制定了科学的考核评价标准、指标体系，建立了考核评价模型，分别从生态安全屏障建设、资源环境承载力、生态安全屏障建设区地质灾害风险评估和生态保护补偿标准等方面进行研究评估。对甘肃国家生态安全屏障安全等级指数进行评价，力图使生态安全状态保持在有利于人类生存发展的有益区间内；对资源环境承载力进行评价，力图把各类开发活动严格限制在资源环境承载能力之内；对生态安全屏障建设区地质灾害风险进行评估，力图使生态安全风险保持在可控范围之内；对近年来生态安全屏障建设的实践与问题进行分析，给出每一生态屏障下一步建设的侧重度、难度和综合度等具体建议；跟踪研究甘肃国家生态安全屏障建设进展及重大生态保护修复工程成效，探索建立多元化生态补偿机制，逐步提高对森林、草原、湿地与耕地、矿产资源开发、海洋、流域和生态功能区七大生态功能区的补偿标准，充分借鉴和汲取生态屏障建设的新理念、新思想、新战略和好经验、好做法、好模式，并分别提出了可行性对策建议，为甘肃省生态安全建设提供参考。第三部分为专题篇，介绍了西部生态安全屏障建设的战略意义及实践探索，以及甘肃特色生态城市安全屏障建设发展情况。第四部分为附录，主要记录了2017年甘肃国家生态安全屏障建设的大事。

本书通过深入分析甘肃国家生态安全屏障建设中的经验与存在的问题，以提高甘肃资源环境承载力和改善生态环境质量为总任务，以人与自然和谐发展为根本，尊重自然规律，全力搞好各项生态保护与建设工作，促进生态系统良性发展。突出"四屏一廊"重点区域综合治理，巩固生态建设成果。总结和推广生态安全屏障建设的典型模式，创新体制机制，推进生态屏障综合试验区建设。努力做到整体与局部、近期与长远生态保护与建设相结合，探索建立内陆欠发达地区生态环境保护与建设发展长效机制，更好地推动国家生态安全屏障建设，为维护国家生态安全做出贡献。

目 录

Ⅰ 总报告

Ⅱ 评价篇

Ⅲ 专题篇

Ⅳ 附 录

皮书数据库阅读**使用指南**

CONTENTS

I General Report

II Evaluation Reports

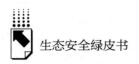
Ⅲ   Special Reports

Ⅳ   Appendix

总 报 告

General Report

G.1

甘肃国家生态安全屏障建设发展报告（2017）

刘举科　喜文华　李开明*

摘　要：　　生态安全是国家安全的重要组成部分，生态屏障是构建国家
　　　　　　"两屏三带"生态安全战略格局的重要内容。甘肃省地处我国
　　　　　　西北地区重要生态安全屏障建设区、北方防沙带建设区、黄河
　　　　　　长江等重要水源涵养区、生物多样性保护优先区，是国家"两
　　　　　　屏三带"生态安全战略重要实施区，对国家生态安全具有重要
　　　　　　战略保障作用。本报告以"保护人民的根本利益"为宗旨，以
　　　　　　国家"两屏三带"生态安全战略格局为依托，以构筑国家西部

---

* 刘举科，教授，甘肃省人民政府参事，兰州城市学院副院长，主要从事人与环境健康、生态
城市研究；喜文华，研究员，联合国工业发展组织国际太阳能中心主任，主要从事新能源的
管理和研究；李开明，副教授，博士，兰州城市学院地理与环境工程学院副院长，主要从事
寒旱区水文水资源与区域经济研究。

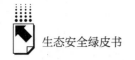
生态安全屏障为目标，以更新民众观念、提供决策咨询、指导工程实践、引领绿色发展为己任，将国家"两屏三带"规划甘肃功能区细化为"四屏一廊"生态安全屏障与主体功能区，并进行科学规划、组织与实施，按照国家《生态文明建设目标评价考核办法》，结合生态安全屏障建设实践，科学制定了考核评价指标体系，建立了考核评价模型，对甘肃国家生态安全屏障安全等级指数进行评价，对资源环境承载力进行评价，对生态安全屏障建设区地质灾害风险进行评估，并给出每一生态屏障下一步建设的侧重度、难度和综合度等具体建议。

关键词： 生态安全　生态屏障　"两屏三带"　"四屏一廊"

　　生态安全是国家安全的重要组成部分。2015 年 7 月公布实施的《中华人民共和国国家安全法》是维护国家核心利益和国家其他重大利益的法制保障。其中规定了以"保护人民的根本利益"为宗旨，"维护和发展最广大人民的根本利益，创造良好生存发展条件和安定工作生活环境"。生态屏障是构建国家"两屏三带"生态安全战略格局的重要组成部分。生态安全屏障具有净化、调节与阻滞、土壤保持、水源涵养、生物多样性保育等多种功能。生态安全屏障建设能够为最广大人民群众提供更多优质生态产品，以不断满足人民群众日益增长的对优美生态环境的需求。

　　甘肃省地处我国西北地区重要生态安全屏障建设区、北方防沙带建设区、黄河长江等重要水源涵养区、生物多样性保护优先区，是国家"两屏三带"生态安全战略重要实施区，对国家生态安全具有重要战略保障作用。我们必须承担起国家生态安全屏障建设的历史重任，坚持"绿水青山就是金山银山"的绿色发展理念，为加快推进国家生态安全屏障综合实验区建设，切实筑牢生态安全屏障做出贡献。为实现这一战略目标，生态安全研究团队在第一部生态安全绿皮书基础上，按照"树立绿色发展理念，实现生态安全目标，构筑西部生态屏障，实施'四屏一廊'工程，建设生态文明社会，保障人民健康生活"的甘肃国家生态安全屏障建设思路，又推出了《甘肃国家生态安全屏障建设发展报告（2018）》[以下简称《报告（2018）》]。《报告（2018）》以"保护人民的根本利益"为宗旨，以国家"两屏三带"生态安全战略格局为依托，以构筑国家西部生态安全屏障为目标，以更新民众观念、提供决策咨询、指导工程实践、引领绿色发展为己任，将国家"两屏三带"规划甘肃功能区细化为"四屏一廊"生态安全屏障与主体功能区，并进行科学规划、组织与实施，按照国家《生态文明建设目标评价考核办法》，结合生态安全屏障建设实践，科学制定了考核评价指标体系，建立了考核评价模型，对甘肃国家生态安全屏障安全等级指数进行评价，对资源环境承载力进行评价，对生态安全屏障建设区地质灾害风险进行评估，并给出每一生态屏障下一步建设的侧重度、难度和综合度等具体建议。跟踪研究甘肃国家生态安全屏障建设进展及重大生态保护修复工程成效，探索建立多元化生态补偿机制，逐步提高对森林、草原、湿地与耕地、矿产资源开发、海洋、流域和生态功能区七大生态功能区的补偿标准，充分借鉴和汲取生态屏障建设的新理念、新思想、新战略和好经验、好做法、好模式。

国家生态安全屏障建设是一个关乎国家生态安全的全局性、基础性、历史性工程，必须下大力气建设好，进一步解决好生态环境保护与经济发展的关系，坚持人与自然和谐共生，让良好生态环境成为人民生活的增长点，成为经济社会持续健康发展的支撑点。构建以生态系统良性循环和环境风险有效防控为重点的生态安全体系，保障国家生态安全。推动形成绿色发展方式和生活方式，坚定走生产发展、生活富裕、生态良好的文明发展道路，建设美丽中国，为人民创造良好的生产生活环境，为国家生态安全做出贡献。

中国地域辽阔，横跨多个经度和纬度，气候类型丰富。丰富的气候类型造成了多样的生态系统类型，几乎拥有所有陆生生态系统类型。近年来，严重退化的生态环境和生态功能，致使生物多样性不断下降、生态服务价值不断降低、生态安全受到严重威胁，这已经成为我国经济发展过程中所面临的

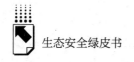

最为严峻的问题之一。以甘肃省为代表的我国西部干旱区生态环境脆弱，环境问题尤为突出，越来越受到国家、地方政府及专家学者的关注和重视。在全面建成小康社会大背景的推动下，改善西部地区生态环境条件，建立有效的生态安全屏障，对我国未来社会发展和经济发展都具有重大意义。

基于甘肃省"四屏一廊"生态安全战略布局，生态安全绿皮书《甘肃国家生态安全屏障建设发展报告（2017）》通过构建评价指标体系，对河西祁连山内陆河生态安全屏障、甘南高原地区黄河上游生态安全屏障、甘肃南部秦巴山地区长江上游生态安全屏障、陇东陇中黄土高原地区生态安全屏障和中部沿黄河地区生态走廊安全屏障建设情况进行分析和评价。在此基础上，课题组再次组织研创了2018年生态安全绿皮书，对甘肃省"四屏一廊"生态安全建设进程、生态安全变化、资源环境承载力、建设区地质灾害风险评估、建设中出现的新问题、新情况进行全面分析和评价。

一 国家生态安全与西部生态安全屏障建设的战略意义

（一）国家生态安全与生态屏障建设战略

国家安全既包括传统安全（军事安全、国土安全、主权安全、政治安全、意识形态安全等），也涵盖非传统安全（经济安全、金融安全、社会安全、文化安全、生态环境安全等）。在气候变化、中国人口基数庞大、经济快速发展背景下，资源安全和生态安全的重要性凸显，并成为中国经济社会可持续发展的基本保证。改革开放以来，我国经济快速发展与资源约束、环境污染与生态退化交织在一起，生态安全问题已经成为关系人民福祉和国家可持续发展的重大问题。习近平总书记指出，既重视传统安全，又重视非传统安全，构建集政治安全、国土安全、军事安全、经济安全、文化安全、社会安全、科技安全、信息安全、生态安全、资源安全、核安全等于一身的国家安全体系，明确将生态安全纳入国家安全体系。准确把握国家安全形势变化，提升生态安全重要性意识，制定正确的国家生态安全战略，维护国家生态安全，对促进经济社会可持续发展、加快生态文明建设具有重要意义和深远影响。

针对生态安全问题，国家已制定和实施了一系列重大政策。2017 年，党的十九大对我国国家生态安全与生态屏障建设又提出了新的思想和理念。"美丽中国"的生态文明建设目标作为习近平新时代中国特色社会主义思想的一个重要组成部分，在党的十八大第一次被写进了政治报告，党的十九大报告在生态文明建设的理论思考和实践举措上均有了重大创新。

党的十九大报告提出"十四条坚持"，其中一条就是"坚持人与自然和谐共生"；提出"像对待生命一样对待生态环境"，"实行最严格的生态环境保护制度"及"打赢蓝天保卫战"等思想和理念；提出详尽的改善生态环境、解决生态安全问题的一系列措施，旨在从根本上改善生态环境，实现"美丽中国"的伟大目标。习近平新时代中国特色社会主义思想，对生态文明建设中存在的问题具有清醒的认识，对解决生态文明建设中存在的问题有清晰的思路和举措，也向全世界发出中国建设生态文明的庄严承诺。

党的十九大报告同时指出，生态安全问题并不是某个国家或者区域的问题，而是一个全球性的问题，解决当前严重的生态安全问题，建设有效的生态屏障需要全球各个国家和地区共同努力和协作。因此，党的十九大报告在《联合国气候变化框架公约》和《巴黎协定》等国际公约的基础上提出"积极参与全球环境治理，落实减排承诺"，"为全球生态安全做出贡献"，表明我国对解决当前全球生态安全问题的积极态度。

习近平总书记多次就国家生态安全与生态屏障建设做出重要指示。早在2013 年 4 月，习近平在海南考察工作时指出，纵观世界发展史，保护生态环境就是保护生产力，改善生态环境就是发展生产力。良好的生态环境是最公平的公共产品，是最普惠的民生福祉。对人的生存来说，金山银山固然重要，但绿水青山是人民幸福生活的重要内容，是金钱不能代替的。2013 年 9月，习近平在哈萨克斯坦纳扎尔巴耶夫大学演讲时再次强调，中国明确把生态环境保护摆在更加突出的位置。我们既要绿水青山，也要金山银山。宁要绿水青山，不要金山银山，而且绿水青山就是金山银山。我们绝不能以牺牲

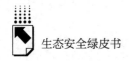

生态环境为代价换取经济的一时发展。2016 年 12 月，习近平总书记再次对生态文明建设做出重要指示，指出生态文明建设是"五位一体"总体布局和"四个全面"战略布局的重要内容。各地区各部门要切实贯彻新发展理念，树立"绿水青山就是金山银山"的强烈意识，努力走向社会主义生态文明新时代。2018 年 5 月，在全国生态环境保护大会上，习近平总书记又一次强调生态环境问题的重要性，指出"绿水青山就是金山银山"，贯彻"创新、协调、绿色、开放、共享"的发展理念，加快形成节约资源和保护环境的空间格局、产业结构、生产方式、生活方式，给自然生态留下休养生息的时间和空间。

（二）国家生态安全与生态屏障建设

2017 年，中办、国办联合印发实施《关于划定并严守生态保护红线的若干意见》，指出依托"两屏三带"为主体的陆地生态安全格局和"一带一链多点"的海洋生态安全格局，采取国家指导、地方组织，自上而下和自下而上相结合的方式，科学划定生态保护红线。总体目标是京津冀地区和长江经济带沿线各省（自治区、直辖市）在 2017 年底前划定生态保护红线；其他省（自治区、直辖市）在 2018 年底前划定生态保护红线；2020 年底前，全面完成全国生态保护红线划定，勘界定标，基本建立生态保护红线制度，国土生态空间得到优化和有效保护，生态功能保持稳定，国家生态安全格局更加完善。

二 甘肃建设国家生态安全屏障的实践与探索

甘肃省位于长江、黄河上游，黄土高原、青藏高原和内蒙古高原三大高原的交会地带，境内地形复杂，山脉纵横，海拔悬殊，高山、盆地、平川、沙漠和戈壁等地貌兼而有之，是全国水土流失治理和防沙治沙的重点区域，也是《全国主体功能区规划》确定的"两屏三带"全国生态安全战略大格局中"青藏高原生态屏障"、"黄土高原—川滇生态屏障"和"北方防沙带"的重要组成部分。甘肃省委、省政府以国家生态建设总体战略部署为支柱，以国家重点工程为核心，全力实施各项生态屏障建设工程，生态环境的保护与修复取得了良好的效果。

（一）甘肃建设国家生态安全屏障的实践

1. 森林生态系统保护与建设

随着国家重点生态工程天保工程、退耕还林工程、"三北"防护林体系建设工程等重大项目的实施，森林生态系统保护与建设取得了长足的发展。1998～2012年，甘肃省累计落实森林生态系统保护与建设投资资金356.64亿元，完成造林374.37万公顷，义务植树4.45亿株，森林覆盖率由9.04%提高到11.28%，森林面积从254.96万公顷增加到507.45万公顷，森林蓄积从1.7亿立方米增加到2.14亿立方米。第九次森林资源清查结果显示，截至2016年底，甘肃省林地面积达1.57亿亩，占全省土地总面积的23.26%，其中，森林覆盖率为11.33%。2017年，甘肃省全面落实国家生态安全屏障综合试验区建设要求，共投资49.22亿元进行林业建设，其中，中央投资45.81亿元，全年完成人工造林和封山育林461.5万亩。

2. 草原生态系统保护与恢复

1998～2012年，累计治理"三化"草原584万公顷，实施"退牧还草"701.7万公顷，落实禁牧草原667万公顷。甘肃省第二次草原资源普查结果显示，截至2016年底，全省草原总面积为3.86亿亩，与第一次草原资源普查结果相比，增加了1.18亿亩。

3. 荒漠生态系统的治理

甘肃省林业厅于2014年3月至2015年10月组织全面开展甘肃省第五次荒漠化和沙化监测工作，结果显示，甘肃省荒漠化土地面积为1950.20万公顷，沙化土地面积为1217.02万公顷，与2009年第四次监测结果相比，分别减少了19.14万公顷和7.42万公顷。全省荒漠化和沙化土地面积呈逐渐减少的趋势，程度趋于减轻，扩张趋势得到明显遏制，荒漠生态系统得到进一步改善。

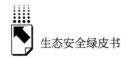

4. 湿地生态系统的保护与修复

甘肃省是我国湿地资源较丰富的省份之一，湿地总面积为 169.39 万公顷，主要分布在河西走廊的酒泉市、张掖市及高寒阴湿的甘南藏族自治州。为有效地保护湿地生态系统，甘肃省于 2003 年 11 月 28 日通过了《甘肃省湿地保护条例》，以法制的力量对湿地生态系统进行保护。通过退耕还林、还草、还湖，营造生态保护林和水源涵养林，恢复、修复湿地生态系统。尤其是对黑河流域、石羊河流域进行了重点治理和保护，使下游水位逐渐回升。近年来，随着补播、禁牧、引水、围栏、筑坝等工程项目的建设和实施，湿地生态明显好转。

5. 祁连山生态环境治理

祁连山是我国西部一条重要的生态屏障，是黄河流域的重要水源地，也是我国西北内陆河流域绿洲经济社会发展的承载区。因此，祁连山生态环境的保护与建设直接影响甘肃河西地区乃至我国西部地区社会经济的可持续发展。2017 年，中办、国办就甘肃祁连山国家级自然保护区生态环境问题发出通报。此后，甘肃省先后制定和实施了一系列保护和修复祁连山生态环境的政策。据新华网报道，截至 2018 年 6 月底，祁连山沿线各地政府采取封堵探洞、回填矿坑、拆除建筑物及种草、植树等综合措施，基本完成祁连山保护区内 144 宗持证和 111 宗历史遗留无主矿业权的矿山地质环境恢复治理；保护区 42 座水电站全部完成分类处置，25 个旅游项目完成整改和差别化整治[①]。

长期以来，祁连山局部生态环境问题十分突出，党中央和地方政府不断加大祁连山生态环境的治理力度。2017 年，中办、国办就甘肃祁连山国家级自然保护区生态环境问题发出通报。甘肃省汲取教训，坚持标本兼治，采取一系列政策举措狠抓祁连山生态环境问题整治工作。张掖已启动"两转四退四增强"治理提升三年行动计划，实施退耕还林、退牧还草、退矿还绿和退建还湿（地），力争用三年时间使祁连山、黑河湿地水环境保护治理取得明显成效，经

---

① http：//www.gansu.gov.cn/art/2018/6/29/art_ 39_ 365824.html.

济发展对矿山、草原、湿地等自然环境的依赖程度明显降低。生态脆弱、缺水的武威市确立了"生态优先、绿色发展"的总体思路，以环境资源承载能力确定发展方向。在"镍都"金昌，马鞭草、薰衣草、万寿菊等花卉竞相开放，资源依赖型的老工业城市正在向环境友好的"花城"转型。

（二）甘肃"四屏一廊"国家生态安全屏障建设评价

1.河西祁连山内陆河生态安全评价

（1）生态安全评价结果

河西祁连山内陆河区域是我国"两屏三带"北方防沙带的关键区域，也是西北草原荒漠化防治的核心区。本报告从生态屏障建设内涵出发，选取生态环境、生态经济和生态社会三个方面21个指标构建了该区域生态安全屏障建设评价指标体系，对河西武威、金昌、张掖、嘉峪关、酒泉五市的生态安全屏障建设进行了综合评价，评价结果见表1。

表1　2017年祁连山内陆河生态安全评价

地区	评价指标			综合指数	生态安全状态	生态安全度
	生态环境	生态经济	生态社会			
酒泉市	0.3425	0.2834	0.0933	0.7192	较好	较安全
嘉峪关市	0.2417	0.2420	0.1109	0.5947	一般	预警
张掖市	0.3351	0.2649	0.1106	0.7107	较好	较安全
金昌市	0.2494	0.2452	0.0945	0.5891	一般	预警
武威市	0.2697	0.2686	0.0599	0.5981	一般	预警

由表1可知，河西祁连山内陆河区域中酒泉市和张掖市2017年生态安全综合指数较高，达到0.7以上，生态安全状态较好，说明这两个地区生态环境受破坏较小，生态服务功能基本较完善，生态恢复容易，且灾害不常出现；嘉峪关市、金昌市和武威市生态安全综合指数分别为0.5947、0.5891、0.5981，总体而言，这三个地区生态环境已经遭到一定的破坏，生态系统服务功能出现退化，生态恢复与重建有一定的困难，且灾害时有发生。

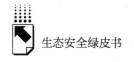

（2）资源环境承载力评价结果

2017 年，河西祁连山内陆河各区资源承载力差异较大，酒泉、张掖、武威三个区域资源承载力都较低，嘉峪关最高，金昌次之，是三个资源承载力较低区域的 3~4 倍。从环境安全指数看，武威地区较其他四区环境安全指数低，处于黄色较安全水平，酒泉地区处于基本安全水平，嘉峪关、张掖、金昌环境则处于安全水平（见表 2）。

表 2　2017 年祁连山内陆河资源可承载力及环境安全指标

指标	酒泉市	嘉峪关市	张掖市	金昌市	武威市
资源可承载力	3.81	14.87	3.55	9.33	4.48
环境安全	7.20	9.84	8.55	8.20	5.83

（3）河西祁连山内陆河生态安全屏障建设的对策

a. 建设侧重度、建设难度、建设综合度。

建设侧重度。建设侧重度数值越大，排名越靠前，表示越应该优先考虑，侧重建设。21 个指标中，酒泉市建设侧重度排位靠前（排名不分先后，本书余同）的指标是森林覆盖率、空气质量二级以上天数占比、人均绿地面积、一般工业固体废物综合利用率；嘉峪关市建设侧重度排位靠前的指标有湿地面积、河流湖泊面积、耕地保有量、城市建成区面积、未利用土地、单位 GDP 废水排放量、单位 GDP 二氧化硫（SO_2）排放量、城市污水处理率、普通高等学校在校学生人数；张掖市建设侧重度排位靠前的指标是城市建成区面积、人均 GDP、城市污水处理率、信息化基础设施；金昌市建设侧重度排位靠前的指标是城市燃气普及率；武威市建设侧重度排位靠前的指标有城市建成区面积、人均水资源、人均 GDP、第三产业占比、城市人口密度、信息化基础设施、R&D 研究和实验发展费占 GDP 比重。

建设难度。建设难度指标越大，排名越靠前，意味着下一个年度该地区这项指标的建设难度越大，越难以取得建设成效。21 个指标中，酒泉市建设难度排位靠前的指标是森林覆盖率、单位 GDP 废水排放量、一般工业固体废物综合利用率；嘉峪关市建设难度排位靠前的指标有河流湖泊面积、未利用土地、普通高等学校在校学生人数；张掖市建设难度排位靠前的指标是城市人口密度、单位 GDP 废水排放量、单位 GDP 二氧化硫（SO_2）排放量、R&D 研究和实验发展费占 GDP 比重；金昌市建设难度排位靠前的指标是城市燃气普及率、河流湖泊面积、第三产业占比、普通高等学校在校学生人数；武威市建设难度排位靠前的指标有第三产业占比、城市建成区面积、建成区绿化覆盖率。

建设综合度。生态安全屏障建设指标综合度同时考虑了建设侧重度和难度，反映的是由本年的建设现状来决定下一年度的各建设项目的投入力度，综合度越大，表明应在下一年度建设中加大投入力度，反之应减小投入力度。综合度的值介于 0 与 1 之间，各地区 21 个指标的侧重度之和等于 1。21 个指标中，酒泉市建设综合度排位前三的是森林覆盖率、人均绿地面积、一般工业固体废物综合利用率；嘉峪关市建设综合度排位前三的有河流湖泊面积、未利用土地、普通高等学校在校学生人数；张掖市建设综合度排位前三的是人均 GDP、信息化基础设施、单位 GDP 废水排放量；金昌市建设综合度排位前三的是城市燃气普及率、河流湖泊面积、单位 GDP 废水排放量；武威市建设综合度排位靠前的有第三产业占比、建成区绿化覆盖率、人均水资源、信息化基础设施和 R&D 研究和实验发展费占 GDP 比重。

从河西祁连山内陆河五个地区生态安全屏障建设的侧重度、难度、综合度可以看出，河西生态安全屏障建设已经进入攻坚期，应在河流保护、河流治理、第三产业发展、科技创新、人才培养等方面继续加大投入力度，突破重点，攻克难点，推进河西祁连山内陆河生态安全屏障建设。

b. 生态屏障建设对策。

①实施生态综合治理。继续按照"南护水源、中兴绿洲、北防风沙"的生态建设战略方针，实施石羊河、黑河、疏勒河三大内陆河流域综合治理，强化祁连山水源涵养，加快中部绿洲节水型社会建设，遏制下游荒漠化。石羊河流域综合治理以防沙治沙为重点，开展生物治沙、新材料、新技术治沙试验，探索防沙治沙综合治理新方法、新途径；黑河流域综合治理主要以祁连山生态保护与治理、湿地保护、大型综合防护林体系建设为重点，

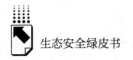

实施天然林保护、退耕还林、退牧还草等生态保护和恢复工程，完善植被防护体系，提高祁连山水源涵养能力；疏勒河流域综合治理主要以优化水资源综合利用为重点，进一步规范用水秩序，减少水资源的无序开发，继续实施《敦煌水资源合理利用与生态保护综合规划》，加快灌区节水改造、月牙泉恢复、水土保持等工程建设。通过人工造林、封沙育林等措施，加强防护林体系建设，遏制沙化扩展。

②推进生态扶贫。在水源涵养林区、重点自然保护区、风沙和荒漠化威胁严重地区、重要生态功能区等进一步推进生态移民，将生活在自然条件恶劣、脱贫无望的人口向资源环境承载力较强的区域迁移，支持劳务移民，促进其就业安家。结合退耕还林、三北防护林体系建设、流域综合治理等生态重点工程，挖掘生态保护与建设就业岗位，引导部分农牧民向生态工人转变，进而推进生态工人队伍建设。在祁连山等重点生态区域，加强防护林体系建设，引导贫困农牧民加入护林队伍。落实农田灌溉、安全饮水、危房改造等基础设施建设，改善贫困群众的生产条件和人居环境。

③推进生态型产业发展。结合当地生态资源基础，立足生态农业、旅游业、生物产业等具有优势的生态资源型产业，大力推进生态型产业发展战略。转变生态环境保护与产业发展相对立的观念，发展生态建设与保护产业。大力发展生态农业，建设保护性耕作区，通过免耕、深耕、地膜等种植技术，促进耕地可持续利用；通过秸秆还田等措施，强化农田生态保育；通过补播改良等措施，恢复草原生态功能。大力发展特色高效农业，实施"四个千万亩"工程，加快特色农业基地建设，推进特色农林产品发展；加快循环农业发展，推进农村生态环境治理；调整种植结构，提升林果产业经济；培育有机农业，提高农产品质量水平；因地制宜发展沙草产业，培育龙头企业。大力发展旅游产业，将旅游与文化、工农业、水利、地质等相关产业融合发展，拓宽旅游新兴业态；大力开发旅游新产品，优化旅游空间布局，以祁连山腹地旅游开发为重点，打造丝绸之路河西环线，展示冰川雪峰、大漠戈壁、丹霞砂林、森林草原等魅力；积极开发生态农业、畜牧业、高科技农业等乡村旅游产品，发展乡村旅游；各地依托丰富的生态旅游资

源，开展生态观光、体验、科普教育等活动，促进自然保护区、湿地公园、地质公园、森林公园、水利风景区等生态旅游的大力发展。

④完善生态补偿机制。一是建议确立"环境保护靠补偿，污染治理靠补助，经济发展予扶持"的生态补偿思路，建立生态保护长效机制。二是要加强生态补偿制度的顶层设计，从单一性的资源要素补偿、分类补偿向基于经济社会影响的综合性补偿转变，推进单项补偿政策的综合集成，形成有机衔接、协调匹配的整体补偿制度。三是输血式生态补偿向造血式生态补偿转变，更多地与当地的经济转型、发展能力提升、居民脱贫致富结合起来。

完善一般性转移支付生态补偿机制。合理划分中央、地方事权及支出责任，申请国家、省加大对河西重点生态功能区的支付力度，减轻地方配套压力，建立健全生态补偿政策，重点向生态脆弱区、贫困区倾斜。

完善专项转移支付生态补偿机制。完善退耕还林、天然林资源保护工程政策及森林生态效益补偿政策，实施差别化补贴标准；整合归并生态补偿的专项转移支付，统筹预算支出，提高资金效益；建议中央财政设立生态高度脆弱区生态移民专项扶持资金；在森林、湿地、荒漠、矿产资源等领域开展生态补偿试点，探索创新生态补偿机制。

推进区域性、上下游间的生态补偿机制建设。建立流域生态保护基金，用于生态区的环境保护、生态工程、绿色工程等；推动建立流域生态共建共享机制，如张掖市连续 12 年完成国务院制定的黑河下游分水指标，为维护西北地区生态安全做出重要贡献，建议参照相关横向生态补偿的做法，建立省域（受益区）间横向生态补偿转移支付机制；探索流域异地开发机制，调整流域上下游产业结构，因地制宜，将上游因生态保护不能开发的项目移到下游进行"异地开发"，建议中央牵头协调流域上下游地区间的发展协作，采用资金、技术、经贸等合作方式，分享流域生态环境治理与保护的效益，分担相关成本。

2. 甘南高原地区黄河上游生态安全评价

（1）生态安全评价结果

甘南高原地区黄河上游生态功能区是我国青藏高原最东端最大的高原湿

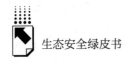

地和黄河上游重要水源补给区。本报告从生态环境、生态经济及生态社会三个方面对甘南高原地区黄河上游生态功能区生态安全屏障分别进行评价，评价结果见表3。

表3　2015年甘南高原地区黄河上游生态功能区生态安全屏障评价结果

地区	综合指数	生态安全状态	生态安全度
夏河县	0.8370	理想	安全
玛曲县	0.8457	理想	安全
碌曲县	0.8823	理想	安全
卓尼县	0.8668	理想	安全
临潭县	0.8395	理想	安全
合作市	0.8621	理想	安全
临夏市	0.8929	理想	安全
临夏县	0.8337	理想	安全
广河县	0.8536	理想	安全
和政县	0.8481	理想	安全
康乐县	0.8391	理想	安全
积石山县	0.8377	理想	安全

由表3可知，2015年甘南高原地区黄河上游中，夏河县、玛曲县、碌曲县、卓尼县、临潭县、合作市、临夏市、临夏县、广河县、和政县、康乐县及积石山县的生态安全综合指数普遍较高，分别达到0.8370、0.8457、0.8823、0.8668、0.8395、0.8621、0.8929、0.8337、0.8536、0.8481、0.8391和0.8377，生态安全状态理想，生态安全度为安全，说明甘南高原地区黄河上游的生态环境基本未受到干扰，生态系统服务功能基本完善，系统恢复再生能力强，生态问题不明显，生态灾害少。

研究区地质灾害风险评价易损性指标分级标准见表4，从表4可以得出以下结果：

①甘南高原地区黄河上游生态功能区地质灾害易损性风险包括物质易损性和社会易损性风险，并且划分为高风险区、中风险区、低风险区三个等级；

②房屋建筑越密集、交通通信干线越发达的区域，其地质灾害造成的物

质易损性风险越高；

③人口越集中、人均收入水平越高，其地质灾害造成的社会易损性越大；

④在经济核心区，由于其能够在短时间、短距离之内得到支持和补给，因此抗灾防灾减灾能力较强，即灾害造成的易损性风险较低，处于低风险区。这从侧面也反映出一个地方对灾害的敏感程度及其抗灾减灾的能力。

表4　研究区地质灾害风险评价易损性指标分级标准

目标层	指标层	低风险区	中风险区	高风险区
物质的易损性	房屋密度（间/平方千米）	<3	3～10	>10
	交通通信干线密度（千米/平方千米）	<0.5	0.5～1.5	>1.5
社会的易损性	人口密度（人/平方千米）	<10	10～100	>100
	区域重要等级	经济核心区	主要经济区	次要经济区
	人均收入水平	<1500	1500～2000	>2000

从表5可以得出，该区的滑坡灾害主要是黄土层滑坡，总共114处，占滑坡总数的91.2%，这与研究区的地质环境是相符的，其区内黄土层广泛分布。此外，滑坡规模以小型居多，占总数的69.6%，其稳定性较差，是因为地形破碎，一遇上降雨天气，斜坡极易滑动并引发滑坡灾害。

表5　研究区滑坡灾害类型统计

单位：处，%

分类依据	滑坡类型	数量	占滑坡总数的比重
物质成分	堆积层滑坡	11	8.8
	黄土层滑坡	114	91.2
规模	大	2	1.6
	中	36	28.8
	小	87	69.6
稳定性	好	2	1.6
	一般	51	40.8
	差	72	57.6

从物质成分来看，研究区内泥石流灾害可分为泥流、水石流和泥石流三种类型，以泥土和沙石等堆积物组成的泥石流为主，占总数的58.8%。区

内主要是小型泥石流（见表6），由于山高谷深、地形复杂，再加上不合理的开挖、弃土采石等，破坏了山坡表面而产生泥石流灾害，可毁坏房屋土地、淹没道路、中断交通，甚至导致人身伤亡，造成巨大的经济损失，如2010年舟曲特大泥石流。

表6　研究区泥石流类型统计

单位：处，%

分类依据	类型	数量	占泥石流总数的比重
物质成分	泥流	54	28.9
	水石流	23	12.3
	泥石流	110	58.8
规模	大	4	2.1
	中	49	26.2
	小	134	71.7
稳定性	好	2	1.1
	一般	41	21.9
	差	144	77.0

从表7可以看出，研究区崩塌灾害主要是黄土崩塌和土质崩塌，共有39处，分别占总数的40.4%和34.6%。崩塌规模以小型崩塌为主，具有突发性特征，稳定性较差，易造成伤亡。

表7　研究区崩塌类型统计

单位：处，%

分类依据	类型	数量	占崩塌总数的比重
物质成分	黄土崩塌	21	40.4
	岩质崩塌	13	25.0
	土质崩塌	18	34.6
规模	小	37	71.2
	中	15	28.8
稳定性	好	3	5.8
	一般	26	50.0
	差	23	44.2

（2）甘南高原地区黄河上游生态安全建设对策

地质灾害风险评价研究虽然还没有形成统一的理论体系，但是面对灾害的频频发生，防灾减灾工作刻不容缓，可从以下几个方面做工作：

①禁止乱砍乱挖、过度放牧，合理利用土地，植树造林，提高植被覆盖率，防止水土流失，完善水体流动系统；

②构建合理的地质灾害防治指标体系，加大灾害监管力度，如灾害汛期的巡查，制定法律法规，实行破坏管理机制；

③组织成立地质灾害防治领导小组，大到各市县，小到各乡镇，以人为本，切实加强灾害预警机制建设；

④提高公众地质灾害预防意识，各部门应进行定期培训，学校应对学生进行灾害防治演练，以便能安全转移；

⑤运用先进的科学技术，力求达到灾前及时预警，灾后高效运行、及时处理，做到生态、经济、社会协调一致，实现可持续发展。

3. 甘肃南部秦巴山地区长江上游生态安全评价

（1）生态安全评价结果

甘肃南部秦巴山地区长江上游，位于甘肃"两江一水"地区，包括陇南市、天水市及甘南州的舟曲县、迭部县，是中国秦巴山生物多样性生态功能区的重要组成部分，也是长江上游水源涵养区。本报告根据生态安全屏障建设评价指标体系，结合 2016 年相关数据，对甘肃天水、陇南、舟曲、迭部四个市（县）进行生态安全评价，评价结果见表 8。

由表 8 可知，甘肃南部秦巴山地区长江上游生态安全综合指数为 0.6178，生态安全状态良好，处于较安全状态。这说明，尽管甘肃南部秦巴山地区长江上游生态安全屏障存在部分生态环境问题，但总体来说，生态环境受破坏程度较低，生态系统服务功能较完善。其中，天水市的生态安全综合指数最高，达到 0.7887，生态安全状态良好，其次是陇南市，生态安全综合指数是 0.6011，生态安全状态良好，二者均处于较安全状态。舟曲县和迭部县生态安全综合指数分别为 0.5169 和 0.5647，生态安全状态一般。

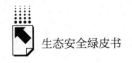

生态安全综合指数的差异说明该生态屏障区域内不同地区生态环境状况差别较大，需要引起重视。

表8　2016年甘肃南部秦巴山地区长江上游生态安全屏障评价结果

地区	综合指数	生态安全状态	生态安全度
天水市	0.7887	良好	较安全
陇南市	0.6011	良好	较安全
舟曲县	0.5169	一般	预警
迭部县	0.5647	一般	预警
甘肃南部秦巴山地区长江上游	0.6178	良好	较安全

（2）资源环境承载力评价结果

由表9可知，甘肃南部秦巴山地区长江上游资源可承载力综合指数为3.1638，资源可承载力较低，环境安全综合指数为4.6332，环境安全处于基本安全状态。这说明，甘肃南部秦巴山地区长江上游生态环境比较脆弱、资源可承载力较低，同时显示近几年来该区域生态安全屏障建设初见成效。该地区尽管仍然存在各种生态环境问题，但总体来说，在新型城镇化建设发展过程中，注重生态环境保护，能够正确处理开发建设与生态保护的关系，生态环境受破坏程度较低，生态系统服务功能比较完善。其中，天水市资源可承载力综合指数为6.4458，环境安全处于基本安全状态；陇南市资源可承载力综合指数为4.3518，资源可承载力处于中等水平，环境安全处于基本安全状态；舟曲县资源可承载力综合指数为1.1507，资源可承载力低，环境安全处于基本安全状态；迭部县资源可承载力综合指数为0.7068，资源可承载力低，环境安全处于安全状态。这说明，该区域内各市（县）差别不大，但需要对总体生态环境状况随时保持警惕，注重提高安全意识、红线意识和防范意识，牢固树立"绿水青山就是金山银山"的理念。

（3）甘肃南部秦巴山地区长江上游生态安全建设对策

a. 建设侧重度、建设难度、建设综合度。

建设侧重度。2016年20个指标中，天水市建设侧重度排在前四位的指

表9 2016年甘肃南部秦巴山地区长江上游资源可承载力和环境安全评价结果

地区	资源可承载力	环境安全	资源承载力状态	环境安全状态
天水市	6.4458	4.1447	高	基本安全
陇南市	4.3518	4.3478	中等	基本安全
舟曲县	1.1507	4.9864	低	基本安全
迭部县	0.7068	5.5038	低	安全
甘肃南部秦巴山地区上江上游	3.1638	4.6332	较低	基本安全

标是湿地面积、PM2.5、二氧化硫（SO_2）排放量、第三产业占比。陇南市建设侧重度排在前四位的指标是人均水资源、污水处理率、一般工业固体废物综合利用率、信息化基础设施。舟曲县建设侧重度排在前几位的指标是农田耕地保有量、城市建成区绿地面积、森林覆盖率、河流湖泊面积、生活垃圾处理率、农田有效灌溉面积、建成区绿地率、人均GDP、R&D研究和试验发展费占GDP比重、普通高等学校在校学生人数。迭部县建设侧重度排在前四位的指标是河流湖泊面积、农田耕地保有量、农田有效灌溉面积、城市燃气普及率。

建设难度。2016年20个指标中，天水市建设难度排在前四位的指标是农田有效灌溉面积、森林覆盖率、湿地面积、河流湖泊面积。陇南市建设难度排在前四位的指标是一般工业固体废物综合利用率、R&D研究和试验发展费占GDP比重、信息化基础设施、普通高等学校在校学生人数。舟曲县建设难度排在前四位的指标是农田耕地保有量、农田有效灌溉面积、R&D研究和试验发展费占GDP比重、普通高等学校在校学生人数。迭部县建设难度排在前四位的指标是农田耕地保有量、农田有效灌溉面积、城市人口密度、普通高等学校在校学生人数。

建设综合度。2016年20个指标中，天水市建设综合度排在前四位的指标是湿地面积、PM2.5、二氧化硫（SO_2）排放量、第三产业占比。陇南市建设综合度排在前四位的指标是城市建成区绿地面积、人均水资源、一般工业固体废物综合利用率、信息化基础设施。舟曲县建设综合度排在前四位的指标是城市建成区绿地面积、农田有效灌溉面积、R&D研究和试验发展费

占 GDP 比重、普通高等学校在校学生人数。迭部县建设综合度排在前四位的指标是河流湖泊面积、农田耕地保有量、农田有效灌溉面积、普通高等学校在校学生人数。

b. 生态安全屏障建设对策。

①落实生态安全屏障区域功能定位。围绕发挥重要生态安全屏障功能及南部秦巴山地区长江上游生态安全屏障等布局，保证主体功能定位全面落实，采取分区域治理策略，探索生态建设，走出一条集中治理、综合施策的路子，全力筑起生态安全大屏障。突出涵养水源和生物多样性保护的重点，不断强化加强水土保持，综合防治山洪地质灾害，在森林、湿地及河湖等生态系统方面继续加大保护和修复力度，筑牢长江上游生态安全屏障。加快扶贫开发落实步伐，积极培育生态文化旅游、特色种植及加工等优势生态产业，建设好五大基地，即区域性交通枢纽、商贸物流中心、生态农产品生产加工、西部先进装备制造及有色金属资源开发加工基地，确保区域生态与经济协调、永续发展。

②稳步推进重点生态工程建设。侧重生态功能区生态修复、流域综合治理，稳步推进生态保护和修复工程建设，围绕荒漠化、水土流失及地质灾害等问题，在生态保护与恢复方面形成长效机制，确保生态系统的稳定性，增强环境承载力，提升防灾减灾能力，使生态环境经得起气候变化的考验。突出重点区域生态保护与修复，全面提升生态系统功能，保护和治理草原生态系统，保护和恢复湿地生态系统，保护和改良农田生态系统，完善水土流失治理及地质灾害综合防治体系，加强各类保护区建设与管理。

③健全完善环境污染综合防治机制。围绕环境质量提升这一核心，出台严格的环境保护制度，建立起政府、企业和公众共治的环境治理体系。扎紧三大制度的"笼子"，即环境影响评价制度、污染物排放总量控制制度及排污许可证制度，针对多污染物采取综合防治，并积极推进环境治理，打出联防联控和流域共治组合拳，保证三大行动计划（大气、水、土壤污染防治）不折不扣地落地。针对农村环境，仍然采取综合治理措施，稳步改善环境质量，力争人民群众健康不受损害，为经济发展保驾护航。同时，要加强空

气、水环境、土壤污染及农村环境综合治理和质量提升。

④大力发展环境友好型产业。坚持保护生态环境、发挥比较优势的原则，积极探索生态建设与产业协调发展的新模式。充分发挥资源优势，提升产业集聚能力，坚持循环发展，进一步优化生产力布局；以技术创新为突破口，提高资源利用效率，加快传统产业升级改造步伐，拉长产业链；以绿色发展、循环发展、低碳发展为价值取向，优化产业结构，推动经济增长由传统方式向现代方式转变。逐步构建以生态农业为基础、以战略性新兴产业和传统优势产业为主导、以现代服务业为支撑的环境友好型产业体系。

⑤统筹推进生态建设与精准脱贫。全面贯彻执行中央和甘肃省精准扶贫、精准脱贫的战略，坚持扶贫开发与生态保护两手抓，按照有关要求，深入落实精准扶贫、精准脱贫实施方案，坚决打赢精准脱贫攻坚战。第一，加大生态移民力度，保障资金投入，进行基础设施配套建设，确保移民不留死角。第二，积极探索精准脱贫模式，继续深入开展"为民富民"行动，侧重产业、教育、光伏及就业等重点，加大扶贫开发力度。第三，实施游牧民定居工程，完善被征地农牧民的合理补偿机制，创建生态建设与保护岗位，积极引导当地贫困农牧民参与生态保护。第四，建立并完善生态移民迁移的综合配套政策，鼓励生态脆弱区与重点开发区合作共建"飞地经济"，实现扶贫开发与区域发展"双赢"。第五，坚持精准扶贫与生态建设、服务业发展联袂行动的路径选择，努力发展生态农业、农产品加工及文化旅游等绿色产业，不失时机地拓宽农民增收渠道和发展途径，确保脱贫目标如期实现。

4. 陇东陇中黄土高原地区生态安全评价

（1）生态安全评价结果

陇东陇中黄土高原地区生态安全屏障是国家"十二五"规划中提出的"两屏三带"国家生态安全屏障中黄土高原—川滇生态屏障的重要组成部分。该区生态屏障的建设既是当地生态环境改善和经济社会可持续发展的保障，又可以影响整个西北地区甚至全国的生态安全。本报告构建了包括生态环境、生态经济和生态社会 3 项二级指标、18 项三级指标和 2 项特色的生态安全屏障评价指标体系，利用熵值法对该区生态安全屏障建设情况进行评价与分析，评价结果见表10。

表10　陇东陇中黄土高原地区生态安全屏障评价结果

地区	综合指数	生态安全状态	生态安全度
庆阳市	0.7927	良好	较安全
平凉市	0.7992	良好	较安全
定西市	0.7244	良好	较安全
会宁县	0.6552	良好	较安全
陇东陇中黄土高原地区	0.7752	良好	较安全

由表10可知，陇东陇中黄土高原地区生态安全综合指数为0.7752，生态环境比较安全。说明陇东陇中黄土高原地区生态安全屏障尽管存在各种生态环境问题，但总体来说，生态环境受破坏程度较低，生态系统服务功能较完善。其中，平凉市的生态安全综合指数最高，达到0.7992；其次是庆阳市和定西市，生态安全综合指数分别是0.7927和0.7244，均处于比较安全状态；最后是会宁县，生态安全综合指数为0.6552，生态安全状态良好。这说明该生态屏障区域内各市（县）差别不大，生态环境状况总体较好。

（2）陇东陇中黄土高原地区生态安全建设对策

a. 建设侧重度、建设难度、建设综合度。

建设侧重度。庆阳市建设侧重度排在前面的指标是人均绿地面积、二氧化硫（SO_2）排放量、第三产业占比、城市人口密度。平凉市建设侧重度各项指标排在前面的是湿地面积、农田耕地保有量、人均绿地面积、服务业增加值比重、R&D研究和试验发展费占GDP比重。定西市建设侧重度各项指标排在前面的是人均GDP、服务业增加值比重、城市燃气普及率。会宁县建设侧重度各项指标排在前面的是森林覆盖率、湿地面积、农田耕地保有量、单位GDP耗水量、一般工业固体废物综合利用率、R&D研究和试验发展费占GDP比重、普通高等学校在校学生人数。

建设难度。庆阳市建设难度排在前面的指标是城市人口密度、人均绿地面积、农田耕地保有量、第三产业占比。平凉市建设难度排在前面的指标是普通高等学校在校学生人数、农田耕地保有量、人均绿地面积、人均 GDP。定西市建设难度排在前面的指标是城市人口密度、普通高等学校在校学生人数、人均 GDP、森林覆盖率。会宁县建设难度排在前面的指标是普通高等学校在校学生人数、单位 GDP 耗水量、农田耕地保有量、城市人口密度。

建设综合度。庆阳市建设综合度排在前面的指标是城市人口密度、人均绿地面积、第三产业占比、二氧化硫（SO_2）排放量。平凉市建设综合度排在前面的指标是农田耕地保有量、普通高等学校在校学生人数、人均绿地面积、湿地面积。定西市建设综合度排在前面的指标是城市人口密度、普通高等学校在校学生人数、人均 GDP、森林覆盖率。会宁县建设综合度排在前面的指标是普通高等学校在校学生人数、单位 GDP 耗水量、农田耕地保有量、森林覆盖率。

b. 生态安全屏障建设对策。

①因地制宜，采取有效的生态环保措施。积极开展水土保持综合治理工作，加强黄河中上游、渭河、洮河等重点流域水土流失及山洪地质灾害易发区域的防治工作；以林草植被的恢复和重建为目标，加强森林植被的保护和建设，合理采取封山育林、封坡禁牧、退耕还林还草等措施，大力营造以灌木为主的水土保持林，增加区域植被覆盖率，加快林草植被恢复和生态系统的改善，将生态植被的恢复和重建作为根治水土流失的重要基础；陇东陇中黄土高原地区深居内陆，故气候干旱和土壤贫瘠成为制约生态屏障建设的主要因素。改善生态环境质量，必须兼顾土壤次生盐碱化和土壤沙化治理，通过坡面林草植被建设工程、沟道治理工程实现减沙固坡的效果。

②提高生态屏障建设的认识，减少人为因素的破坏。要加强陇东陇中黄土高原地区丘陵沟壑区域群众的教育和引导，从关系中华民族的命运到关系整个中华民族生存发展空间的长远角度认识构建陇东陇中黄土高原地区生态屏障建设的重要性。最大限度地发挥各级政府在生态安全屏障建设中的导向作用，提高群众对生态环境保护的认知度，通过各种手段减少人为因素的破

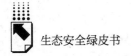

坏。坚决减轻人口对环境的压力，让生态环境有充分的自我修复时间和空间。在环境的治理过程中，由于治理难度大等问题，各相关部门也会面临极大的压力。所以，这也需要人们自觉提高自己的生态环境保护意识。

③完善各种制度，建立保障体系。建立健全甘肃省生态建设和环境保护法规，注重组织领导与科学性保障，提高陇东陇中黄土高原地区生态屏障建设的法律地位，把生态建设和环境保护工作纳入法制轨道，使生态建设和环境保护有法可依、环境监督有章可循，从而为生态环境建设营造良好的法制环境。争取以水土保持和流域综合治理为重点，进一步完善生态屏障建设区的大气污染防治、土壤资源恢复、水资源和森林保护、水土流失治理、城市绿化、节能减排、资源综合利用等方面的地方性法规和规章。探索发展节能环保市场，推行排污权交易、环境污染第三方治理等制度，实行生态保护与建设市县级综合管理协调机制，制定生态保护与建设项目两者参与制度，生态保护与建设监管及综合执法制度等。

加大环境监管和执法力度。进一步加强流域水资源管理，完善"电力建水、电量定水"监管机制，平衡流域用水，提高生态用水比例。进一步落实草原生态奖励补偿机制，积极开展集体公益林和水保执法工作；试验区被确定为"水土保持区"，就要将水土流失治理作为各市县基层政府绩效评估的重要组成部分，并加大执法力度。明确整合生态建设与保护主体执法的责任，做到权利和义务相统一。确定天然林、公益林、禁牧区、湿地、水源地保护区等公益性生态建设和保护主体责任区，从省到市、县、区，层层签订主体责任书，实施生态建设与保护责任制。管理者须对造成生态环境损害的责任者严格实行赔偿制度，依法追究刑事责任。

创新投入机制，加强科技支撑。充分发挥政府和市场的双重调控作用，以科技和制度创新为突破口，通过政府财政资金和区域政策的积极引导，协调各渠道进行生态屏障建设投资，广泛吸引国内外民间资本参与西部地区生态环境保护与生态屏障建设，创新建设投入和运行管理模式；实施基层科技推广队伍与能力建设工程，建立生态建设科技支撑项目专项基金，保障生态建设科技经费投入的稳定；实施知识创新驱动战略工程，鼓励生态建设科技研发，走"产、学、研"相结合的发展之路，开展水土保持与水土流失治理技术、小流域综合治理技术示范，促进生态建设科技需求的实现和转化。

④生态保护与经济社会协同发展，完善生态补偿机制。将试验区环境保护与经济社会协同发展提到国家层面上来。实施退耕还林还草、封山禁牧等措施，会影响当地农民的生产生活，如果没有一定的补偿或补偿不到位、不及时，势必会影响区域内生态建设的成效，长远来看生态屏障建设将难以持续。各市县之间必须进行平衡和调整，建立生态补偿机制，针对不同区域采取不同的政策措施，如让生态受益者让渡部分利益来补偿生态环境保护方，从而调动保护方的积极性，增强区域发展能力。

在生态屏障建设中，各地要注重转变经济发展方式，在发展经济的同时积极采取措施保护与修复自然生态环境，正确处理好经济发展同环境保护的关系。合理调配区域水资源，加大优势能源勘探和开发利用，发展特色旱作农业，大力推广旱作节水农业技术应用，适度发展优势农产品加工业，积极发展生态红色文化旅游产业。

大力发展生态型产业。生态型产业是建设"国家生态屏障试验区"的重要经济支撑，是甘肃省转变经济方式、实现多样化发展的重要内容之一，可以从根本上缓解产业发展和生态环境保护两难的矛盾。以产业发展与生态环境保护和建设相协调为目标，以富民惠民为出发点和落脚点，以生态资源科学开发为核心，在各级配水和排水管道上，因地制宜发展生态产业，大力发展设施农业。既要发展促进生态建设保护产业，还应发展基于当地生态资源优势的生态资源型产业，注重增加生态产品，有机结合生态经济和社会效益。

统筹小城镇与新农村建设，促进生态环境建设规划和环境保护。首先，通过城镇化建设、农村人口流动和生态移民等措施，减缓人居环境生态压力，保持农业生产生态平衡和可持续发展。其次，改造传统耕作方式，实施机械化造地、挖山填沟、修建水坝，将坡地改为平地，实现耕地梯田化。大力推广应用水保型农业生产技术，进而发展区域化、专业化、规模化、标准化现代农业生产，提高土地产出值和劳动生产率，实现农民生活的现代化

目标。

⑤加大重点工程建设力度，落实生态屏障建设。带、网、片、点相结合，建立层次多样、结构合理、功能齐全的森林生态屏障体系。逐步实施荒山造林计划，建设生态保护治理工程，推进水土流失综合治理、三北防护林体系建设、自然保护区工程建设，重点加强湿地、草地和矿区等生态保护区的恢复重建，全面实施生态环境综合整治。

以小流域为单元，以支流为骨架，坡沟兼治，治坡为主，生物措施与水土工程措施相结合，注重连片规模经营治理。小流域是一个完整的水文—生态单元，有叶脉状沟网水道系统，居民点分布、土地利用方式、侵蚀强度、水土保持措施配置都与小流域地形的空间特征有关。因此，只有以小流域为单元实施水土保持措施，才能组成配套体系，达到最大保土效益。建设流域治理工程，加强重点生态功能区的植被恢复与保护及淤地坝建设，综合治理重点流域和坡耕地的水土流失，区分水土流失重点预防区和重点治理区，将"被动补救"变为"超前设防"。

以水资源高效利用和节约保护为重点，积极开展黄河中上游生态修复和渭河、泾河流域，以及洮河水土保持综合治理等重点生态工程，加快推进引洮供水二期等水利工程建设。充分利用洮河水资源优势，借水提升，适度调整，从而增加循环经济园区规模、档次和特色，提高水资源利用率。根据市县面山绿化不同立地条件，实施面山绿化工程，高标准提升面山绿化水平和质量。加快水库工程建设和以治沟骨干工程为主体的小流域沟道坝系建设，推进雨水集蓄利用工程建设，提高可持续发展能力。

以坡耕地治理工程防治水土流失。耕地管理最重要的措施是修建梯田，变坡地为梯级平地。沟壑治理是黄土高原水土保持治理的一个重要方面，须植被建设和坝系建设并重，更须结合生物与工程措施进行治理。将梯田建设项目与农村土地流转和特色优势产业发展相结合，改善旱作农业的基础条件。重点建设绿色廊道工程，构建东西连通、南北纵贯的绿色生态廊道体系。大力建设营造林木、拦蓄径流、治河治沟造地和拦沙蓄洪坝库等沟道治理工程。

加强淤地坝建设工程。减少泥沙入黄，变水土流失为水土资源利用。根据黄土高原洪水峰高、量小、多泥沙的特点，小流域支沟密布的特征，"小多成群，大小结合，轮蓄轮种，计划淤排"的规划原则，在坝库设计、工程施工、管理养护方面进行合理的技术创造。此项工程作为一种有效的防治措施，对防治淤地坝农业利用中出现的盐碱化和洪涝危害有显著效果。

5. 中部沿黄河地区生态安全评价

（1）生态安全评价结果

中部沿黄河地区生态走廊是国家"十二五"规划中提出的国家"两屏三带"黄土高原—川滇生态屏障的重要组成部分，不仅是当地生态环境改善和社会经济可持续发展的保障，而且是整个西北地区乃至全国生态安全的重要影响因素。本报告基于生态屏障的建设内涵，从生态环境、生态经济和生态社会三个方面选取21个指标构建区域生态安全屏障建设评价指标体系，利用综合评价法、熵值法等，对兰州、白银、永靖等三市（县）的生态安全屏障建设进行了综合评价，评价结果见表11。

表11　中部沿黄河地区生态走廊安全评价指数值

地区	生态环境安全	生态经济安全	生态社会安全	综合指数
兰州市	0.3799	0.7428	0.9912	0.6942
白银市	0.6972	0.2887	0.2300	0.4191
永靖县	0.5017	0.4076	0.1380	0.4007
中部沿黄河地区	0.5263	0.4797	0.4531	0.5046

由表11可知，2017年中部沿黄河地区生态环境安全指数为0.5263。其中，白银市的生态环境安全指数最高，达到0.6972，其次是永靖县，生态环境安全指数是0.5017，兰州市的生态环境安全指数最低，为0.3799。该区域生态经济安全指数为0.4797，其中，兰州市的生态经济安全指数最高，达到0.7428，永靖县和白银市的生态经济安全指数分别为0.4076和0.2887。该区域生态社会安全指数为0.4531，其中，兰州市的生态社会安

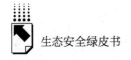

全指数最高，达到0.9912，白银市和永靖县的生态社会安全指数分别为0.2300和0.1380。

（2）资源环境承载力评价结果

由表12可以看出，2017年，中部沿黄河地区内部资源可承载力差异较大，白银市、永靖县的资源可承载力都较低，兰州市最高，表明资源对该地区社会经济的发展所提供的支撑能力较高。从环境安全指数看，兰州市、白银市、永靖县的环境安全指数均较低，表明环境安全对社会经济发展所提供的支撑力还比较小。

表12　甘肃中部沿黄河地区资源可承载力和环境安全评价结果

指标	兰州市	白银市	永靖县
资源可承载力	7.13	3.38	2.67
环境安全	7.67	6.10	5.11

（3）中部沿黄河地区生态安全建设对策

a. 建设侧重度、建设难度、建设综合度

建设侧重度。27个指标中，兰州市建设侧重度排位前十的是PM2.5、人均GDP、一般工业固体废物综合利用率、R&D研究和试验发展费占GDP比重、信息化基础设施、城市人口密度、人均耕地面积、万元GDP二氧化硫排放量、万元GDP工业烟粉尘排放量、万元GDP工业废水排放量；白银市建设侧重度排位前十的是一般工业固体废物综合利用率、城市人口密度、人均耕地面积、万元GDP工业废水排放量、人均绿地面积、人均公园绿地面积、森林覆盖率、城市建成区绿地面积、农田耕地保有量、河流湖泊面积；永靖县建设侧重度排位前十的有单位GDP耗水量、第三产业占比、湿地面积、万元GDP固体废弃物产生量、万元GDP工业废水排放量、PM2.5、人均粮食产量、未利用土地、一般工业固体废物综合利用率、人均耕地面积。

建设难度。27个指标中，兰州市建设难度排位靠前的有信息化基础设施、万元 GDP 工业废水排放量、人均水资源、湿地面积、普通高等学校在校学生人数；白银市建设难度排位靠前的有 PM2.5、一般工业固体废物综合利用率、万元 GDP 工业废水排放量、万元 GDP 固体废弃物产生量、未利用土地；永靖县建设难度排位靠前的有单位 GDP 耗水量、第三产业占比、湿地面积、万元 GDP 固体废弃物产生量、万元 GDP 工业废水排放量。

建设综合度。27 个指标中，兰州市建设综合度排名前三位的是 PM2.5、人均 GDP、一般工业固体废物综合利用率；白银市建设综合度排位前三的是一般工业固体废物综合利用率、城市人口密度、人均耕地面积；永靖县建设综合度排位前三的是单位 GDP 耗水量、第三产业占比、湿地面积。

从甘肃中部沿黄河地区三个地区生态安全屏障建设的侧重度、难度和综合度可以看出，生态安全屏障建设已经进入攻坚期，应在河流保护、河流治理、第三产业发展、科技创新、人才培养等方面继续加大投入力度，突破重点，攻克难点，推进甘肃中部沿黄河地区生态安全屏障建设。

b. 生态安全屏障建设对策

甘肃中部沿黄河地区资源禀赋区域差异大，且资源利用效率低，水资源紧缺是该地区社会经济发展的瓶颈。因此，提高资源利用效率、充分发挥地区资源优势、挖掘区域开发潜力是甘肃中部沿黄河地区可持续发展的方向和动力。

①调整农业结构，合理利用土地资源。甘肃中部沿黄河地区的农业发展中存在要素配置不合理、资源环境压力大、农民收入增长乏力等问题。在有限的土地资源条件下，瞄准市场需求，加大对农业结构的调整，统筹调整粮经饲三大种植结构，促进区域农产品供给由“生产导向型”向“消费导向型”转变。要让农业增效、农民增收，就必须摒弃传统经营理念，着力推行资源节约型、环境友好型的绿色生产方式，不断优化农业经营体系，推进农业清洁生产、大规模实施农业节水工程、集中治理农业环境突出问题、加强重大生态工程建设等举措，努力提升土地产出率、资源利用率和劳动生产率。

②实行退耕还林还草建设措施，加强生态环境保护。退耕还林还草符合

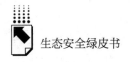

生态安全绿皮书

现代农业要求，通过大规模退耕还林还草的实施，建立营利农业思想，拓宽与草、林相关联的产业渠道，彻底调整农村产业结构。建立和完善全程的、有效的监测评价机制，让退耕还林政策真正落到实处。各级政府加强组织领导，林业等有关部门要密切配合，共同推进工作。实行分区调控政策，对不同区域实施不同的经济补偿标准，并加强对退耕补贴工作的重视，严格实施补贴资金专款专用等措施。

③推广节水技术。甘肃中部沿黄河地区在节水增效工作方面还有很大的潜力，应全面推广各项节水措施，高效利用有限的水资源。在农业节水工程建设中，加快推进引洮供水二期工程及大中型灌区续建配套节水改造、田间高效节水灌溉等项目，积极推进高标准农田水利体系建设，大力发展规模化喷灌、微灌、高标准管灌等高效节水灌溉技术，同时调整优化种植结构，大力推广节水品种和节水增效技术。在工业节水方面，加大重点行业规模企业节水建设力度，大力发展节水新工艺、新技术，提高水资源重复利用率。在城镇生活节水方面，进一步优化城镇管网布局，推广绿地灌溉高效节水技术，强化中水利用、雨水集蓄利用等非常规水源利用技术。

三 建设西部生态安全屏障的对策

（一）典型案例

案例1 库布其沙漠是我国第七大沙漠，总面积为1.86万平方千米。30多年前，库布其沙漠生态环境十分恶劣，农牧民与沙为伴，过着非常艰苦的生活。30多年来，在党中央和国务院的正确领导下，各级政府不断努力，百姓奋力拼搏，对库布其沙漠生态环境问题进行治理，极大地改善了沙漠生态环境，使该沙漠成为世界上唯一被整体治理的沙漠。2014年，联合国将库布其沙漠生态治理区确立为全球沙漠"生态经济示范区"，库布其沙漠从而成为"荒漠化治理的教科书"。目前，库布其沙漠治理面积达到900多万亩，尤其是在过去的十几年中，其生态环境得到进一步改善，森林覆盖率和植被覆盖度分别由 2002 年的 0.8% 和 16.2% 增加到 2016 年的 15.7% 和 53%，同时累计带动沙区 10.2 万名群众彻底摆脱了贫困，实现了生态生计兼顾、治沙致富共赢。

案例 2　祁连山是我国西部生态安全屏障的重要组成部分，也是河西走廊绿洲城市发展和人民赖以生存的保障。祁连山自然保护区现有 198.72 万公顷，其中 76.44% 在张掖段。2017 年 4 月，甘肃省委、省政府接到中央第七环境保护督察组的通报，通报指出由于长期存在大规模无序的采探矿活动，祁连山国家级保护区内植被遭到严重破坏，出现水土流失、地表塌陷等一系列严重的生态环境问题。依据通报，甘肃省张掖市对境内祁连山保护区内的生态环境问题进行自查，共发现 179 项生态环境问题，其中 171 项问题由张掖市负责整改，剩余 8 项由山丹马场负责整改。截至 2017 年，张掖市已完成全部问题的现场整治任务，山丹马场完成 7 项现场整治任务，后续关于矿业权问题和建水电项目退出补偿问题正在持续推进，同时对保护区内的旅游项目进行综合整治，祁连山生态环境保护建设已进入全面修复保护阶段。

（二）甘肃生态安全屏障建设对策

在坚决执行国家关于生态安全和生态屏障建设的各项政策和意见，全力实施国家重点生态建设工程的基础上，还应当加强和重视以下几个方面。

1. 依法治理，规范建设

法治建设是社会进步的重要标志，也是实现生态安全的必要保障。目前，我国生态方面的立法缺乏系统性和完整性，多头执法、选择性执法现象仍然存在。要加强国家生态安全的法治保障作用，一要加强立法工作，在现有各类法律法规基础上，立足国家生态安全需求，健全具有中国特色的国家生态安全法律支撑体系。二要加强执法工作，对事关国家生态安全的重大事件，要开展多部门联合执法。三要完善民主监督制度，大力开展生态安全法治教育，培育广大干部群众的生态安全意识，积极主动地监督危害国家生态安全的行为，形成良好的社会法治环境。

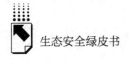

2. 实施重大生态修复工程

近些年来，我国开展了一批重大生态保护与建设工程，取得了较为显著的成效。然而，部分工程建设顶层设计缺乏系统性和整体性，以"末端治理"为主，存在"头痛医头、脚痛医脚"的应急性特征。国家生态安全本身就是一项重大的系统性工程，必须在国家层面注重顶层设计，要针对关键问题，整合现有各类重大工程，构建生态保护、经济发展和民生改善的协调联动机制，发挥人力、物力、资金使用的最大效率，实现生态安全效益的最大化。

3. 依靠科技，生态优先

科技可以改变生活，科技也可以改变生态。一方面，科技的进步可以高效利用自然资源，使有限的自然资源发挥最大的利用价值，减少自然资源的浪费，同时，科技的进步可以降低自然资源在开发和利用过程中的污染状况，对生态环境起到保护作用，在发展经济的同时兼顾生态环境；另一方面，可以依靠科技对已经破坏和污染的生态环境进行治理和恢复，如使用现代科技手段大面积植树造林，用生态学、生物学方法指导树林搭配治理荒漠化。

4. 依靠宣传，增强意识

借助媒体的力量，大力宣传、提高环境保护意识。媒体宣传方面，不仅需要一些直接的关于生态环境保护的宣传片，还需要一些有文化底蕴的纪录片。例如，中共甘肃省委宣传部、中央电视台科教频道联合出品的纪录片《河西走廊》，从政治、军事、经济、文化、宗教等多角度讲述了河西走廊的重要地理位置及其发展历史，以及它在中国历史和文明进程中所发挥的独特作用，使我们了解河西走廊对我国西部地区乃至全国的重要战略地位和生态屏障作用，从而提高人们对该区域生态环境的保护意识。

5. 加强体制机制建设

加强生态安全体制机制建设，确保生态安全战略实施。各级党委和政府应对本辖区的生态安全状况负责，将国家生态安全工作纳入国民经济和社会发展规划，并且作为考核领导干部政绩的指标之一，对由于干部失职、渎职给国家造成重大损失和严重后果的，要依法追究责任。同时，建立国家生态安全评估预警体系。要充分挖掘和运用大数据，综合采用空间分析、信息集成、"互联网＋"等技术，构建国家生态安全综合数据库，通过对生态安全现状及动态的分析评估，预测未来国家生态安全情势和时空分布信息，在此基础上建立国家生态安全评估预警体系，建立警情评估、发布与应对平台，充分保障我国生态安全。

评 价 篇

Evaluation Reports

G.2
甘肃国家生态安全屏障建设评价报告（2017）

赵廷刚　温大伟　谢建民　刘　涛*

摘　要：　针对甘肃当前面临的较为严峻的生态安全问题，本报告根据甘肃省建设国家生态安全屏障的"四屏一廊"布局，对甘肃生态安全屏障建设进行了评价。评价结果显示，甘肃绝大多数市县生态状况良好，生态比较安全，但也有少数市县的生态建设力度不够，生态状况一般，显示生态预警，不得不引起有关部门的高度重视。甘肃大多数生态安全区域生态环境比较脆弱、资源可承载力偏低，仍然存在各种生态环境问

---

* 赵廷刚，应用数学博士后，兰州城市学院教授，主要从事计算数学与应用数学的教学与研究；温大伟，硕士，兰州城市学院讲师，主要从事微分方程的研究；谢建民，硕士，兰州城市学院副教授，主要从事图论的研究；刘涛，兰州城市学院副教授，主要从事信息与通信工程的研究。

题，生态环境状况总体需要随时保持警惕，注重提高安全意识、红线意识和防范意识。提出全省五个生态安全区域生态安全屏障建设已经进入攻坚期，在农田红线控制、农业现代化、第三产业比重、绿化、生活垃圾治理、科技创新及人才培养等方面，需要继续加大投入力度，突破重点，攻克难点。

关键词： 甘肃　生态安全　生态屏障

一　生态安全屏障评价模型与生态城市健康评价模型

在《甘肃国家生态安全屏障建设发展报告（2017）》中，我们讨论了生态安全屏障评价模型及生态城市健康评价模型，其中生态安全屏障评价模型包括生态安全屏障基本概念与主要特点、数据处理方法、确定权重的方法、动态评价方法及资源可承载力评价方法、生态风险评价方法、环境安全评价方法。本报告仅描述动态评价模型，其余请参阅相关文献。

（一）生态安全屏障评价模型——动态评价模型

生态安全屏障建设是一个动态的过程，因此动态评价模型更具有科学性。下面课题组建立生态安全屏障的动态评价模型。

假设该生态安全屏障可以用若干个指标 $j = 1, 2, \cdots, m$ 来描述，而采集的样本数据用 $i = 1, 2, \cdots, n$ 来表示，对于 t_k 时刻，这些数据被无量纲化后用 $C_{ij}(t_k)$ 来表示。

1. 梯度概念

梯度概念表示该指标关于时间的变化强度，用式 2.1 计算。

$$\Delta_{ij}(t_k) = \frac{C_{ij}(t_{k-1}) - C_{ij}(t_k)}{t_{k-1} - t_k} \tag{2.1}$$

讨论梯度概念，就是要考虑两个或两个以上时间节点上的动态变化。当梯度大于0时，说明该指标是增长的；反之，该指标是下降的。

可持续发展用梯度概念表述，即梯度在每个时间节点上都大于0。

2. 变化率概念

变化率概念同时考虑了发展基础的因素，计算公式为2.2。

$$R_{ij}(t_k) = \Delta_{ij}(t_k)/C_{ij}(t_k) \tag{2.2}$$

变化率概念的困境是当数据 $C_{ij}(t_k)$ 非常小时，结果会引起不稳定，这意味着描述失真。可持续发展也可以用变化率来描述，这与梯度类似。

3. 不稳定度概念

不稳定度概念用来描述该指标在时间段 t_1 到 t_k 中变化的不稳定性程度，由式2.3给出。

$$D_{ij}[t_1, t_k] = \frac{1}{k-1} \sum_k | \Delta_{ij}(t_k) | \tag{2.3}$$

不稳定度数值越大，表明该指标变化越剧烈。

随着时间的演化，良好的生态系统将会非常稳定地演化，故而其不稳定度会越来越小，因此，我们谋求生态安全屏障能够有效保护生态环境不再恶化，其满足的动态条件是：

$$\lim_{k \to \infty} D_{ij}[t_1, t_k] = 0$$

上述条件是理想状况下的。

4. 生态安全屏障良性演化概念及指数

若生态安全屏障的所有观测数据满足条件①和②：

① $C_{ij}(t_k) \leqslant C_{ij}(t_{k+1}) \leqslant C_{ij}(t_{k+2})$；

② $D_{ij}[t_1, t_k] \geqslant D_{ij}[t_1, t_{k+1}] \geqslant D_{ij}[t_1, t_{k+2}]$。

则称该生态安全屏障从时刻 t_k 到 t_{k+2} 是绝对良性演化的；否则，称为非稳态演化。

事实上，当我们意识到生态安全问题时，生态系统就已经处于非稳态的演化进程中。某些生态指标处于急速变化或崩溃的边缘。

生态安全指数见公式2.4。

$$I_i = \sum_{j \in S} W_j \qquad (2.4)$$

其中，集合 S 是满足条件①和②的所有指标，W_j 是第 j 个指标的权重。生态安全指数越接近1，表明生态安全状况越理想。

（二）生态城市健康评价模型

1. 生态城市的主要特征

和谐性、高效性、持续性、均衡性和区域性是通常意义下的生态城市所具有的五个主要特征。和谐性是生态城市概念的核心内容，主要表征某些要素之间的关系。高效性是指生态城市资源的利用效率。持续性是长远发展的观点，即可持续发展。生态城市应当惠及当代人和后代人，因而必须保证其健康稳定持续发展。均衡性是指生态城市的各个子系统协调均衡发展。这些子系统包括经济、社会、自然、生态等，它们之间相互依赖且不可分割。区域性是指生态城市的建设在具体的时间和空间区域范围内进行，在该时空范围内考虑人类活动和自然生态的交互作用。

2. 生态城市建设指标的量化标准

生态城市建设指标的量化标准是随时间不断变化的一个动态概念。当然，很多量化标准既有国际标准，也有国家标准，但这些标准有些可以作为某时期内的建设量化标准，有些则不能。下面以某指标为例，来考虑如何确定2014年的该指标的量化标准。

第一步：统计中国每个城市在2013年底的该指标数值。

第二步：计算上述统计中的最大值 max 和最小值 min。

第三步：利用公式2.5计算该指标的达标标准。

$$bzl = \lambda \max + (1 - \lambda) \min \qquad (2.5)$$

其中 $0 \leqslant \lambda \leqslant 1$。

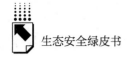

公式 2.5 意味着 2014 年底该指标的达标标准是介于 min 和 max 之间的。尽管 min 是 2014 年底中国每个城市该指标的达标标准，但若在现阶段把 min 作为达标标准，那么到 2014 年底极可能绝大多数城市该指标都无法达标，于是 2014 年底该指标的达标标准介于 min 和 max 之间更合理。

接下来的关键是如何确立 λ。先确定一个水平 δ（$0 < \delta < 1$），如 $\delta = \frac{1}{3}$。接下来选取 λ 使 2013 年底的该指标小于 bzl 的城市数不低于总城市数的 δ，若 $\delta = \frac{1}{3}$，也就是说所确立的建设标准能够保证有 1/3 以上的城市能够达标。

第四步：最后用公式 2.6 来计算 2014 年底该指标的达标标准。

$$bz = \frac{\dfrac{1}{bzl} - \dfrac{1}{\max} + 1}{\dfrac{1}{\min} - \dfrac{1}{\max} + 1} \tag{2.6}$$

由上述四个步骤构造的生态城市建设量化标准是一个动态变化的量，它是依据上一年的建设效果和建设标准，来确定本年的建设标准。

把由中国所有城市组成的集合记为 X。对于任意给定的时刻 t 和城市 $C \in \mathrm{X}$，C 在时刻 t 的生态城市建设指标数值构成一个 $m \times n$ 阶矩阵，即

$$C(t) = \left[c_{ij}(t) \right]_{m \times n} = \begin{pmatrix} c_{11}(t) & c_{12}(t) & \cdots & c_{1n}(t) \\ c_{21}(t) & c_{22}(t) & \cdots & c_{2n}(t) \\ \vdots & \vdots & \vdots & \vdots \\ c_{m1}(t) & c_{m2}(t) & \cdots & c_{mn}(t) \end{pmatrix}$$

其中的每个元素满足（数值经过适当的归一化）$0 \leqslant c_{ij}(t) \leqslant 1$。

子集 $X \subseteq \mathrm{X}$ 表示 X 中某种类型的城市组成的集合，记

$$x_{ij}(t)_1 = \min\{c_{ij}(t) \mid C \in X\}, \quad i = 1,2,\cdots,m; \quad j = 1,2,\cdots,n$$
$$x_{ij}(t)_2 = \max\{c_{ij}(t) \mid C \in X\}, \quad i = 1,2,\cdots,m; \quad j = 1,2,\cdots,n$$

于是

$$X(t)_1 = \left[x_{ij}(t)_1 \right]_{m \times n} = \begin{pmatrix} x_{11}(t)_1 & x_{12}(t)_1 & \cdots & x_{1n}(t)_1 \\ x_{21}(t)_1 & x_{22}(t)_1 & \cdots & x_{2n}(t)_1 \\ \vdots & \vdots & \vdots & \vdots \\ x_{m1}(t)_1 & x_{m2}(t)_1 & \cdots & x_{mn}(t)_1 \end{pmatrix}$$

是 X 在时刻 t 的最低发展现状；相应的，有 X 在时刻 t 的最高发展现状为

$$X(t)_2 = \left[x_{ij}(t)_2 \right]_{m \times n} = \begin{pmatrix} x_{11}(t)_2 & x_{12}(t)_2 & \cdots & x_{1n}(t)_2 \\ x_{21}(t)_2 & x_{22}(t)_2 & \cdots & x_{2n}(t)_2 \\ \vdots & \vdots & \vdots & \vdots \\ x_{m1}(t)_2 & x_{m2}(t)_2 & \cdots & x_{mn}(t)_2 \end{pmatrix}$$

特别的，当 $X = \mathrm{X}$ 时，$X(t)_1$ 和 $X(t)_2$ 分别为中国生态城市建设在时刻 t 的最低发展现状和最高发展现状。

沿用前面的记号，且记 $B(t+1)$ 为 X 在时刻 $t+1$ 的建设标准，则它必须满足公式 2.7。

$$B(t+1) = \lambda_1(t)X_1(t) + \lambda_2(t)X_2(t) \tag{2.7}$$

其中，参数满足

$$\lambda_1(t) + \lambda_2(t) = 1$$
$$0 \leqslant \lambda_1(t) \leqslant 1$$
$$0 \leqslant \lambda_2(t) \leqslant 1$$

上面关系表达的含义是中国生态城市建设评价标准介于中国生态城市建设在时刻 t 的最低发展现状和最高发展现状之间。

最后的问题是如何选择 $\lambda_1(t)$ 和 $\lambda_2(t)$。它是一个最优化问题的解。

考虑条件①和②：

① $b_{ij}(t) \leqslant b_{ij}(t+1)$, $i = 1,2,\cdots,m$; $j = 1,2,\cdots,n$;

②集合 $\{C \in X | c_{ij}(t) \geqslant b_{ij}(t+1)$, $i = 1,2,\cdots,m$; $j = 1,2,\cdots,n\}$ 的元素个数不低于集合 X 的元素个数 δ。

满足条件①和②后，求解最优化问题 2.8，就可以确定 $\lambda_1(t)$ 和 $\lambda_2(t)$ 的值。

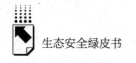

$$\min \| \lambda_1(t) \sum_{C \in X} \left[C(t) - X(t)_1 \right] + \lambda_2(t) \sum_{C \in X} \left[X(t)_2 - C(t) \right] \| \quad (2.8)$$

其中，

$$\lambda_1(t) + \lambda_2(t) = 1$$
$$0 \leqslant \lambda_1(t) \leqslant 1$$
$$0 \leqslant \lambda_2(t) \leqslant 1$$

（三）生态安全屏障评价与生态城市健康评价

生态安全屏障评价和生态城市健康评价有一致性，因为它们本质上是解决同一个问题。同时，它们之间也有较大的差异，这是因为它们解决问题的角度是不同的，前者立足人文自然宜居的理念，而后者立足客观稳定性发展的理念。后者是前者的基础性保证。因此，生态安全屏障评价和生态城市健康评价在指标体系的设计上是一致的，但具有更加细致的分类与特点。

（四）建设侧重度、建设难度及建设综合度

虽然生态城市健康指数复合指标建设侧重度、建设难度、建设综合度都是辅助决策参数，但定量时必须客观、合理、科学。

设 $A_i(t)$ 是城市 A 在第 t 年关于第 i 个指标的排序名次，称

$$\lambda A_i(t+1) = \frac{A_i(t)}{\sum_{j=1}^{n} A_j(t)} \quad (i = 1,2,\cdots,N)$$

为城市 A 在第 $t+1$ 年关于第 i 个指标的建设侧重度，这里 N 是城市个数，n 是指标个数。

如果 $\lambda A_i(t+1) > \lambda A_j(t+1)$，则表明在第 $t+1$ 年第 i 个指标建设应优先于第 j 个指标。这是因为在第 t 年，第 i 个指标在全国的排名比第 j 个指标较后，所以在第 $t+1$ 年，第 i 个指标应优先于第 j 个指标建设，这样可以缩小同全国的差距，使生态建设与全国同步发展。

用 $\max_i(t)$ 和 $\min_i(t)$ 分别表示第 i 个指标在第 t 年的最大值和最小值，

$\alpha A_i(t)$ 为城市 A 在第 t 年关于第 i 个指标的值，令

$$\mu A_i(t) = \begin{cases} \dfrac{\max_i(t)+1}{\alpha A_i(t)+1} & (指标\ i\ 为正向) \\[2ex] \dfrac{\alpha A_i(t)+1}{\min_i(t)+1} & (指标\ i\ 为负向) \end{cases}$$

称

$$\gamma A_i(t+1) = \frac{\mu A_i(t)}{\sum\limits_{j=1}^{n} \mu A_i(t)}$$

为城市 A 在第 $t+1$ 年指标 i 的建设难度。其中，$i=1,2,\cdots,N$。

如果 $\gamma A_i(t+1) > \gamma A_j(t+1)$，则表明在第 t 年第 i 个指标比第 j 个指标偏离全国最高值越远，所以在第 $t+1$ 年，第 i 个指标应优先于第 j 个指标建设。称

$$\nu A_i(t+1) = \frac{\lambda A_i(t)\mu A_i(t)}{\sum\limits_{j=1}^{n} \lambda A_j(t)\mu A_j(t)}$$

为城市 A 在第 $t+1$ 年指标 i 的建设综合度。其中，$i=1,2,\cdots,N$。

如果 $\nu A_i(t+1) > \nu A_j(t+1)$，则表明在第 $t+1$ 年，第 i 个指标理论上应优先于第 j 个指标建设。

二 甘肃国家生态安全屏障评价的指标体系与结果

（一）甘肃国家生态安全屏障评价的原则

分类与差异性原则。由于甘肃生态安全屏障的功能定位及地域特征不同，必须采用分类评价的原则。不同的生态安全屏障使用不同的指标体系，这是差异性原则。

局部方法一致性原则。在每一类型的生态安全屏障评价中使用相同的评价方法，这样得到的结果具有整体可以比较的意义。

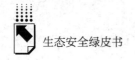

（二）甘肃国家生态安全屏障评价指标体系

甘肃国家生态安全屏障分为河西祁连山内陆河生态安全屏障、甘南高原地区黄河上游生态安全屏障、甘肃南部秦巴山地区长江上游生态安全屏障、陇东陇中黄土高原地区生态安全屏障和中部沿黄河地区生态走廊，简称"四屏一廊"。它们的建设目标、功能与定位在后面的报告中有详细描述。

甘肃国家生态安全屏障指标体系由四级指标体系构成，其中二级指标有生态环境、生态经济和生态社会三个，这与生态城市健康评价指标体系相同。而 2017 年三级指标由 36 个具体指标构成，这与 2016 年的指标体系略有不同，四级指标由一些特色指标构成（见表 1 和表 2）。在实际使用该指标体系时，根据生态安全屏障的功能定位及地域特点的不同而进行了适当的取舍。

（三）甘肃国家生态安全屏障评价指标体系的对比

甘肃国家生态安全屏障中的河西祁连山内陆河生态安全屏障、甘南高原地区黄河上游生态安全屏障、甘肃南部秦巴山地区长江上游生态安全屏障、陇东陇中黄土高原地区生态安全屏障及中部沿黄河地区生态走廊的评价是利用熵值法来计算的，具体计算的结果和原始数据可参见后面的报告。

甘肃国家生态安全屏障评价指标体系的统计特征见表 3。

在生态环境的二级指标中，森林覆盖率是甘肃国家生态安全屏障体系所有子系统共有的评价指标。在生态经济的二级指标中，第三产业占比是甘肃国家生态安全屏障体系所有子系统共有的评价指标。在生态社会的二级指标中，城市燃气普及率、城市人口密度和普通高等学校在校学生人数是甘肃国家生态安全屏障体系所有子系统共有的评价指标。

（四）甘肃国家生态安全屏障评价结果

甘肃国家生态安全屏障评价结果见表 4 至表 23。

表1　2016年甘肃国家生态安全屏障评价指标体系

核心指标						特色指标
一级指标	二级指标	指标权重	序号	三级指标	指标权重	四级指标
甘肃国家生态安全屏障	生态环境	0.40	1	森林覆盖率（森林面积/国土面积）（%）		生态治理工程进展情况跟踪
			2	生物多样性		
			3	草原综合植被覆盖度（%）		
			4	湿地面积（万公顷）		退耕还林（还草）工程
			5	河流湖泊面积（公顷）		水利工程
			6	农田耕地保有量（万亩）		固沟保塬工程
			7	城市建成区绿地面积（%）		生态修复工程
			8	未利用土地（万公顷）		生态移民补偿工程等
			9	荒漠化、沙化土地治理率（%）		防风沙林带工程建设等
			10	水土流失综合治理率（%）		河西祁连山内陆河流域生态屏障
			11	人均水资源（立方米）		
			12	人均耕地水资源占有率（%）		
			13	功能区水质达标率（%）		
			14	农田灌溉水利用系数		祁连山冰川面积等
			15	PM2.5［空气质量优良天数（天）］		
			16	人均绿地面积（平方米）		
	生态经济	0.35	17	人均GDP（元）		
			18	服务业增加值比重（%）		
			19	退耕还草还林率（%）		
			20	单位GDP综合能耗（吨标准煤/万元）		
			21	单位GDP耗水量（吨/万元）		
			22	非化石能源占一次能源消费比重（%）		
			23	二氧化碳（CO_2）排放量（千克/万元）		
			24	二氧化硫（SO_2）排放量（千克/万元）		
			25	生活垃圾无害化处理率（%）		
			26	一般工业固体废物综合利用率（%）		
			27	城市污水处理率（%）		
			28	单位耕地面积化肥使用率（%）		
	生态社会	0.25	29	生态屏障建设投入率（%）		
			30	人均预期寿命（年）		
			31	人均受教育年限（年）		
			32	R&D研究和试验发展费占GDP比重（%）		
			33	信息化基础设施［互联网宽带接入用户数（户）/年末总人口（百人）］		
			34	主体功能区规划面积占比（%）		
			35	生态屏障建设相关制度执行力		

表2　2017年甘肃国家生态安全屏障评价指标体系

核心指标						特色指标
一级指标	二级指标	指标权重	序号	三级指标	指标权重	四级指标
甘肃国家生态安全屏障	生态环境	0.40	1	森林覆盖率(森林面积/国土面积)(%)		退耕还林(还草)工程
			2	湿地面积(万公顷)		
			3	河流湖泊面积(公顷)		
			4	农田耕地保有量(万亩)		
			5	城市建成区面积(平方千米)		
			6	建成区绿化覆盖率(%)		
			7	未利用土地(万公顷)		
			8	人均水资源(立方米)		
			9	空气质量二级以上天数占比(%)		
			10	人均绿地面积(平方米)		
			11	人均公园绿地面积(平方米)		
			12	PM2.5[空气质量优良天数(天)]		
			13	城市建设用地面积(平方千米)		
			14	人均道路面积(平方米)		
			15	人均耕地水资源占有率(%)		
			16	农田有效灌溉面积(万亩)		
	生态经济	0.35	17	人均GDP(元)		"两江一水"工程 引洮工程
			18	单位GDP废水排放量(吨/万元)		
			19	单位GDP二氧化硫(SO₂)排放量(千克/万元)		
			20	一般工业固体废物综合利用率(%)		
			21	城市污水处理率(%)		
			22	第三产业占比(%)		
			23	城镇化率(%)		
			24	集中式饮用水质达标率(%)		
			25	建成区供水管道密度(千米/平方千米)		
			26	建成区排水管道密度(千米/平方千米)		
			27	生活垃圾无害化处理率(%)		
			28	单位GDP耗水量(吨/万元)		
	生态社会	0.25	29	城市人口密度(人/平方千米)		固沟保塬工程进展
			30	普通高等学校在校学生人数(人)		
			31	信息化基础设施[互联网宽带接入用户数(户)/年末总人口(百人)]		
			32	城市燃气普及率(%)		
			33	R&D研究和试验发展费占GDP比重(%)		
			34	用水普及率(%)		
			35	供热面积(万平方米)		
			36	医疗保险参保率(%)		

表3 2017年甘肃国家生态安全屏障系统指标体系结构

单位：个，%

甘肃国家生态安全屏障系统		生态环境指标	生态经济指标	生态社会指标	生态安全屏障评价指标
河西祁连山内陆河生态安全屏障	指标数量	10	6	5	21
	占比	62.5	50	62.5	58.3
甘南高原地区黄河上游生态安全屏障	指标数量	7	7	6	20
	占比	43.8	58.3	75	55.6
甘肃南部秦巴山地区长江上游生态安全屏障	指标数量	11	6	5	22
	占比	68.8	50	62.5	61.1
陇东陇中黄土高原地区生态安全屏障	指标数量	6	6	4	16
	占比	37.5	50	50	44.4
中部沿黄河地区生态走廊	指标数量	8	5	5	18
	占比	50	41.7	62.5	50

表4 2017年河西祁连山内陆河生态安全评价结果

地区	评价指标			综合指数	生态安全状态	生态安全度
	生态环境	生态经济	生态社会			
酒泉市	0.3425	0.2834	0.0933	0.7192	较好	较安全
嘉峪关市	0.2417	0.2420	0.1109	0.5947	一般	预警
张掖市	0.3351	0.2649	0.1106	0.7107	较好	较安全
金昌市	0.2494	0.2452	0.0945	0.5891	一般	预警
武威市	0.2697	0.2686	0.0599	0.5981	一般	预警

表5 2015年甘南高原地区黄河上游生态功能区生态安全屏障评价结果

地 区	综合指数	生态安全状态	生态安全度
夏河县	0.8370	理想	安全
玛曲县	0.8457	理想	安全
碌曲县	0.8823	理想	安全
卓尼县	0.8668	理想	安全
临潭县	0.8395	理想	安全

续表

地 区	综合指数	生态安全状态	生态安全度
合作市	0.8621	理想	安全
临夏市	0.8929	理想	安全
临夏县	0.8337	理想	安全
广河县	0.8536	理想	安全
和政县	0.8481	理想	安全
康乐县	0.8391	理想	安全
积石山县	0.8377	理想	安全

表6 甘肃南部秦巴山地区长江上游生态安全屏障评价结果

地区	综合指数	生态安全状态	生态安全度
天水市	0.7887	良好	较安全
陇南市	0.6011	良好	较安全
舟曲县	0.5169	一般	预警
迭部县	0.5647	一般	预警
甘肃南部秦巴山地区长江上游	0.6178	良好	较安全

表7 陇东陇中黄土高原地区生态安全屏障评价结果

地区	综合指数	生态安全状态	生态安全度
庆阳市	0.7927	良好	较安全
平凉市	0.7992	良好	较安全
定西市	0.7244	良好	较安全
会宁县	0.6552	良好	较安全
陇东陇中黄土高原地区	0.7752	良好	较安全

表8 中部沿黄河地区生态安全屏障评价结果

地区	评价指标			综合指数	生态安全状态	生态安全度
	生态环境	生态经济	生态社会			
兰州市	0.3799	0.7428	0.9912	0.6942	良好	较安全
白银市	0.6972	0.2887	0.2300	0.4191	一般	预警
永靖县	0.5017	0.5017	0.138	0.4007	一般	预警
中部沿黄河地区	0.5263	0.4797	0.4531	0.5046	一般	预警

表 9　2017 年河西祁连山内陆河资源可承载力及环境安全指标

指标	酒泉市	嘉峪关市	张掖市	金昌市	武威市
资源可承载力	3.81	14.87	3.55	9.33	4.48
环境安全	7.20	9.84	8.55	8.20	5.83

表 10　2016 年甘肃南部秦巴山地区长江上游资源可承载力和环境安全评价结果

地区	资源可承载力	环境安全	资源承载力状态	环境安全状态
天水市	6.4458	4.1447	高	基本安全
陇南市	4.3518	4.3478	中等	基本安全
舟曲县	1.1507	4.9864	低	基本安全
迭部县	0.7068	5.5038	低	安全
甘肃南部秦巴山地区上江上游	3.1638	4.6332	较低	基本安全

表 11　2017 年中部沿黄河地区资源可承载力和环境安全指标

指标	兰州市	白银市	永靖县
资源可承载力	7.13	3.38	2.67
环境安全	7.67	6.10	5.11

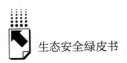
表12　2017年河西祁连山内陆河生态安全全屏障建设指标的建设侧重度

地区	森林覆盖率		湿地面积		河流湖泊面积		耕地保有量		城市建成区面积		建成区绿化覆盖率		未利用土地		人均水资源		空气质量二级以上天数占比		人均绿地面积	
	数值	排名	数值	排名	数值	排名	数值	排名	数值	排名	数值	排名	数值	排名	数值	排名	数值	排名	数值	排名
酒泉市	0.089286	1	0.017857143	16	0.017857	16	0.053571	6	0.053571	6	0.053571	6	0.017857	16	0.017857	16	0.089286	1	0.089286	1
嘉峪关市	0.046154	10	0.076923077	1	0.076923	1	0.076923	1	0.076923	1	0.015385	15	0.076923	1	0.030769	13	0.015385	15	0.030769	13
张掖市	0.040816	10	0.040816327	10	0.040816	10	0.020408	16	0.081633	1	0.040816	10	0.040816	10	0.061224	5	0.020408	16	0.020408	16
金昌市	0.013889	21	0.055555556	2	0.055556	2	0.055556	2	0.027778	17	0.055556	2	0.055556	2	0.055556	2	0.055556	2	0.041667	15
武威市	0.057971	8	0.043478261	11	0.043478	11	0.028986	15	0.014493	18	0.072464	1	0.043478	11	0.072464	1	0.043478	11	0.057971	8

地区	人均GDP		单位GDP废水排放量		单位GDP二氧化硫(SO_2)排放量		一般工业固体废物综合利用率		城市污水处理率		第三产业占比		城市人口密度		普通高等学校在校学生人数		信息化基础设施(互联网宽带接入户数/年末总人口)		城市燃气普及率		R&D研究和实验发展费占GDP比重	
	数值	排名	数值	排名	数值	排名	数值	排名	数值	排名	数值	排名	数值	排名	数值	排名	数值	排名	数值	排名	数值	排名
酒泉市	0.035714	12	0.017857	16	0.035714	12	0.089286	1	0.053571	1	0.035714	6	0.035714	12	0.053571	12	0.053571	6	0.017857	6	0.071429	5
嘉峪关市	0.015385	15	0.076923	1	0.076923	1	0.046154	10	0.076923	10	0.015385	15	0.046154	10	0.076923	10	0.015385	15	0.015385	15	0.015385	15
张掖市	0.081633	1	0.061224	5	0.061224	5	0.040816	10	0.081633	10	0.061224	1	0.020408	5	0.020408	16	0.081633	1	0.020408	16	0.061224	5
金昌市	0.041667	15	0.055556	2	0.055556	2	0.055556	2	0.027778	2	0.055556	2	0.055556	2	0.055556	2	0.027778	2	0.069444	17	0.027778	17
武威市	0.072464	1	0.028986	15	0.014493	18	0.014493	18	0.014493	18	0.072464	1	0.072464	1	0.028986	15	0.072464	1	0.057971	1	0.072464	1

表13 2017年河西祁连山内陆河生态安全屏障建设指标的建设难度

地区	森林覆盖率		湿地面积		河流湖泊面积		耕地保有量		城市建成区面积		建成区绿化覆盖率		未利用土地		人均水资源		空气质量二级以上天数占比		人均绿地面积	
	数值	排名	数值	排名	数值	排名	数值	排名	数值	排名	数值	排名	数值	排名	数值	排名	数值	排名	数值	排名
酒泉市	0.064354	1	0.037325	17	0.037325	17	0.039772	11	0.053809	8	0.038352	15	0.037325	17	0.037325	17	0.038813	13	0.064354	4
嘉峪关市	0.043515	7	0.067491	4	0.067491	4	0.067491	4	0.039145	12	0.039145	12	0.067491	1	0.041188	9	0.039145	12	0.040301	10
张掖市	0.042426	13	0.042664	12	0.044184	12	0.040082	17	0.04541	8	0.040287	16	0.050782	7	0.042774	11	0.040082	17	0.040082	17
金昌市	0.036042	21	0.05864	7	0.061981	2	0.048672	9	0.059119	6	0.03723	17	0.059423	5	0.051699	8	0.036682	19	0.042285	13
武威市	0.040413	15	0.045102	13	0.047733	11	0.034153	17	0.058226	2	0.058226	2	0.046275	12	0.058226	4	0.034148	18	0.050826	10

地区	人均GDP		单位GDP废水排放量		单位GDP二氧化硫（SO₂）排放量		一般工业固体废物综合利用率		城市污水处理率		第三产业占比		城市人口密度		普通高等学校在校学生人数		信息化基础设施（互联网）宽带接入户数/年末总人口		城市燃气普及率		R&D研究和实验发展费占GDP比重	
	数值	排名	数值	排名	数值	排名	数值	排名	数值	排名	数值	排名	数值	排名	数值	排名	数值	排名	数值	排名	数值	排名
酒泉市	0.038773	14	0.064354	1	0.06228	5	0.064354	1	0.037712	16	0.039202	12	0.061858	12	0.044986	6	0.043146	9	0.037325	17	0.057258	7
嘉峪关市	0.039145	12	0.039145	12	0.039145	12	0.042114	8	0.039972	11	0.039145	12	0.064007	12	0.067491	6	0.039145	12	0.039145	12	0.039145	12
张掖市	0.055309	5	0.06681	2	0.065307	3	0.040976	14	0.040841	15	0.042897	10	0.069106	10	0.040082	1	0.051004	6	0.040082	6	0.058817	4
金昌市	0.038468	16	0.043472	11	0.043172	12	0.040624	14	0.036193	20	0.060356	3	0.046395	3	0.060051	10	0.040267	15	0.062142	1	0.037087	18
武威市	0.058226	4	0.056701	9	0.058226	4	0.033771	19	0.033771	19	0.058226	1	0.033771	1	0.034504	19	0.058226	16	0.042976	14	0.058226	4

表14 2017年河西祁连山内陆河生态安全屏障建设指标的建设综合度

地区	森林覆盖率		湿地面积		河流湖泊面积		耕地保有量		城市建成区面积		建成区绿化覆盖率		未利用土地		人均水资源		空气质量二级以上天数占比		人均绿地面积	
	数值	排名	数值	排名	数值	排名	数值	排名	数值	排名	数值	排名	数值	排名	数值	排名	数值	排名	数值	排名
酒泉市	0.114226	1	0.01325	17	0.01325	17	0.042356	11	0.057306	6	0.040845	12	0.01325	17	0.01325	17	0.068892	5	0.114226	1
嘉峪关市	0.038851	11	0.100427	4	0.100427	1	0.100427	4	0.058248	7	0.01165	15	0.100427	1	0.024515	13	0.01165	15	0.023987	14
张掖市	0.03547	13	0.035669	12	0.03694	11	0.016755	17	0.075929	5	0.033682	15	0.042456	10	0.053642	9	0.016755	17	0.016755	17
金昌市	0.010216	21	0.066486	6	0.070274	2	0.055185	8	0.033515	16	0.042211	13	0.067374	5	0.058617	7	0.04159	14	0.035958	15
武威市	0.047444	10	0.039712	13	0.042029	11	0.020047	17	0.017089	18	0.085446	2	0.040745	12	0.085446	3	0.030067	15	0.059729	7

地区	人均GDP		单位GDP废水排放量		单位GDP二氧化硫(SO₂)排放量		一般工业固体废物综合利用率		城市污水处理率		第三产业占比		城市人口密度		普通高等学校在校学生人数		信息化基础设施(互联网宽带接入户数/年末总人口)		城市燃气普及率		R&D研究和实验发展费占GDP比重	
	数值	排名	数值	排名	数值	排名	数值	排名	数值	排名	数值	排名	数值	排名	数值	排名	数值	排名	数值	排名	数值	排名
酒泉市	0.027528	15	0.022845	16	0.044219	9	0.114226	1	0.040163	13	0.027833	14	0.043918	14	0.04791	10	0.04595	7	0.01325	17	0.081306	4
嘉峪关市	0.01165	15	0.058248	7	0.058248	7	0.0376	12	0.059478	6	0.01165	15	0.057146	15	0.100427	10	0.01165	15	0.01165	15	0.01165	15
张掖市	0.092482	1	0.083784	3	0.0819	4	0.034257	14	0.06829	7	0.053795	8	0.028888	8	0.016755	16	0.085282	2	0.016755	17	0.07376	6
金昌市	0.032711	17	0.049289	10	0.048948	11	0.04606	12	0.020518	20	0.068432	3	0.052603	3	0.068087	9	0.022828	18	0.088072	1	0.021025	19
武威市	0.085446	3	0.033283	14	0.017089	19	0.009912	20	0.009912	20	0.085446	1	0.049559	1	0.020254	9	0.085446	3	0.050454	8	0.085446	3

表 15 2016 年甘肃南部秦巴山地区长江上游生态安全屏障建设侧重度

地区	森林覆盖率		湿地面积		河流湖泊面积		农田耕地保有量		城市建成区绿地面积		生活垃圾处理率		人均水资源		农田有效灌溉面积		PM2.5（空气质量优良天数）		建成区绿地率	
	数值	排名	数值	排名	数值	排名	数值	排名	数值	排名	数值	排名	数值	排名	数值	排名	数值	排名	数值	排名
天水市	0.071429	6	0.095238	1	0.047619	8	0.02381	11	0.02381	11	0.02381	11	0.02381	11	0.047619	8	0.095238	1	0.02381	11
陇南市	0.042553	9	0.042553	9	0.021277	16	0.042553	9	0.06383	5	0.021277	16	0.085106	1	0.021277	16	0.021277	16	0.042553	9
舟曲县	0.081633	1	0.020408	17	0.061224	4	0.061224	4	0.081633	1	0.061224	4	0.040816	11	0.061224	4	0.020408	17	0.061224	4
迭部县	0.020408	16	0.061224	5	0.081633	1	0.081633	1	0.040816	11	0.061224	5	0.040816	11	0.081633	1	0.020408	16	0.061224	5

地区	人均 GDP		污水处理率		二氧化硫（SO₂）排放量		一般工业固体废物综合利用率		第三产业占比		城市燃气普及率		R&D 研究和试验发展经费占 GDP 比重		信息化基础设施（互联网宽带接入用户数/年末总人口）		城市人口密度		普通高等学校在校学生人数	
	数值	排名	数值	排名	数值	排名	数值	排名	数值	排名	数值	排名	数值	排名	数值	排名	数值	排名	数值	排名
天水市	0.047619	8	0.02381	11	0.095238	1	0.02381	11	0.095238	1	0.071429	6	0.02381	11	0.02381	11	0.095238	1	0.02381	11
陇南市	0.06383	5	0.085106	1	0.06383	5	0.085106	1	0.042553	9	0.021277	16	0.042553	9	0.085106	1	0.06383	5	0.042553	9
舟曲县	0.081633	1	0.040816	11	0.020408	17	0.040816	11	0.020408	17	0.040816	11	0.061224	4	0.040816	11	0.040816	11	0.061224	4
迭部县	0.020408	16	0.040816	11	0.020408	16	0.040816	11	0.061224	5	0.081633	1	0.061224	5	0.040816	11	0.020408	16	0.061224	5

表16　2016年甘肃南部秦巴山地区长江上游生态安全屏障建设难度

地区	森林覆盖率 数值	排名	湿地面积 数值	排名	河流湖泊面积 数值	排名	农田耕地保有量 数值	排名	城市建成区绿地面积 数值	排名	生活垃圾处理率 数值	排名	人均水资源 数值	排名	农田有效灌溉面积 数值	排名	PM2.5（空气质量优良天数） 数值	排名	建成区绿地率 数值	排名
天水市	0.060281355	3	0.072374163	3	0.064305277	1	0.045780856	2	0.045780856	9	0.045780856	9	0.045780856	9	0.058659488	4	0.0473141419	8	0.045780856	9
陇南市	0.047869109	8	0.046386229	8	0.039050734	10	0.044583171	16	0.061796176	11	0.039050734	5	0.04882248	7	0.039050734	16	0.039050734	16	0.060629077	6
舟曲县	0.046529557	10	0.035166179	10	0.065562734	18	0.065819816	5	0.058038905	4	0.036964502	7	0.038577553	14	0.068621687	2	0.035166179	18	0.063872138	6
迭部县	0.034611489	18	0.042522686	18	0.065054605	11	0.067176774	5	0.054401634	3	0.036381447	9	0.037969055	14	0.068211336	2	0.034611489	18	0.062864658	7

地区	人均GDP 数值	排名	污水处理率 数值	排名	二氧化硫（SO₂）排放量 数值	排名	一般工业固体废物综合利用率 数值	排名	第三产业占比 数值	排名	城市燃气普及率 数值	排名	R&D研究和试验发展费占GDP比重 数值	排名	信息化基础设施（互联网宽带接入用户数/年末总人口） 数值	排名	城市人口密度 数值	排名	普通高等学校在校学生人数 数值	排名
天水市	0.049839403	5	0.045780856	9	0.045780856	9	0.045780856	9	0.049430054	9	0.0484258	6	0.045780856	7	0.045780856	9	0.045780856	9	0.045780856	9
陇南市	0.047355748	9	0.04385503	13	0.044133067	12	0.076116576	1	0.04002449	1	0.039050734	15	0.066085867	16	0.063434828	3	0.041301998	14	0.072352484	2
舟曲县	0.046232325	11	0.037775036	15	0.054817861	9	0.041004335	13	0.035166179	13	0.036148106	18	0.065843047	17	0.055391018	3	0.04297049	12	0.070332357	1
迭部县	0.034611489	18	0.037179196	15	0.053953198	10	0.040357558	12	0.036101582	12	0.038431867	17	0.064804479	13	0.054517315	6	0.067015164	4	0.069222978	1

表17 2016年甘肃南部秦巴山地区长江上游生态安全屏障建设综合度

地区	森林覆盖率		湿地面积		河流湖泊面积		农田耕地保有量		城市建成区绿地面积		生活垃圾处理率		人均水资源		农田有效灌溉面积		PM2.5（空气质量优良天数）		建成区绿地率	
	数值	排名	数值	排名	数值	排名	数值	排名	数值	排名	数值	排名	数值	排名	数值	排名	数值	排名	数值	排名
天水市	0.083251619	6	0.13326987	1	0.059205907	8	0.021075231	11	0.021075231	11	0.021075231	11	0.021075231	11	0.054007825	9	0.08712406	3	0.021075231	11
陇南市	0.03885809	12	0.037654351	13	0.015849856	16	0.036190706	14	0.075245228	4	0.015849856	16	0.079263991	3	0.015849856	16	0.015849856	16	0.049216085	11
舟曲县	0.072186372	8	0.013639281	18	0.07628596	6	0.07658509	5	0.090042077	1	0.043010294	10	0.029924781	14	0.079845226	3	0.013639281	18	0.07418855	7
迭部县	0.013494578	18	0.049737158	8	0.10145584	3	0.104765467	3	0.042421005	11	0.042553985	9	0.0296073	14	0.106378917	1	0.013494578	18	0.07350384	6

地区	人均GDP		污水处理率		二氧化硫（SO₂）排放量		一般工业固体废物综合利用率		第三产业占比		城市燃气普及率		R&D研究和试验发展费占GDP比重		信息化基础设施（互联网宽带接入用户数/年末总人口）		城市人口密度		普通高等学校在校学生人数	
	数值	排名	数值	排名	数值	排名	数值	排名	数值	排名	数值	排名	数值	排名	数值	排名	数值	排名	数值	排名
天水市	0.045887168	10	0.021075231	11	0.084300922	11	0.021075231	11	0.091020561	2	0.066878495	7	0.021075231	11	0.021075231	11	0.084300922	4	0.021075231	11
陇南市	0.057662048	7	0.071199266	5	0.053737997	5	0.123576344	1	0.032490164	15	0.015849856	16	0.053645673	9	0.102987346	2	0.050290786	10	0.058732644	6
舟曲县	0.071725243	9	0.029302265	15	0.02126123	15	0.031807246	13	0.013639281	18	0.028040248	16	0.07661212	4	0.042967061	11	0.033332402	12	0.081835687	2
迭部县	0.013494578	18	0.028991388	15	0.021035663	15	0.031469793	13	0.042226638	12	0.059936377	7	0.075799318	5	0.04251121	10	0.026128357	16	0.080967467	4

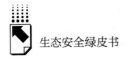

表18　2016年陇东陇中黄土高原地区生态屏障建设侧重度及排名

指标＼城市	庆阳市		平凉市		定西市		会宁县	
	数值	排名	数值	排名	数值	排名	数值	排名
森林覆盖率	0.063	2	0.031	3	0.071	2	0.077	1
湿地面积	0.031	3	0.094	1	0.048	3	0.077	1
农田耕地保有量	0.063	2	0.094	1	0.024	4	0.077	1
城市建成区绿化覆盖率	0.031	3	0.063	2	0.071	2	0.058	2
PM2.5(空气质量优良天数)	0.031	3	0.063	2	0.071	2	0.058	2
人均绿地面积	0.125	1	0.094	1	0.024	4	0.038	3
人均GDP	0.031	3	0.063	2	0.095	1	0.058	2
服务业增加值比重	0.031	3	0.094	1	0.095	1	0.038	3
单位GDP耗水量	0.031	3	0.063	2	0.071	2	0.077	1
二氧化硫(SO_2)排放量	0.125	1	0.031	3	0.048	3	0.058	2
一般工业废物综合利用率	0.063	2	0.031	3	0.071	2	0.077	1
第三产业占比	0.125	1	0.063	2	0.024	4	0.058	2
城市燃气普及率	0.063	2	0.031	3	0.095	1	0.058	2
R&D研究和试验发展费占GDP比重	0.031	3	0.094	1	0.048	3	0.077	1
城市人口密度	0.125	1	0.031	3	0.071	2	0.038	3
普通高等学校在校学生人数	0.031	3	0.063	2	0.071	2	0.077	1

表19　2016年陇东陇中黄土高原地区生态屏障建设难度及排名

指标＼城市	庆阳市		平凉市		定西市		会宁县	
	数值	排名	数值	排名	数值	排名	数值	排名
森林覆盖率	0.0462	6	0.0454	12	0.0811	4	0.0673	5
湿地面积	0.0427	9	0.0618	6	0.0426	10	0.0466	9
农田耕地保有量	0.0761	3	0.0991	2	0.0363	14	0.1014	3
城市建成区绿化覆盖率	0.0427	9	0.0497	10	0.0527	6	0.0477	8
PM2.5(空气质量优良天数)	0.0427	9	0.0470	11	0.0372	13	0.0336	15
人均绿地面积	0.0884	2	0.0852	3	0.0363	14	0.0616	6
人均GDP	0.0427	9	0.0694	4	0.0840	3	0.0559	7
服务增加值比重	0.0427	9	0.0550	7	0.0439	8	0.0393	12
单位GDP耗水量	0.0427	9	0.0666	5	0.0796	5	0.1283	2
二氧化硫(SO_2)排放量	0.0435	7	0.0454	12	0.0487	7	0.0330	16

指标 \ 城市	庆阳市		平凉市		定西市		会宁县	
	数值	排名	数值	排名	数值	排名	数值	排名
一般工业固体废弃物综合利用率	0.0431	8	0.0454	12	0.0398	12	0.0430	10
第三产业占比	0.0592	4	0.0511	9	0.0363	14	0.0369	14
城市燃气普及率	0.0491	5	0.0454	12	0.0432	9	0.0391	13
R&D 研究和试验发展费占 GDP 比重	0.0427	9	0.0538	8	0.0408	11	0.0399	11
城市人口密度	0.2527	1	0.0454	12	0.1630	1	0.0765	4
普通高等学校在校学生人数	0.0427	9	0.1346	1	0.1345	2	0.1499	1

表20　2016 年陇东陇中黄土高原地区生态屏障建设综合度及排名

指标 \ 城市	庆阳市		平凉市		定西市		会宁县	
	数值	排名	数值	排名	数值	排名	数值	排名
森林覆盖率	0.0363	7	0.0213	12	0.0862	4	0.0792	4
湿地面积	0.0168	9	0.0872	4	0.0302	12	0.0548	5
农田耕地保有量	0.0598	5	0.1398	1	0.0129	14	0.1193	3
城市建成区绿化覆盖率	0.0168	9	0.0467	10	0.0561	8	0.0421	10
PM2.5（空气质量优良天数）	0.0168	9	0.0441	11	0.0395	10	0.0297	14
人均绿地面积	0.1390	2	0.1201	3	0.0129	14	0.0362	11
人均 GDP	0.0168	9	0.0652	7	0.1191	3	0.0493	7
服务业增加值比重	0.0168	9	0.0775	5	0.0623	6	0.0231	16
单位 GDP 耗水量	0.0168	9	0.0626	8	0.0847	5	0.1510	2
二氧化硫（SO_2）排放量	0.0683	4	0.0213	12	0.0346	11	0.0291	15
一般工业废物综合利用率	0.0338	8	0.0213	12	0.0423	9	0.0507	6
第三产业占比	0.0930	3	0.0480	9	0.0129	14	0.0326	13
城市燃气普及率	0.0386	6	0.0213	12	0.0613	7	0.0345	12
R&D 研究和试验发展费占 GDP 比	0.0168	9	0.0758	6	0.0289	13	0.0470	8
城市人口密度	0.3970	1	0.0213	12	0.1733	1	0.0450	9
普通高等学校在校学生人数	0.0168	9	0.1265	2	0.1430	2	0.1764	1

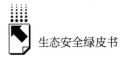

表21 2017年中部沿黄河地区生态安全全屏障建设指标的建设侧重度

地区	PM2.5（空气质量优良天数）		人均GDP		一般工业固体废物综合利用率		R&D研究和试验发展费用占GDP比重		信息化基础设施（互联网宽带接入用户数/年末人口总人口）		城市人口密度		人均耕地面积		万元GDP二氧化硫排放量		万元GDP工业烟粉尘排放量	
	数值	排名	数值	排名	数值	排名	数值	排名	数值	排名	数值	排名	数值	排名	数值	排名	数值	排名
兰州市	0.0482	1	0.0482	2	0.0482	3	0.0482	4	0.0482	5	0.0482	6	0.0482	7	0.0482	8	0.0482	9
白银市	0.0511	13	0.0247	20	0.0517	1	0.0208	22	0.0239	21	0.0517	2	0.0517	3	0.0071	25	0.0276	19
永靖县	0.0611	6	0.0187	21	0.0515	9	0.0067	24	0.0213	19	0.0411	11	0.0503	10	0.0245	18	0.0106	22

地区	万元GDP工业废水排放量		城镇化率		城市燃气普及率		单位GDP耗水量		人均绿地面积		人均公园绿地面积		森林覆盖率		第三产业占比		城市建成区绿地面积	
	数值	排名	数值	排名	数值	排名	数值	排名	数值	排名	数值	排名	数值	排名	数值	排名	数值	排名
兰州市	0.0482	10	0.0482	11	0.0468	12	0.0467	13	0.0455	14	0.0455	15	0.0387	16	0.0362	17	0.0354	18
白银市	0.0517	4	0.0315	17	0.0478	14	0.0469	15	0.0517	5	0.0517	6	0.0517	7	0.0350	16	0.0517	8
永靖县	0.0639	5	0.0281	16	0.0351	12	0.0662	1	0.0347	13	0.0347	14	0.0319	15	0.0662	2	0.0271	17

地区	万元GDP化学需氧量排放量		普通高等学校在校学生人数		农田耕地保有量		河流湖泊面积		湿地面积		万元GDP固体废弃物产生量		人均水资源		人均粮食产量		未利用土地	
	数值	排名	数值	排名	数值	排名	数值	排名	数值	排名	数值	排名	数值	排名	数值	排名	数值	排名
兰州市	0.0294	19	0.0272	20	0.0264	21	0.0251	22	0.0197	23	0.0160	24	0.0126	25	0.0122	26	0.0063	27
白银市	0.0179	23	0.0005	27	0.0517	9	0.0517	10	0.0312	18	0.0016	26	0.0116	24	0.0517	11	0.0517	12
永靖县	0.0207	20	0.0001	27	0.0054	26	0.0058	25	0.0662	3	0.0662	4	0.0092	23	0.0570	7	0.0567	8

表22　2017年中部沿黄河地区生态安全屏障建设指标的建设难度

地区	单位GDP耗水量		第三产业占比		湿地面积		万元GDP固体废弃物产生量		万元GDP工业废水排放量		PM2.5（空气质量优良天数）		人均粮食产量		未利用土地		一般工业固体废物综合利用率	
	数值	排名	数值	排名	数值	排名	数值	排名	数值	排名	数值	排名	数值	排名	数值	排名	数值	排名
兰州市	0.0416	6	0.0416	7	0.0423	4	0.0322	22	0.0510	2	0.0322	19	0.0322	21	0.0322	23	0.0322	26
白银市	0.0322	17	0.0322	18	0.0322	15	0.0460	4	0.0527	3	0.0570	1	0.0436	6	0.0441	5	0.0567	2
永靖县	0.0548	1	0.0522	2	0.0519	3	0.0513	4	0.0496	5	0.0463	6	0.0440	7	0.0427	8	0.0412	9

地区	人均耕地面积		城市人口密度		城市燃气普及率		人均绿地面积		人均公园绿地面积		森林覆盖率		城镇化率		城市建成区绿地面积		万元GDP二氧化硫排放量	
	数值	排名	数值	排名	数值	排名	数值	排名	数值	排名	数值	排名	数值	排名	数值	排名	数值	排名
兰州市	0.0371	10	0.0322	27	0.0357	13	0.0331	16	0.0327	18	0.0322	24	0.0400	8	0.0337	14	0.0322	25
白银市	0.0322	20	0.0401	7	0.0322	22	0.0322	25	0.0335	10	0.0322	26	0.0401	8	0.0322	23	0.0322	27
永靖县	0.0400	10	0.0396	11	0.0381	12	0.0370	13	0.0369	14	0.0348	15	0.0345	16	0.0337	17	0.0321	18

地区	信息化基础设施（互联网宽带接入用户数/年末总人口）		万元GDP化学需氧量排放量		人均GDP		万元GDP工业烟粉尘排放量		人均水资源		R&D研究和试验发展费占GDP比重		河流湖泊面积		农田耕地保有量		普通高等学校在校学生人数	
	数值	排名	数值	排名	数值	排名	数值	排名	数值	排名	数值	排名	数值	排名	数值	排名	数值	排名
兰州市	0.0513	1	0.0332	15	0.0322	20	0.0368	11	0.0498	3	0.0385	9	0.0366	12	0.0331	17	0.0420	5
白银市	0.0322	13	0.0322	24	0.0325	12	0.0368	9	0.0322	14	0.0322	19	0.0322	21	0.0332	11	0.0322	16
永靖县	0.0303	19	0.0296	20	0.0293	21	0.0287	22	0.0280	23	0.0275	24	0.0226	25	0.0221	26	0.0214	27

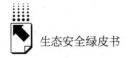

表23 2017年中部沿黄河地区生态安全屏障建设指标的建设综合度

地区	单位GDP耗水量 数值	排名	第三产业占比 数值	排名	湿地面积 数值	排名	万元GDP固体废弃物产生量 数值	排名	万元GDP工业废水排放量 数值	排名	PM2.5(空气质量优良天数) 数值	排名	人均粮食产量 数值	排名	未利用土地 数值	排名	一般工业固体废物综合利用率 数值	排名
兰州市	0.0467	13	0.0362	17	0.0197	23	0.0160	24	0.0482	10	0.0482	1	0.0122	26	0.0063	27	0.0482	3
白银市	0.0469	15	0.0350	16	0.0312	18	0.0016	26	0.0517	4	0.0511	13	0.0517	11	0.0517	12	0.0517	1
永靖县	0.0688	1	0.0688	2	0.0688	3	0.0688	4	0.0665	5	0.0636	6	0.0593	7	0.0590	8	0.0536	9

地区	人均耕地面积 数值	排名	城市人口密度 数值	排名	城市燃气普及率 数值	排名	人均绿地面积 数值	排名	人均公园绿地面积 数值	排名	森林覆盖率 数值	排名	城镇化率 数值	排名	城市建成区绿地面积 数值	排名	万元GDP二氧化硫排放量 数值	排名
兰州市	0.0482	7	0.0482	6	0.0468	12	0.0455	14	0.0455	15	0.0387	16	0.0482	11	0.0354	18	0.0482	8
白银市	0.0517	3	0.0517	2	0.0478	14	0.0517	5	0.0517	6	0.0517	7	0.0315	17	0.0517	8	0.0071	25
永靖县	0.0524	10	0.0427	11	0.0365	12	0.0362	13	0.0362	14	0.0332	15	0.0293	16	0.0282	17	0.0255	18

地区	信息化基础设施(互联网宽带接入用户数/年末总人口) 数值	排名	万元GDP化学需氧量排放量 数值	排名	人均GDP 数值	排名	万元GDP工业烟粉尘排放量 数值	排名	人均水资源 数值	排名	R&D研究和试验发展费占GDP比重 数值	排名	河流湖泊面积 数值	排名	农田耕地保有量 数值	排名	普通高等学校在校学生人数 数值	排名
兰州市	0.0482	5	0.0294	19	0.0482	2	0.0482	9	0.0126	25	0.0482	4	0.0251	22	0.0264	21	0.0272	20
白银市	0.0517	21	0.0179	23	0.0517	20	0.0276	19	0.0116	24	0.0208	22	0.0517	10	0.0517	9	0.0005	27
永靖县	0.0222	19	0.0215	20	0.0195	21	0.0110	22	0.0096	23	0.0069	24	0.0061	25	0.0056	26	0.0001	27

三 结论与建议

从五个生态安全区域 28 个市县生态安全屏障综合指数评价结果可以看出，有 19 个市县的生态安全处于良好状态，占比为 67.86%，生态安全度为安全；有 3 个市县的生态安全处于较好状态，占比为 10.70%，生态安全度为较好；有 6 个市县的生态安全处于一般状态，占比为 21.43%，生态安全度为预警。充分说明甘肃省生态安全屏障建设的成绩是显著的，绝大多数市县生态安全状况良好，生态比较安全，但也有少数市县的生态建设力度不够，生态安全状况一般，显示生态预警，不得不引起有关部门的高度重视。

从三个生态安全区域 12 个市县资源承载力综合指数评价结果可以看出，有 3 个市县的资源可承载力高，占比为 25%，环境安全处于安全状态；有 2 个市县的资源可承载力较高，占比为 16.67%，环境安全处于基本安全状态；有 7 个市县的资源可承载力低，占比为 58.33%，环境安全处于基本安全状态。说明甘肃大多数生态安全区域生态环境比较脆弱、资源可承载力偏低，同时，也显示近几年来该区域生态安全屏障建设初见成效。该地区尽管仍然存在各种生态环境问题，但总体来说，在新型城镇化建设发展过程中，该地区注重生态环境保护，能够正确处理开发建设与生态保护的关系，生态环境受破坏程度较低，生态系统服务功能比较完善。同时，各个区域内各市县差别不是很大，但生态环境状况总体需要随时保持警惕，注重提高安全意识、红线意识和防范意识，牢固树立"绿水青山就是金山银山"的理念。

从五个生态安全区域 28 个市县生态安全屏障的建设侧重度、建设难度、建设综合度可以看出，该区域生态安全屏障建设已经进入攻坚期，在农田红线控制、农业现代化、第三产业比重、绿化、生活垃圾治理、科技创新及人才培养等方面，需要继续加大投入力度，突破重点，攻克难点。

综上，甘肃省"四屏一廊"生态安全屏障建设的评价是初步的，是走入该智库建设的第一步。其重要意义不容忽视。正如总报告中指出：组建"四屏一廊"智库，发挥智库作用，定期对生态风险开展全面、科学的调查

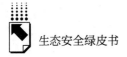

评估，加强对苗头性、倾向性、潜在性生态问题的预研预判。加强对"四屏一廊"国家生态安全屏障的科学研究，揭示生态屏障功能的变化规律，明确适合甘肃环境保护与生态建设的技术途径，制定科学的发展战略，才能有效保障甘肃生态安全屏障功能，使其更好地服务于国家和区域经济发展。甘肃省国家生态安全屏障建设是一个不断完善和改进的过程，我们的智库建设也是一个不断完善和改进的过程。

G.3

河西祁连山内陆河生态安全屏障
建设评价报告（2017）

袁春霞　钱国权　王翠云*

摘　要：　本报告从生态屏障建设内涵出发，选取生态环境、生态经济
和生态社会三个方面21个指标构建该区域生态安全屏障建
设评价指标体系，采用指标体系法对河西武威、金昌、张
掖、嘉峪关、酒泉五市的生态安全屏障建设进行综合评价。
在此基础上，对河西祁连山内陆河区域近年来生态安全屏障
建设的实践与问题进行分析，提出实施生态综合治理、推进
生态扶贫、推进生态型产业发展及完善生态补偿机制等可行
性对策。

关键词：　河西祁连山内陆河　生态安全屏障　资源环境承载力

　　河西祁连山内陆河区域是由发源于祁连山的石羊河、黑河、疏勒河流域
及哈尔腾苏干湖水系组成的内陆河地区（见图1）。行政区域包括武威、金
昌、张掖（含中牧山丹军马场）、酒泉、嘉峪关五市，土地总面积28万平
方千米，是我国"两屏三带"青藏高原生态屏障和北方防沙带的关键区域，
也是西北草原荒漠化防治的核心区，对西北乃至全国生态环境有重大影响。
该区处于我国三大自然区（东部季风区、西北干旱区、青藏高原区）的交

---

* 袁春霞，博士，兰州城市学院讲师，主要从事干旱半干旱区生态、水文方面的研究；钱国权，
博士，兰州城市学院教授，地理与环境工程学院党委书记，主要从事人文地理学的教学与研
究；王翠云，博士，兰州城市学院副教授，主要从事人文地理学的教学与研究。

会处，地域跨度大，资源组合类型多样，生态系统的过渡特征明显。在这片广阔的地域空间上，有森林、草原、荒漠、湿地、农田、城市六大生态系统类型，并且在空间上交错嵌合，产生了多样化的生态服务功能，尤其是祁连山山地森林的水源涵养功能、河西绿洲的防风固沙作用，不仅对当地的可持续发展具有重要意义，更是我国西部生态安全的重要屏障。

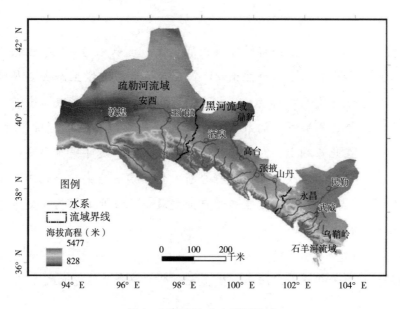

图1　河西祁连山内陆河区域

一　河西祁连山内陆河生态安全屏障与资源环境承载力评价

（一）河西祁连山内陆河生态安全屏障评价

生态安全屏障的概念来源于我国生态环境建设实践，基础理论源于现代生态学的一个分支——恢复生态学，是指一定区域的生态系统及其生态过程对相邻的周围环境或更大尺度的环境具有保护性作用，并为人类的生存和发展提供良好的生态服务①。据此，生态屏障建设最直接的目标就是恢复重建生态系统的服务功能，但其内涵也强调了人与生态环境的关系。生态屏障建设主要通过生态水平及生态功能的完善和优化，形成社会经济与生态环境的良性互动，实现区域可持续发展的最终目标。

1. 生态安全屏障评价指标体系的构成

在对生态屏障建设内涵讨论和生态屏障评价总结的基础上，通过对国家生态安全屏障、生态文明建设、可持续发展等指标评价体系的借鉴，遵循科学性、可获得性、可比性等基本原则，本报告在充分考虑河西祁连山内陆河区域的特殊性的基础上，从生态环境安全、生态经济安全和生态社会安全三个方面出发建立了3个二级指标。其中，经济安全是区域发展的关键因素，自然环境是生态安全屏障建设的载体，社会安全是生态安全屏障建设的重要保障。在二级指标的基础上选取了"森林覆盖率"等21个三级指标，建立了河西祁连山内陆河生态安全屏障评价的指标体系（见表1）。

表1　河西祁连山内陆河生态安全屏障建设评价指标体系

一级指标	二级指标	序号	三级指标
河西祁连山内陆河生态安全屏障	生态环境	1	森林覆盖率(%)
		2	湿地面积(万公顷)
		3	河流湖泊面积(公顷)
		4	耕地保有量(万亩)
		5	城市建成区面积(平方千米)
		6	建成区绿化覆盖率(%)
		7	未利用土地(万公顷)
		8	人均水资源(立方米)
		9	空气质量二级以上天数占比(%)
		10	人均绿地面积(平方米)

---

① 钟祥浩、刘淑珍等：《西藏高原国家生态安全屏障保护与建设》，《山地学报》2006年第2期。

续表

一级指标	二级指标	序号	三级指标
河西祁连山内陆河生态安全屏障	生态经济	11	人均 GDP(元)
		12	单位 GDP 废水排放量(吨/万元)
		13	单位 GDP 二氧化硫(SO_2)排放量(千克/万元)
		14	一般工业固体废物综合利用率(%)
		15	城市污水处理率(%)
		16	第三产业占比(%)
	生态社会	17	城市人口密度(人/平方千米)
		18	普通高等学校在校学生人数(人)
		19	信息化基础设施[互联网宽带接入户数(户)/年末总人口(百人)]
		20	城市燃气普及率(%)
		21	R&D 研究和实验发展费占 GDP 比重(%)

2. 数据的获取及处理

(1) 数据的获取

本报告中涉及的基础数据主要来源于《甘肃省发展年鉴（2017）》《酒泉市 2017 年国民经济和社会发展统计公报》《嘉峪关市 2017 年国民经济和社会发展统计公报》《张掖市 2017 年国民经济和社会发展统计公报》《金昌市 2017 年国民经济和社会发展统计公报》《武威市 2017 年国民经济和社会发展统计公报》，以及甘肃省土地利用现状资料，甘肃省林业厅、农业厅及各地市网站相关数据资料，经分析和整理，各评价指标的原始数据结果见表2。

表2 2017 年河西祁连山内陆河生态安全屏障建设评价各指标结果

三级指标	酒泉市	嘉峪关市	张掖市	金昌市	武威市
森林覆盖率(%)	5.29	13.14	15.66	24.27	11.57
湿地面积(万公顷)	67.73	0.53	25.13	2.56	10.42
河流湖泊面积(公顷)	38999.04	59.52	9755.33	104.33	3838.18
耕地保有量(万亩)	241.8	4.46	412.56	106.44	381.55

三级指标	酒泉市	嘉峪关市	张掖市	金昌市	武威市
城市建成区面积（平方千米）	53.30	70.40	64.20	43.10	32.50
建成区绿化覆盖率（%）	37.10	39.20	38.80	36.70	25.80
未利用土地（万公顷）	1479.73	9.37	231.66	37.56	168.46
人均水资源（立方米）	3464.18	2328.30	2023.06	1169.17	781.31
空气质量二级以上天数占比（%）	79.5	86.1	86.1	83.1	84.2
人均绿地面积（平方米）	11.45	36.96	45.17	22.86	14.96
人均GDP（元）	51721	62641	32729	44202	25396
单位GDP废水排放量（吨/万元）	6.02	29.87	7.32	17.1	7.00
单位GDP二氧化硫（SO_2）排放量（千克/万元）	3.95	19.75	4.83	10.63	3.14
一般工业固体废物综合利用率（%）	13.4	57.55	78.65	52.21	88.79
城市污水处理率（%）	94	92	92.4	95.17	95.97
第三产业占比（%）	49.81	57.79	46.85	39.92	39.57
城市人口密度（人/平方千米）	1640	1844	1229	3692	10333
普通高等学校在校学生人数（人）	7966	2909	19638	3318	16560
信息化基础设施［互联网宽带接入户数（户）/年末总人口（百人）］	23.5	48.86	20.54	24.62	12.85
城市燃气普及率（%）	100	100	100	73.43	83.21
R&D研究和实验发展费占GDP比重（%）	1.09	7.1	1.3	5.39	0.58

（2）数据的归一化处理

数据的归一化（标准化）处理是数据挖掘的一项基础工作，不同评价指标往往具有不同的量纲和量纲单位，这样会影响到数据分析的结果。为消除指标之间的量纲影响，需要进行数据标准化处理，以解决数据指标之间的可比性问题。

本报告采用极差法对21个三级指标数据进行归一化处理，对原始数据进行线性变换，使之处于同一数量级，适合进行综合对比评价。处理过程中，将指标分为正向指标和负向指标，其中负向指标包括城市建成区面积、单位GDP废水排放量、单位GDP二氧化硫（SO_2）排放量、城市人口密度，采用逆向计算方法将其转换为正向指标，以保持与生态屏障建设评价方向的一致性。计算公式如下：

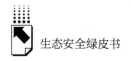

正向指标：$X = X_i/X_{max}$；

负项指标：$X = X_{min}/X_i$。

其中，X 表示参评因子的标准化赋值，X_i 表示参评因子的实测值，X_{max} 表示参评因子实测最大值，X_{min} 表示参评因子实测最小值。

计算结果使所有因子由有量纲表达变为无量纲表达，数据映射到 [0，1] 范围内，计算结果见表3。

表3　2017年祁连山内陆河生态安全屏障建设评价各指标归一化处理数据

三级指标	酒泉市	嘉峪关市	张掖市	金昌市	武威市
森林覆盖率	0.2180	0.5414	0.6452	1.0000	0.4767
湿地面积	1.0000	0.0078	0.3710	0.0378	0.1538
河流湖泊面积	1.0000	0.0015	0.2501	0.0027	0.0984
耕地保有量	0.5861	0.0108	1.0000	0.2580	0.9248
城市建成区面积	0.6098	0.4616	0.5062	0.7541	1.0000
建成区绿化覆盖率	0.9464	1.0000	0.9898	0.9362	0.6582
未利用土地	1.0000	0.0063	0.1566	0.0254	0.1138
人均水资源	1.0000	0.6721	0.5840	0.3375	0.2255
空气质量二级以上天数占比	0.9233	1.0000	1.0000	0.9652	0.9779
人均绿地面积	0.2535	0.8182	1.0000	0.5061	0.3312
人均GDP	0.8257	1.0000	0.5225	0.7056	0.4054
单位GDP废水排放量	1.0000	0.2015	0.8224	0.3520	0.8600
单位GDP二氧化硫（SO_2）排放量	0.7949	0.1590	0.6501	0.2954	1.0000
一般工业固体废物综合利用率	0.1509	0.6482	0.8858	0.5880	1.0000
城市污水处理率	0.9795	0.9586	0.9628	0.9917	1.0000
第三产业占比	0.8619	1.0000	0.8107	0.6908	0.6847
城市人口密度	0.7494	0.6665	1.0000	0.3329	0.1189
普通高等学校在校学生人数	0.4056	0.1481	1.0000	0.1690	0.8433
信息化基础设施(互联网宽带接入户数/年末总人口)	0.4810	1.0000	0.4204	0.5039	0.2630
城市燃气普及率	1.0000	1.0000	1.0000	0.7343	0.8321
R&D研究和实验发展费占GDP比重	0.1535	1.0000	0.1831	0.7592	0.0817

3. 指标权重的确定

指标权重就是确定每个指标对整个指标评价体系的重要程度。熵值法是一种客观赋权法，是根据各项指标观测值的变异程度来确定指标权重，避免了人为因素带来的偏差。本报告采用熵值法计算各个指标的权重，为多指标综合评价提供依据。计算过程如下①：

（1）计算各指标的熵值：$U_j = -\sum_{i=1}^{m} X_{ij} \ln X_{ij}$，其中 m 为样本数；

（2）熵值逆向化：$S_j = \dfrac{\max U_j}{U_j}$；

（3）确定权重：$W_j = S_j / \sum_{j=1}^{n} S_j \ (j=1,2,\cdots,n)$。

通过以上三步计算得到各指标的权重值如表 4 所示。

表4　2017 年祁连山内陆河生态安全屏障建设评价各指标权重

三级指标	权重
森林覆盖率	0.0196
湿地面积	0.0325
河流湖泊面积	0.0408
耕地保有量	0.0307
城市建成区面积	0.0201
建成区绿化覆盖率	0.0522
未利用土地	0.0312
人均水资源	0.0190
空气质量二级以上天数占比	0.1882
人均绿地面积	0.0231
人均 GDP	0.0220
单位 GDP 废水排放量	0.0245
单位 GDP 二氧化硫（SO_2）排放量	0.0202
一般工业固体废物综合利用率	0.0247
城市污水处理率	0.1989
第三产业占比	0.0302
城市人口密度	0.0221
普通高等学校在校学生人数	0.0312
信息化基础设施（互联网宽带接入户数/年末总人口）	0.0163
城市燃气普及率	0.0712
R&D 研究和实验发展费占 GDP 比重	0.0436

---

① 陈东景、徐中民：《西北内陆河流域生态安全评价研究——以黑河流域中游张掖地区为例》，《干旱区地理》2002 年第 3 期，第 219～224 页。

4. 综合指数的计算

经过数据的归一化、指标权重的计算，最后就是综合各个指标，求取最终的生态安全屏障建设评价结果。在参考他人研究成果的基础上，河西祁连山内陆河各地区的生态安全屏障建设评价综合指数采用区域生态安全度的综合指数 EQ 来表示，其计算公式如下：

$$EQ(t) = \sum_{i=1}^{n} W_i(t) \times X_i(t) \quad (i = 1, 2, \cdots, n)$$

其中，X_i 表示评价指标的标准化值，W_i 为评价指标 i 的权重，n 为指标总项数。

生态安全综合指数值越大，表示其生态安全度越高，生态状况越安全。根据张淑莉等人的研究结果，生态安全分级标准见表5。

表5 生态安全等级划分标准

综合指数	状态	生态安全度	指标特征
[0~0.2]	恶劣	危险	生态环境被严重破坏，生态服务功能严重退化，恢复与重建困难，灾害多
(0.2~0.4]	较差	较危险	生态环境破坏较大，生态服务功能退化比较严重，恢复与重建比较困难，灾害较多
(0.4~0.6]	一般	预警	生态环境遭到一定破坏，生态服务功能出现退化，恢复与重建有一定困难，灾害时有发生
(0.6~0.8]	较好	较安全	生态环境受破坏较小，生态服务功能较完善，生态恢复容易，灾害不常出现
(0.8~1]	良好	安全	生态环境基本未遭到破坏，生态服务功能基本完善，生态问题不明显，基本无灾害

资料来源：张淑莉、张爱国：《临汾市土地生态安全度的县域差异研究》，《山西师范大学学报》（自然科学版）2012年第2期。

根据生态安全综合指数计算，并参考表5生态安全分级标准，2017年祁连山内陆河生态安全屏障综合指数及生态安全状态见表6。

表6　2017年祁连山内陆河生态安全评价

地区	评价指标			综合指数	生态安全状态	生态安全度
	生态环境	生态经济	生态社会			
酒泉市	0.3425	0.2834	0.0933	0.7192	较好	较安全
嘉峪关市	0.2417	0.2420	0.1109	0.5947	一般	预警
张掖市	0.3351	0.2649	0.1106	0.7107	较好	较安全
金昌市	0.2494	0.2452	0.0945	0.5891	一般	预警
武威市	0.2697	0.2686	0.0599	0.5981	一般	预警

由表6可知，河西祁连山内陆河区域中酒泉市和张掖市2017年生态安全综合指数较高，达到0.7以上，生态安全状态较好，说明这两个地区生态环境受破坏较小，生态服务功能基本完善，生态恢复容易，且灾害不常出现；嘉峪关市、金昌市和武威市生态安全综合指数分别为0.5947、0.5891和0.5981。总体而言，这三个地区生态环境已经遭到一定的破坏，生态系统服务功能出现退化，生态恢复与重建有一定的困难，且灾害时有发生。

（二）河西祁连山内陆河资源环境承载力评价

资源环境承载力是基于资源承载力和环境承载力研究发展而来，是指特定时期内，在保证资源合理开发利用和生态环境保育良好的前提下，不同尺度区域的资源环境条件对人口规模及经济总量的承载能力。资源环境承载力的研究特点是从资源环境—社会经济系统相互作用的角度探讨资源环境（承载体）所能支撑的社会经济（承载对象）发展规模和限度，是人类社会一切经济活动对自然资源的利用程度及对生态环境干扰力度的重要指标，也是探索区域的可持续发展的重要依据。本报告以河西祁连山内陆河区域为研究对象，以经济统计数据为基础，采用指标体系法对河西祁连山内陆河区域的资源环境承载力进行多因素的综合评价。

1.资源环境承载力评价指标体系

从资源环境承载力概念和内涵，即服务功能、净化功能、调节功能、维护功能出发，综合考虑河西祁连山内陆河区域的资源、环境、社会经济

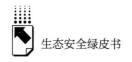

现状，本着科学性、全面性、简明性和可操作性的原则，遴选出 13 项针对性强、内涵丰富又便于度量的指标，构建了资源环境承载力综合评价的指标体系。

资源环境承载力综合评价指标体系由目标层、准则层、系数层和指标层构成。目标层即河西祁连山内陆河生态功能区资源环境承载力。准则层分为资源可承载力指标和环境安全指标。其中，资源可承载力指标由土地资源系数、粮食资源系数、水资源系数、能源资源系数和生物资源系数构成，环境安全指标由大气环境安全系数、水环境安全系数和土地环境安全系数构成。指标层共 13 项。指标分为正向指标和负向指标，正向指标表示该指标与总目标呈明显正相关关系，负向指标表示该指标与总目标呈明显负相关关系。在 13 项指标中，有 7 项正向指标和 6 项负向指标，各指标体系及相应的量纲如表 7 所示。

表7　河西祁连山内陆河资源环境承载力评价指标体系

目标层	准则层	系数层	指标层	指标方向
河西祁连山内陆河资源环境承载力	资源可承载力	土地资源系数	人均耕地面积(公顷)	+
		粮食资源系数	人均粮食产量(吨)	+
		水资源系数	人均水资源(立方米)	+
		能源资源系数	人均能源消耗(吨标准煤)	−
		生物资源系数	自然保护区覆盖率(%)	+
	环境安全	大气环境安全系数	万元 GDP 二氧化硫排放量(吨)	−
			万元 GDP 工业粉烟尘排放量(吨)	−
		水环境安全系数	万元 GDP 工业废水排放量(吨)	−
			万元 GDP 化学需氧量排放量(吨)	+
			水旱灾成灾率(%)	−
		土地环境安全系数	万元 GDP 固体废弃物产生量(吨)	−
			人均公园绿地面积(平方米)	+
			城镇化率(%)	+

2. 数据获取与处理

（1）数据的获取

本报告中涉及的基础数据主要来源于《甘肃省统计年鉴（2017）》《甘肃省发展年鉴（2017）》，以及各地市网站相关数据资料。通过对统计年鉴、文献分析等途径获取研究对象的具体数据，进而通过计算来评价其资源环境承载力的大小。各评价指标的原始数据结果见表8。

表8　2017年祁连山内陆河资源环境承载力评价各指标原始数据

指标	酒泉市	嘉峪关市	张掖市	金昌市	武威市
人均耕地面积(公顷)	0.1582	0.0145	0.2100	0.1545	0.1331
人均粮食产量(吨)	0.3019	0.0519	1.1337	0.8370	0.5858
人均水资源(立方米)	781.31	2023.06	1169.17	3464.18	2328.30
人均能源消耗(吨标准煤)	5.3701	32.6545	3.0721	7.5199	2.5613
自然保护区覆盖率(%)	25.58	6.42	50.74	4.21	18.64
万元GDP二氧化硫排放量(吨)	0.0040	0.0198	0.0048	0.0106	0.0031
万元GDP工业粉烟尘排放量(吨)	0.0004	0.0290	0.0015	0.0023	0.0008
万元GDP工业废水排放量(吨)	0.8801	21.5550	2.2607	7.4734	0.7413
万元GDP化学需氧量排放量(吨)	0.0016	0.0015	0.0005	0.0017	0.0018
水旱灾成灾率(%)	78.83	83.25	86.58	72.91	71.53
万元GDP固体废弃物产生量(吨)	0.2503	5.4690	2.4104	5.2505	0.1055
人均公园绿地面积(平方米)	11.45	36.96	45.17	22.86	14.96
城镇化率(%)	58.67	93.42	42.19	67.80	35.60

（2）指标数据的归一化

为弱化指标数据间量纲和量级的影响，本报告采用极差法对13个指标数据进行归一化处理，所有因子由有量纲表达变为无量纲表达。具体计算公式如下：

正向指标：$X = X_i / X_{max}$；

负向指标：$X = X_{min} / X_i$。

其中，X 表示指标的归一化赋值，X_i 表示指标的实测值，X_{max} 表示指标实测最大值，X_{min} 表示指标实测最小值。

计算结果的指标归一化值映射到 ［0，1］ 范围内（见表9）。

表9　2017年祁连山内陆河资源环境承载力评价各指标归一化值

指标	酒泉市	嘉峪关市	张掖市	金昌市	武威市
人均耕地面积	0.7533	0.0690	1.0000	0.7357	0.6338
人均粮食产量	0.2663	0.0458	1.0000	0.7383	0.5167
人均水资源	0.2255	0.5840	0.3375	1.0000	0.6721
人均能源消耗	0.4770	0.0784	0.8337	0.3406	1.0000
自然保护区覆盖率	0.5041	0.1265	1.0000	0.0830	0.3674
万元GDP二氧化硫排放量	0.7848	0.1570	0.6418	0.2916	0.9873
万元GDP工业粉烟尘排放量	1.0000	0.0138	0.2667	0.1739	0.5000
万元GDP工业废水排放量	0.8423	0.0344	0.3279	0.0992	1.0000
万元GDP化学需氧量排放量	0.8889	0.8333	0.2778	0.9444	1.0000
水旱灾成灾率	0.9074	0.8592	0.8262	0.9811	1.0000
万元GDP固体废弃物产生量	0.4215	0.0193	0.0438	0.0201	1.0000
人均公园绿地面积	0.2535	0.8182	1.0000	0.5061	0.3312
城镇化率	0.6280	1.0000	0.4516	0.7258	0.3811

（3）指标权重的确定

指标数据权重即确定每个指标对整个指标评价体系的重要程度，实践中主要有两种常用方法：主观赋权、客观赋权。本报告运用客观赋权——熵值法，计算各个指标的权重，计算公式及过程同上文所述，计算得到资源可承载和环境安全各指标的权重值见表10。

（4）资源承载力及环境安全综合指数的计算

河西祁连山内陆河资源环境承载力的资源可承载力和环境安全指数计算采用综合评价法。

资源环境承载力：$HI = \sqrt{P \times N}$，其中 P 为积极指标组指数，N 为消极指标组指数。

表10　2017年祁连山内陆河资源环境承载力评价各指标权重

准则层	指标层	权重
资源可承载力	人均耕地面积	0.0742
	人均粮食产量	0.0640
	人均水资源	0.0528
	人均能源消耗	0.0632
	自然保护区覆盖率	0.0573
环境安全	万元GDP二氧化硫排放量	0.0596
	万元GDP工业烟粉尘排放量	0.0638
	万元GDP工业废水排放量	0.0792
	万元GDP化学需氧量排放量	0.1016
	水旱灾成灾率	0.1715
	万元GDP固体废弃物产生量	0.1033
	人均公园绿地面积	0.0554
	城镇化率	0.0541

积极指标组指数：$P = \sum_{i=1}^{n} W_i \times C_i$。消极指标组指数：$N = \sum_{i=1}^{n} W_i \times C_i$；其中，$W_i$对应各指标的指标值，$C_i$对应各指标的指标权重。

（5）分级评价

根据资源环境承载力的评价指标体系，综合考虑各个指标及其相对应的评价标准，本报告采用分级评价方法，对河西祁连山内陆河各地区资源可承载力和环境安全进行总体评价。

一级评价为资源可承载力评价。资源可承载力主要反映资源对该区社会经济发展所能提供的支撑能力，故HI数值越大，表示资源可承载力越高，对社会经济发展提供的支撑作用越大；反之，HI数值越小，表示资源可承载力越低，对社会经济发展提供的支撑能力越小。

二级评价为环境安全评价。环境安全表示环境对人类社会、经济、生态的协调或胁迫程度，故HI数值越大，表示环境安全度越高，数值越小，表明环境安全度越低。本报告拟设定的环境安全分级标准为［0~2］（红，不

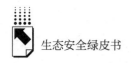

安全)、(2~4](橙，脆弱)、(4~6](黄，较安全)、(6~8](蓝，基本
安全)、(8~10](绿，安全)五级建议标准。

3.评价结果分析

根据上述计算方法，河西祁连山内陆河各地区的资源可承载力和环境安
全指数计算结果如表11所示。

表11　2017年祁连山内陆河资源可承载力及环境安全指标

指标	酒泉市	嘉峪关市	张掖市	金昌市	武威市
资源可承载力	3.81	14.87	3.55	9.33	4.48
环境安全	7.20	9.84	8.55	8.20	5.83

由表11可以看出，2017年河西祁连山内陆河各地区资源可承载力差异
较大，酒泉、张掖、武威三个区域资源可承载力都较低，嘉峪关最高，金昌
次之。从环境安全指数看，武威地区较其他四区环境安全指数低，处于黄色
较安全水平，酒泉地区处于基本安全水平，嘉峪关、张掖、金昌环境则处于
安全水平。

（三）河西祁连山内陆河生态安全屏障建设评价指导

1.建设侧重度、建设难度、建设综合度的计算

生态安全屏障建设侧重度、建设难度、建设综合度是生态安全屏障建设
的辅助决策参数，有利于对生态建设的动态引导，因此，定量计算必须遵照
客观、合理、科学性的原则。

（1）建设侧重度

设 $A_i(t)$ 是城市 A 在第 t 年关于第 i 个指标的排序名次，则城市 A 在
第 $t+1$ 年第 i 个指标的建设侧重度计算公式如下：

$$\lambda A_i(t+1) = \frac{A_i(t)}{\sum\limits_{j=1}^{n} A_j(t)} (i = 1, 2, \cdots, N)$$

其中，N 为城市个数，n 为指标个数。

若 $\lambda A_i\,(t+1) > \lambda A_j\,(t+1)$，则表明在第 $t+1$ 年，第 i 个指标建设应优先于第 j 个指标。这是因为在第 t 年，第 i 个指标在所在区域排名比第 j 个指标较后，所以在第 $t+1$ 年，第 i 个指标应优先于第 j 个指标建设，这样可以缩短同所在区域的差距，使生态建设与所在区域发展同步。

（2）建设难度

设 $A_i\,(t)$ 是城市 A 在第 t 年关于第 i 个指标的排序名次。

分别用 $\max_i\,(t)$ 和 $\min_i\,(t)$ 表示第 i 个指标在第 t 年的最大值和最小值，$\alpha A_i\,(t)$ 为城市 A 第 i 个指标在第 t 年关于建设难度的值，令

$$\mu A_i(t) = \begin{cases} \dfrac{\max_i(t)+1}{\alpha A_i(t)+1} & \text{（指标 } i \text{ 为正向）} \\[2mm] \dfrac{\alpha A_i(t)+1}{\min_i(t)+1} & \text{（指标 } i \text{ 为负向）} \end{cases}$$

则城市 A 在第 $t+1$ 年第 i 个指标的建设难度计算公式如下：

$$\gamma A_i(t+1) = \frac{\mu A_i(t)}{\sum_{j=1}^{n} \mu A_i(t)}(i=1,2,\cdots,N)$$

若 $\gamma A_i\,(t+1) > \gamma A_j\,(t+1)$，则意味着在第 $t+1$ 年，第 i 个指标建设难度比第 j 个指标大。

（3）建设综合度

城市 A 在第 $t+1$ 年第 i 个指标的建设综合度计算公式如下：

$$\nu A_i(t+1) = \frac{\lambda A_i(t)\mu A_i(t)}{\sum_{j=1}^{n} \lambda A_j(t)\mu A_j(t)}(i=1,2,\cdots,N)$$

若 $\nu A_i\,(t+1) > \nu A_j\,(t+1)$，则表明在第 $t+1$ 年，第 i 个指标理论上应优先于第 j 个指标建设。

2. 河西祁连山内陆河生态安全屏障建设侧重度、建设难度、建设综合度的计算

根据上文生态安全屏障建设侧重度、建设难度和建设综合度定义及

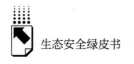

计算方法，计算 2017 年河西祁连山内陆河五个地区的生态安全屏障建设
21 个指标。

（1）建设侧重度

建设侧重度数值越大，排名越靠前，表示越应该优先考虑，侧重建设。
2017 年河西祁连山内陆河五个地区的生态安全屏障建设侧重度结果如表 12
所示。

21 个指标中，酒泉市建设侧重度排位靠前的指标是森林覆盖率、空气
质量二级以上天数占比、人均绿地面积、一般工业固体废物综合利用率；嘉
峪关市建设侧重度排位靠前的指标有湿地面积、河流湖泊面积、耕地保有
量、城市建成区面积、未利用土地、单位 GDP 废水排放量、单位 GDP 二氧
化硫（SO$_2$）排放量、城市污水处理率、普通高等学校在校学生人数；张掖
市建设侧重度排位靠前的指标是城市建成区面积、人均 GDP、城市污水处
理率、信息化基础设施；金昌市建设侧重度排位靠前的指标是城市燃气普及
率；武威市建设侧重度排位靠前的指标有人均水资源、人均 GDP、第三产
业占比、城市人口密度、信息化基础设施、R&D 研究和实验发展费占 GDP
比重。

（2）建设难度

指标建设难度越大，排名越靠前，则意味着下一个年度该地区这项指标
的建设难度越大，越难以取得建设成效。2017 年河西祁连山内陆河五个地
区的生态安全屏障建设难度结果如表 13 所示。

21 个指标中，酒泉市建设难度排位靠前的指标是森林覆盖率、单位
GDP 废水排放量、一般工业固体废物综合利用率；嘉峪关市建设难度排位
靠前的指标有河流湖泊面积、未利用土地、普通高等学校在校学生人数；张
掖市建设难度排位靠前的指标是城市人口密度、单位 GDP 废水排放量、单
位 GDP 二氧化硫（SO$_2$）排放量、R&D 研究和实验发展费占 GDP 比重；金
昌市建设难度排位靠前的指标是城市燃气普及率、河流湖泊面积、第三产业
占比、普通高等学校在校学生人数；武威市建设难度排位靠前的指标有第三
产业占比、城市建成区面积、建成区绿化覆盖率。

表 12　2017 年河西祁连山内陆河生态安全屏障建立指标的建设测重度

地区	森林覆盖率		湿地面积		河流湖泊面积		耕地保有量		城市建成区面积		建成区绿化覆盖率		未利用土地		人均水资源		空气质量二级以上天数占比		人均绿地面积	
	数值	排名	数值	排名	数值	排名	数值	排名	数值	排名	数值	排名	数值	排名	数值	排名	数值	排名	数值	排名
酒泉市	0.089286	1	0.017857143	16	0.017857	16	0.053571	6	0.053571	6	0.053571	6	0.017857	16	0.017857	16	0.089286	1	0.089286	1
嘉峪关市	0.046154	10	0.076923077	1	0.076923	1	0.076923	1	0.076923	1	0.015385	15	0.076923	1	0.030769	13	0.015385	15	0.030769	13
张掖市	0.040816	10	0.040816327	10	0.040816	10	0.020408	16	0.081633	1	0.040816	10	0.040816	10	0.061224	5	0.020408	16	0.020408	16
金昌市	0.013889	21	0.055555556	2	0.055556	2	0.055556	2	0.027778	17	0.055556	2	0.055556	2	0.055556	2	0.055556	2	0.041667	15
武威市	0.057971	8	0.043478261	11	0.043478	11	0.028986	15	0.014493	18	0.072464	1	0.043478	11	0.072464	1	0.043478	11	0.057971	8

地区	人均 GDP		单位 GDP 废水排放量		单位 GDP 二氧化硫（SO₂）排放量		一般工业固体废物综合利用率		城市污水处理率		第三产业占比		城市人口密度		普通高等学校在校学生人数		信息化基础设施（互联网宽带接入户数/年末总人口）		城市燃气普及率		R&D 研究和实验发展费占 GDP 比重	
	数值	排名	数值	排名	数值	排名	数值	排名	数值	排名	数值	排名	数值	排名	数值	排名	数值	排名	数值	排名
酒泉市	0.035714	12	0.017857	16	0.035714	12	0.089286	1	0.053571	1	0.035714	6	0.035714	12	0.053571	12	0.053571	6	0.017857	6	0.071429	5
嘉峪关市	0.015385	15	0.076923	1	0.076923	1	0.046154	10	0.076923	10	0.015385	15	0.046154	15	0.076923	10	0.015385	15	0.015385	15	0.015385	15
张掖市	0.081633	1	0.061224	5	0.061224	5	0.040816	10	0.081633	10	0.061224	1	0.020408	5	0.020408	16	0.081633	1	0.020408	1	0.061224	5
金昌市	0.041667	15	0.055556	2	0.055556	2	0.055556	2	0.027778	2	0.055556	2	0.055556	2	0.055556	2	0.027778	17	0.069444	17	0.027778	17
武威市	0.072464	1	0.028986	15	0.014493	18	0.014493	18	0.014493	18	0.072464	1	0.072464	1	0.028986	15	0.072464	1	0.057971	8	0.072464	1

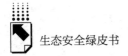
表 13 2017 年河西祁连山内陆河生态安全屏障建设指标的建设难度

地区	森林覆盖率		湿地面积		河流湖泊面积		耕地保有量		城市建成区面积		建成区绿化覆盖率		未利用土地		人均水资源		空气质量二级以上天数占比		人均绿地面积	
	数值	排名	数值	排名	数值	排名	数值	排名	数值	排名	数值	排名	数值	排名	数值	排名	数值	排名	数值	排名
酒泉市	0.064354	1	0.037325	17	0.037325	17	0.039772	11	0.053809	8	0.038352	15	0.037325	17	0.037325	17	0.038813	13	0.064354	4
嘉峪关市	0.043515	7	0.067491	4	0.067491	1	0.067491	4	0.039145	12	0.039145	12	0.067491	1	0.041188	9	0.039145	12	0.040301	10
张掖市	0.042426	13	0.042664	12	0.044184	9	0.040082	17	0.04541	8	0.040287	16	0.050782	7	0.042774	11	0.040082	17	0.040082	17
金昌市	0.036042	21	0.05864	7	0.061981	2	0.048672	9	0.059119	6	0.03723	17	0.059423	5	0.051699	8	0.036682	19	0.042285	13
武威市	0.040413	15	0.045102	13	0.047733	11	0.034153	17	0.058226	2	0.058226	2	0.046275	12	0.058226	4	0.034148	18	0.050876	10

地区	人均GDP		单位GDP废水排放量		单位GDP二氧化硫(SO$_2$)排放量		一般工业固体废物综合利用率		城市污水处理率		第三产业占比		城市人口密度		普通高等学校在校学生人数		信息化基础设施(互联网宽带接入户数/年末总人口)		城市燃气普及率		R&D研究和实验发展经费占GDP比重	
	数值	排名	数值	排名	数值	排名	数值	排名	数值	排名	数值	排名	数值	排名	数值	排名	数值	排名	数值	排名
酒泉市	0.038773	14	0.064354	1	0.06228	5	0.064354	5	0.037712	1	0.039202	16	0.061858	12	0.044986	6	0.043146	10	0.037325	17	0.057258	7
嘉峪关市	0.039145	12	0.039145	12	0.039145	12	0.042114	12	0.039972	8	0.039145	11	0.064007	12	0.067491	6	0.039145	12	0.039145	12	0.039145	12
张掖市	0.055309	5	0.06681	2	0.065307	3	0.040976	3	0.040841	14	0.042897	15	0.069106	16	0.040082	1	0.051004	6	0.040082	17	0.058817	4
金昌市	0.038468	16	0.043472	11	0.043172	12	0.040624	14	0.036193	14	0.060356	20	0.046395	3	0.060051	10	0.040267	15	0.062142	1	0.037087	18
武威市	0.058226	4	0.056701	9	0.058226	4	0.033771	4	0.033771	19	0.058226	19	0.033771	1	0.034504	19	0.058226	16	0.042976	14	0.058226	4

表14　2017年河西祁连山内陆河生态安全屏障建设指标的建设综合度

地区	森林覆盖率		湿地面积		河流湖泊面积		耕地保有量		城市建成区面积		建成区绿化覆盖率		未利用土地		人均水资源		空气质量二级以上天数占比		人均绿地面积	
	数值	排名	数值	排名	数值	排名	数值	排名	数值	排名	数值	排名	数值	排名	数值	排名	数值	排名	数值	排名
酒泉市	0.114226	1	0.01325	17	0.01325	17	0.042356	11	0.057306	6	0.040845	12	0.01325	17	0.01325	17	0.068892	5	0.114226	1
嘉峪关市	0.038851	11	0.100427	4	0.100427	1	0.100427	4	0.058248	7	0.01165	15	0.100427	1	0.024515	13	0.01165	15	0.023987	14
张掖市	0.03547	13	0.035669	12	0.03694	11	0.016755	17	0.075929	5	0.033682	15	0.042456	10	0.053642	9	0.016755	17	0.016755	17
金昌市	0.010216	21	0.066486	6	0.070274	2	0.055185	8	0.033515	16	0.042211	13	0.067374	5	0.058617	7	0.04159	14	0.035958	15
武威市	0.047444	10	0.039712	13	0.042029	11	0.020047	17	0.017089	18	0.085446	2	0.040745	12	0.085446	3	0.030067	15	0.059729	7

地区	人均GDP		单位GDP废水排放量		单位GDP二氧化硫(SO$_2$)排放量		一般工业固体废物综合利用率		城市污水处理率		第三产业占比		城市人口密度		普通高等学校在校学生人数		信息化基础设施互联网宽带接入户数/年末总人口		城市燃气普及率		R&D研究和实验发展费占GDP比重	
	数值	排名	数值	排名	数值	排名	数值	排名	数值	排名	数值	排名	数值	排名	数值	排名	数值	排名	数值	排名	数值	排名
酒泉市	0.027528	15	0.022845	16	0.044219	9	0.114226	1	0.040163	13	0.027833	14	0.043918	14	0.04791	10	0.04595	8	0.01325	17	0.081306	4
嘉峪关市	0.01165	15	0.058248	7	0.058248	7	0.0376	12	0.059478	6	0.01165	15	0.057146	15	0.100427	10	0.01165	15	0.01165	15	0.01165	15
张掖市	0.092482	1	0.083784	3	0.0819	4	0.034257	14	0.06829	7	0.053795	8	0.028888	8	0.016755	16	0.085282	17	0.016755	17	0.07376	6
金昌市	0.032711	17	0.049289	10	0.048948	11	0.04606	12	0.020518	20	0.068432	3	0.052603	3	0.068087	9	0.022828	4	0.088072	1	0.021025	19
武威市	0.085446	3	0.033283	14	0.017089	19	0.009912	20	0.009912	20	0.085446	1	0.049559	9	0.020254	16	0.085446	3	0.050454	8	0.085446	3

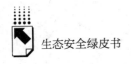

（3）建设综合度

生态安全屏障建设指标综合度同时考虑了建设侧重度和建设难度，反映的是由本年的建设现状来决定下一年度的各建设项目的投入力度，综合度越高，表明应在下一年度建设中加大投入力度，反之减小投入力度。综合度的值介于 0 与 1 之间，各地区 21 个指标的侧重度之和等于 1，表 14 是河西祁连山内陆河五个地区生态安全屏障建设指标的建设综合度。

21 个指标中，酒泉市建设综合度排位前三的指标是森林覆盖率、人均绿地面积、一般工业固体废物综合利用率；嘉峪关市建设综合度排位前三的指标有河流湖泊面积、未利用土地、普通高等学校在校学生人数；张掖市建设综合度排位前三的指标是人均 GDP、信息化基础设施、单位 GDP 废水排放量；金昌市建设综合度排位前三的指标是城市燃气普及率、河流湖泊面积、单位 GDP 废水排放量；武威市建设综合度排位靠前的指标有第三产业占比、建成区绿化覆盖率、人均水资源、人均 GDP、信息化基础设施和 R&D 研究和实验发展费占 GDP 比重。

从河西祁连山内陆河五个地区生态安全屏障建设的建设侧重度、建设难度、建设综合度可以看出，河西生态安全屏障建设已经进入攻坚期，应在河流保护、河流治理、第三产业发展、科技创新、人才培养等方面继续加大投入力度，突破重点，攻克难点，推进河西祁连山内陆河生态安全屏障建设。

二 河西祁连山内陆河生态安全屏障建设的实践和探索

（一）河西祁连山内陆河各地区生态屏障建设实践

河西祁连山内陆河是我国"两屏三带"生态安全屏障中北方防沙带的重要组成部分，是甘肃省"五大重点生态区"中西北草原荒漠化防治区的主体。近年来，河西祁连山内陆河各地市围绕"国家生态安全屏障试验区"建设重大机遇，认真贯彻落实习近平总书记提出的"八个着力"重要指示精神，牢固树立"绿水青山就是金山银山"的发展理念，坚持国家政策扶持与自我创新发展相结合，着力加强生态环境保护，提高生态文明建设，构筑西部生态安全屏障取得显著成效。

1. 武威市生态安全屏障建设现状

武威市位于腾格里和巴丹吉林两大沙漠边缘，处于构建国家生态安全屏障的核心区域。武威市以"国家生态安全屏障综合试验区"建设为契机，积极落实构筑生态安全屏障重大决策，大力实施"生态立市"战略，强力推进生态屏障行动。

近年来，武威市不断加大造林绿化、封沙禁牧力度，大规模治理水土流失和荒漠化，改善生存和发展的基本条件，进行生态补偿机制的创新，探索生态屏障建设有效途径。以防沙治沙为重点，突出"防污、节水、治沙、造林"生态保护与建设方针，逐步建立并完善"国家有投入、科技作支撑、农民有收益"的生态建设长效机制，积极开展治沙生态林承包经营，坚持干部义务压沙制度，落实"五禁"规定和沙化土地封禁保护措施，达到治沙用沙相结合、产业发展与人居环境齐改善的目标。仅"十二五"期间，以防沙治沙为重点的生态建设投资达到 12 亿元，加强祁连山水源涵养林、冰川及高山湿地和旱区湿地恢复，湿地总面积达到 156.3 万亩；治理"三化"面积 945 万亩，实施退牧还草 1320 万亩；开展治沙生态林承包经营，承包到户面积 180.9 万亩。累计完成人工造林 251.65 万亩、封育 180.34 万亩，森林覆盖率提高至 19.7%[①]。

同时，武威市紧盯重点生态项目，扎实推进石羊河流域防沙治沙及生态恢复、天然林资源保护工程、中央财政造林补贴项目和省级财政防沙治沙项目，建成金色大道、红水河百里生态经济长廊等一大批高质量的造林绿化样板工程。顺利完成石羊河流域治理国家级重点工程，生态治理目标分别提前 8 年、6 年实现，民勤地下水开采得到有效控制，干涸 51 年之久的青土湖形

---

① 《2015 年武威市人民政府工作报告》，甘肃省人民政府网站，2016 年 3 月 16 日，http://www.gansu.gov.cn/art/2016/3/16/art_ 37_ 267036. html。

成人工季节性水面。对森林资源相对薄弱和生态保护重点区域实行全面封山（沙）育林政策，通过封育、封禁保护、人工增雨雪工程等措施，祁连山冰川及高山湿地保护卓有成效。

2. 张掖市生态安全屏障建设现状

张掖市地处河西走廊中段，生态屏障功能日益凸显。其中，祁连山和黑河湿地的生态保护和建设是张掖市生态屏障建设的重中之重。多年来，在国家生态保护与建设相关政策引领下，以"祁连山水源涵养林区、绿洲农田防护林区、城市景观林区、湿地保护区、荒漠生态区"五大生态屏障为主，大力改善"森林、湿地、绿洲和荒漠"四大生态系统，着力构筑生态安全屏障。

近年来，张掖市启动实施了以黑河湿地保护、流域综合治理等为主的生态建设工程，成效显著。一是林业生态体系基本形成。按照"南北封育、中间改造、周边退耕"的建设布局，组织实施退耕还林、三北防护林、天然林保护、防沙治沙、湿地保护等生态工程，强化林业有害生物防治，严厉打击破坏森林资源的违法犯罪活动，狠抓森林防火，实现了森林面积、蓄积"双增长"，自然保护区增加到 5 个，面积增加 200 多万公顷，累计建成总长度为 500 多千米的大型防风固沙基支干林带，十余处大沙窝得到治理改造。二是封山（滩）育林区植被恢复明显。民乐大河口林场泉沟封育区、山丹大黄山林场高坡封育区等灌草综合盖度增加近 50 个百分点，山丹、民乐、肃南、甘州区等各地封育林场拉设围栏，杜绝放牧，植被的水土保持效果明显提升。三是局部地带野生动物数量增加。经调查，各县区退耕还林及重点公益林管护区野生动物随处可见，天保工程区的东大山、大黄山、大河口等林区野生动物明显增多，活动范围扩展到浅山区。

2017 年，张掖市通过综合施策、包抓整改等措施，祁连山国家级自然保护区张掖段 179 项生态环境问题已基本完成整改，探矿采矿项目全部关闭或停工停产。通过实施游牧民定居工程，保护区核心区游牧民全部迁出，海潮坝旅游景区彻底关闭，实现了祁连山自然保护区核心区、缓冲区范围内无任何生产经营活动的历史性目标。目前，总投资 52.6 亿元的祁连山（黑河流域）山水林田湖生态保护修复工程试点项目已经全面启动，"最安静"的祁连山将焕发新容颜。

3. 金昌市生态安全屏障建设现状

金昌市按照"南护水源、中建花城、北固风沙"的生态保护与建设思路，先后实施了以城市外围绿化建设为重点的环城防护林升级工程。以公路绿化带建设为重点的绿色通道工程、以村镇绿化建设为重点的新农村绿化工程及以水系绿化为重点的金川河道绿化工程，全力构筑生态屏障。近年来，依托三北防护林建设、退耕还林及成果巩固、天然林保护、公益林管护、湿地恢复、中幼龄林抚育、森林火险区治理等多项国家重点生态战略工程，建设环城生态防护林带、戈壁荒漠生态修复区沙生植物园、自然保护区，累计完成封山育林 12.14 万亩、治理沙化土地 150 万亩，草原围栏 319 万亩，禁牧休牧 309 万亩，补播改良草原 114.6 万亩，全市森林覆盖率达到 24.27%[①]，构筑起多层绿色生态安全屏障。另外，为从源头上减少污染排放，金昌市重点实施了有色、火电、水泥、钢铁行业废气治理和化工行业废水治理工程。另外，积极推进小煤矿关闭退出、"气化金昌"建设，水污染、水环境治理，大气污染防治等环境保护工程，逐步实现资源型城市绿色转型。

2017 年，金昌市以祁连山水源涵养林保护、石羊河流域综合治理等重大生态工程及紫金苑等旅游生态项目为依托，继续大规模开展国土绿化行动。在南部大力实施祁连山天然林保护工程，加强对祁连山国家级自然保护区的管理，稳步推进祁连山国家公园试点工作。中部绿洲区按照"紫金花城、神秘骊靬"大景区总体规划，在相继建成紫金苑、植物园、十里花海等重点景区的基础上，实施了金昌市高速公路枢纽区绿化一期工程、玫瑰谷等工程，同时，在环城防护林区建设了荒漠旱生植物园、花灌木培育区等专题园区。北部风沙区坚持以自然修复为主，对茇茇泉省级自然保护区、金昌市黑水墩林场、金川区西滩林场等地的灌草植被进行围栏封护，

---

① 《金昌戈壁上建设绿色生态文明城》，甘肃省人民政府网站，2018 年 3 月 28 日，http://www.gansu.gov.cn/art/2018/3/28/art_ 37_ 359203. html。

荒漠化、沙化趋势得到有效控制；甘肃金昌国家沙漠公园被列入国家沙漠公园试点范围。与此同时，金昌市加大对湿地的保护力度，先后组织实施了面积达1128.2公顷的永昌北海子国家湿地公园、金川金水湖国家湿地公园两大湿地保护重点项目及南北泉、红庙墩、老人头水库上游、苤苤泉等泉域围栏保护工程，2017年共修建围栏63.9千米，完成泉域湿地保护面积320公顷①。

4. 嘉峪关市生态安全屏障建设现状

嘉峪关市地处戈壁腹地，生态环境十分脆弱。近年来，嘉峪关市始终把生态建设放在突出位置，以节水绿化、防沙治沙和生态修复为重点，坚持重大生态工程建设与生态环境保护与治理相结合，先后组织实施了公益林、三北防护林体系、退耕还林成果巩固、水土流失综合治理及荒山造林补植补造等重点生态工程建设；积极利用重点区域生态保护与恢复政策支持，如祁连山生态保护与综合治理规划，将七一冰川、草湖国家湿地公园等进行抢救性保护规划，加快重点区域生态综合治理；加大环境污染综合防治力度，完成讨赖河部分河段治理、病险水库除险加固、山洪灾害防治、污染基础设施建设、污染物排放治理等，推进经济社会协调发展，为建设国家生态安全屏障综合试验区积累了重要经验，奠定了坚实基础。

继1995年连续开展22个"绿化年"活动以来，嘉峪关市人均拥有公共绿地面积提高到35.61平方米；建成区绿地面积达2696.42公顷，较1994年底增加了2577.42公顷；绿化覆盖率达到39.41%。通过实施项目带动绿化战略，实行大规模绿化建设，形成以庭院绿化为点、道路绿化为线、公园绿化为面的"点、线、面"相结合的城市绿化格局。目前，全市已建成110多处公共绿地和13座公园，建成区公园绿地服务半径覆盖率达到78.3%，创建成"国家园林城市""绿化模范城市"；拥有较为完善的、覆盖市区的防护林体系，城市防护绿地实施率达到83.4%；大力开展节约型园林绿化

---

① 《金昌戈壁上建设绿色生态文明城》，甘肃省人民政府网站，2018年3月28日，http://www.gansu.gov.cn/art/2018/3/28/art_37_359203.html。

建设，城市节约型绿地建设率达到97%；注重节水耐旱植物的研究和培育，全方位推广立体绿化①。

5. 酒泉市生态安全屏障建设现状

酒泉市地处河西走廊最西端，从东到西有近千公里的风沙线，沙漠、戈壁及荒漠化土地面积达1.91亿亩，是甘肃省乃至全国沙漠化最为严重的地区之一。近年来，酒泉市牢固树立和践行生态优先、绿色发展理念，坚持"南护水源、北拒风沙、中建绿洲"的总体思路，以水源涵养、森林湿地保护、水土保持、流域综合治理和荒漠化防治为重点，先后实施"三北"五期建设、退耕还林建设、防沙治沙建设、森林生态效益补偿、城市生态系统功能建设、敦煌生态治理、水土保持重点治理、污染防治、百万亩土地整治等重点生态工程，持之以恒，构筑生态安全屏障。

按照"生态建设产业化，产业发展生态化"的思路，鼓励多种所有制企业参与防沙治沙，积极引导民营、非公企业和社会各界进入防沙治沙领域，争取实施了"三北"防护林、防沙治沙、退耕还林还草、生态公益林保护和自然保护区建设等重点工程，组织开展了一系列防沙治沙及沙产业开发建设等项目，取得了显著成效。2013～2017年，全市累计人工造林65.46万亩，封育天然沙生植被41.75万亩。坚持绿洲外围大面积封沙育林育草，封育保护与人工种植相结合，对自然生态资源实行强制性保护，有力地促进了天然沙生植被的大面积恢复。2013～2017年，实施三北防护林土封滩育林15.5万亩，退耕还林封滩育林9.1万亩，建立沙化土地封禁保护区3个，保护面积96.5万亩，新增国家（省）级生态公益林补偿面积117.76万亩，补偿总面积达723万亩，实施退牧还草108万亩，水土流失综合治理1.5万亩，区域内林草植被得到了有效恢复，沙区植被盖度明显提高，草原植被覆盖率提高了5%，土地沙化、天然草原退化势头得到了进一步遏制②。

---

① 《嘉峪关市全力打造生态宜居之城》，每日甘肃网，2018年4月13日，http：//jyg.gansudaily.com.cn/system/2018/04/13/016944411.shtml。
② 《践行绿色发展理念 筑牢生态安全屏障》，酒泉日报网，2017年8月24日，http：//www.chinajiuquan.com/jqrb/content/20170824/Articel04002YF.htm。

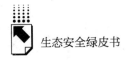

（二）河西祁连山内陆河生态屏障建设存在的主要问题

从近年来河西祁连山内陆河各地区的生态安全屏障建设实践来看，水源涵养、湿地保护、荒漠化防治是生态保护与环境治理工程的重点，建设成果有效提升了河西内陆河区域的可持续发展能力。目前，尽管河西祁连山内陆河生态环境恶化趋势得到初步遏制，局部地区的生态环境有所好转，但因其生态系统脆弱敏感，生态安全阈值幅度小，建设与治理效果并未达到预期，且长期保持困难。目前来看，还存在以下几个问题。①

1. 局部治理易恶化

从各地市的生态安全屏障建设实践来看，虽都围绕甘肃省提出的"南护水源、中兴绿洲、北防风沙"的生态建设总体思路，但多是局部行为。河西各地市政府在沙源深广的重点区域投入大量资金，仅能使生态环境略微有所好转，而整体治理所需资金、人力、物力等成本将大幅提高，由于资金不足而无法大力实施，已有成果也难以长期维持。另外，各层级对生态屏障建设认识不足，有些只是简单的治理任务式完成，相关的民生问题并未得到相应解决。总体而言，河西生态安全屏障建设缺乏国家角度的整体性思考，缺乏各级实施主体的协调合作，目前只能以行政区划为基本单元，资金缺乏，易入恶化困境。

2. 治理方式不可持续

河西内陆河区域的生态安全屏障建设是以"退耕还林还草、退牧还草、流域治理、天保工程"等重大工程建设为主要方式，实践表明，以项目工程建设为载体的生态建设方式属于短期性的治理行为，项目实施期间，治理效果明显，基本能初步控制生态环境的恶化趋势，但项目实施结束后，生态建设就终止，没有可持续性，难以为继。例如，石羊河流域的阶段性治理，生态建设长久性、持续性发展无法保证。尤其是沙化土地治理，要恢复原貌

---

① 孙小丽：《甘肃省建设国家生态安全屏障的制度化保障机制研究》，硕士学位论文，甘肃农业大学，2016。

一般需要几十年甚至几代人的努力，需要巨大的时间代价、资金代价，且治理速度远远跟不上破坏速度，因此，河西祁连山内陆河生态安全屏障建设离国家生态安全屏障实验区的要求差距较大，须付出更长的时间代价和更大的经济代价，要实现可持续性治理，亟须将阶段性的治理提升为国家战略层面的永续性工程。

3. 治理目标具有阶段性

甘肃省生态主体功能区规划及国家生态安全屏障实验区建设要求中明确指出实现阶段性目标的重要性，因此，在退耕还林工程建设等重大生态保护与建设工程的具体实施过程中，地方政府为完成阶段性治理目标任务，应付上级检查，存在将规划范围之外的林地、草地纳入了补偿范围，无形中不仅增加了财政负担，也影响了退耕还林等工程、政策的实施效果。为尽快实现阶段性目标，各地市积极实施生态功能区重点治理工程，推进草原、河流治理，虽能暂时缓解环境恶化趋势，但是这种短期目标急于求成，极易造成水土等资源的过度开发与利用，无法实现治理的长远目标。

（三）典型案例：祁连山生态环境保护和综合治理

祁连山是我国西北内陆河流域的核心水源区，是重要的生态屏障。长期以来，受大气环境变化和人为因素影响，祁连山冰川萎缩、雪线上升、天然植被退化、荒漠化和水土流失加重、出山径流量减少、生物多样性减少等严重的生态问题，不仅影响周边地区经济社会可持续发展，而且对我国西部地区生态安全构成了严重威胁，其生态治理与保护一直受到国家、当地政府与居民的高度关注。

1. 项目基本情况

为加强祁连山地区生态保护与治理，在国家相关部委指导与支持下，甘肃、青海两省编制了《祁连山水源涵养区生态环境保护和综合治理规划（2012—2020）》（以下简称《规划》），于 2012 年 12 月 28 日获得国家发改委正式批复，确立了祁连山生态保护与综合治理的主要工作及规划。

《规划》范围包含祁连山南坡（青海）和北坡（甘肃），行政区域涉及甘肃、青海两省23个县（市、区、场、行委），总面积为159468.8平方千米，其中北坡11个县（区、场）80个乡镇（除兰州市永登县4个乡镇，其余都处于河西酒泉、张掖、金昌、武威市内）及山丹马场，面积为96343.6平方千米。《规划》紧紧围绕祁连山存在的生态问题，着眼祁连山水源涵养，以山地和山间河谷为主要治理对象，以草地、林地、湿地、沙地的植被恢复和工程治理为重点，主要建设内容包括林地保护和建设、草地保护和建设、湿地保护和建设、水土保持、冰川环境保护、生态保护支撑工程及科技支撑工程七项，估算总投资近80亿元。

《规划》的目标是通过实施林草植被建设工程，初步遏制沙化、草地退化，提高水源涵养能力、丰富生物多样性、减缓气候变化对冰川雪线退缩的影响；通过实施减畜、草食畜牧业发展以及特色经济林果业开发，有效减轻区域生态压力，优化农牧产业结构，促进农牧民增收。《规划》的实施将有效逐步改善祁连山区域生态环境，对保障祁连山内陆河中下游地区乃至我国北方的经济社会可持续发展，实现人与自然和谐相处，推进生态文明建设，筑牢生态安全屏障具有重要的现实意义和深远的历史意义。

2. 生态环境保护与治理情况

《规划》启动后，各级政府多措并举全力推进项目实施，成立组织机构及项目管理团队，明确工作职责及阶段性任务，制定出台了多项规划、政策、措施等，按照项目化、年度化、属地化原则，贯彻落实生态保护与治理任务、资金，切实推进项目实施与监督管理。经过各级部门单位共同努力，规划稳步推进，进展情况总体良好，生态环境保护和建设取得了明显的阶段性成效。

《规划》工程顺利实施。2017年，酒泉、张掖、金昌、武威等各市县在祁连山生态保护与建设综合治理工程建设过程中，根据社会经济特点，适时调整任务，充分调动各方面积极性，按照《规划》完成林草保护与建设、水土保持等阶段性目标。以民乐县为例，截至2017年底，投资6511.2万元，完成人工造林137687.5亩；投资1649.77万元，完成封山育林230538.5亩；投资185.95万元，完成森林防火工程210台/

套；投资 148.8 万元，完成草原病虫鼠害防治 300000 亩；投资 188.7 万元，完成森林有害生物防治体系建设 14377 亩；投资 1491.3 万元，完成农村能源建设 7737 套①。基本达到规划的预期目标，提高了防风固沙、绿化环境的综合效益，极大改善了工农业生产和人民生活条件，促进当地经济社会发展。

祁连山区草原植被恢复成效明显。以张掖市肃南县为例，2017 年以来，通过落实草原生态保护补奖政策，加快实施退牧还草工程，采取围栏封育、草地改良和合理利用等手段，实施草原生态环境保护工程和天然草原治理、退牧还草等重大项目，防治草原鼠害 80 万亩，补播改良退化草原 5 万亩，围栏草原 40 万亩，草原生态得到逐步恢复，平均盖度上升到 77.6%。

生态环境整治修复成效显著。目前，张掖市祁连山保护区内，①矿山探采全停产。矿证到期项目关闭退出并拆除所有生产、生活设施，矿证未到期项目冻结，大部分探矿采矿项项目完成矿山环境恢复治理。②实现水电站生态基流下泄监控全覆盖。保护区内 31 个水利水电项目已全面治理，环境修复，垃圾清运、污水处理等设施配套到位。18 座水电站全部安装生态流量下泄视频监控设备，实现 24 小时不间断记录监控，建立了环保、水务部门定期巡查制度。③祁连山保护区核心区缓冲区内旅游、水电等项目全退出。所有旅游设施已全部停业整顿；核心区缓冲区内的海潮坝旅游景区彻底关闭退出。④祁连山核心区缓冲区内农牧民搬迁全面启动。草原核心区 149 户 484 名农牧民全部迁出，839.9 万元禁牧补助资金和 3425 万元房屋等附属设施拆除补偿资金全部发放到户②。

《规划》实施以来，2013～2017 年，甘肃省通过争取中央预测内投资、省级资金、转移支付资金等渠道共统筹落实各渠道投资 11.29 亿元，其中，中央预算内投资 8.29 亿元、省财政资金 3 亿元。总体而言，项目区生态系

---

① 《祁连山保护区肃南县生态整治取得阶段性成效》，甘肃张掖网，2018 年 3 月 26 日，http://www.gs-zy.com/news/2018-03/26/content_2294676.htm。

② 《张掖市祁连山生态环境突出问题整改工作取得阶段性显著成效》，甘肃省环境保护厅网站，2017 年 5 月 12 日，http://www.gsep.gansu.gov.cn/info/1003/38209.htm。

统退化趋势得到初步遏制，生态功能逐步恢复，生态建设科技水平不断提高，生态保护红利与民共享，生态保护意识深入人心。为进一步扎实推进祁连山生态保护与建设综合治理工程，甘肃省发改委目前已争取到 2018 年中央预算内投资 1.8 亿元，其中 0.8 亿元用于区域生态保护与修复专项投资，建设人工饲草基地、贮草棚、草原鼠虫害防治、黑土滩治理等。目前，省发改委正在抓紧分解投资计划，优化调整方案，加快推进工程建设，确保到 2020 年如期完成规划任务、全面实现规划目标。

3. 存在的困难和问题

祁连山地区是一个结构复杂又不断演化的复杂系统。长期以来重发展、轻保护，导致生态历史欠账较多，生态保护与治理的长效机制尚未建立。《规划》实施过中，还存在以下几个方面的困难和问题。

一是自然因素变化对生态环境的影响。研究表明，近几十年来祁连山区的平均气温呈上升趋势，加剧了冰雪及多年冻土消融，导致冰川退缩，雪线上升。

二是资金筹措存在困难，如期完成规划任务压力较大。另外，项目建设投资标准偏低，部分工程推进较困难。

三是监测系统、保障体系不完备。数据口径不一，缺失现状数据的全面监测与掌握，生态综合观测系统尚未全覆盖。项目实施过程中，经验处于累积阶段，某些技术处于创新阶段，且监督、验收标准体系尚需完善。

针对《规划》实施中存在的突出问题，以及党中央、国务院对祁连山生态保护和建设工作的新要求，应根据各地资源状况和可持续发展能力，省级层面加强引导各类生态功能区探索具有区域特色的发展模式，开展区域生态产业建设；地方政府和行业部门应强化责任意识，保障各项生态政策落实；加强国内外科研机构合作，整合祁连山生态保护治理优势科研力量，开展跨学科的生态保护、修复技术创新研究等。一切为推进《规划》的顺利实施，努力建设形成以"水源涵养和生物多样性保护"为核心的生态治理"祁连山模式"。

三　河西祁连山内陆河生态安全屏障建设的对策

依据甘肃省主体功能区划及甘肃省建设国家生态屏障试验区要求，河西祁连山内陆河生态安全屏障建设应以生态流域为重点，以生态综合治理为手段，推进生态建设与扶贫攻坚、产业发展协调统一，努力构建以水源涵养和防风固沙为重点的河西祁连山内陆河流域生态屏障。

（一）实施生态综合治理

继续按照"南护水源、中兴绿洲、北防风沙"的生态建设战略方针，实施石羊河、黑河、疏勒河三大内陆河流域综合治理，强化祁连山水源涵养功能，加快中部绿洲节水型社会建设，遏制下游荒漠化。

石羊河流域综合治理以防沙治沙为重点，继续实施《石羊河流域重点治理防沙治沙及生态恢复规划》，尤其在两大沙漠边缘，以工程治沙和人工造林相结合，推动北部风沙沿线防沙治沙示范带建设。开展生物治沙、新材料、新技术治沙试验，探索防沙治沙综合治理新方法、新途径。

黑河流域综合治理主要以祁连山生态保护与治理、湿地保护、大型综合防护林体系建设为重点，实施天然林保护、退耕还林、退牧还草等生态保护和恢复工程，完善植被防护体系，提高祁连山水源涵养能力。继续推进"三北"防护林、公益林管护、荒漠化治理等工程建设，加快湿地自然保护区、湿地公园建设，加强湿地水源涵养、盐碱化及沙化治理、防护林更新改造等，推进黑河流域生态环境保护与恢复。

疏勒河流域综合治理主要以优化水资源综合利用为重点，进一步规范用水秩序，减少水资源的无序开发，继续实施《敦煌水资源合理利用与生态保护综合规划》，加快灌区节水改造、月牙泉恢复、水土保持等工程建设。通过人工造林、封沙育林等措施，加强防护林体系建设，遏制沙化扩展。

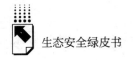
（二）推进生态扶贫

生态扶贫，即将生态建设与扶贫开发相结合，实现贫困地区生态环境改善与贫困人口脱贫致富的"双赢"目标。

在水源涵养林区、重点自然保护区、风沙和荒漠化威胁严重地区、重要生态功能区等进一步推进生态移民，将生活在自然条件恶劣、脱贫无望的人口向资源环境承载力较强的区域迁移，支持劳务移民，促进其就业安家。

加大生态建设扶贫力度。结合退耕还林、三北防护林体系建设、流域综合治理等生态重点工程，挖掘生态保护与建设就业岗位，引导部分农牧民向生态工人转变，进而推进生态工人队伍建设。在祁连山等重点生态区域，加强防护林体系建设，引导贫困农牧民加入护林队伍。落实农田灌溉、安全饮水、危房改造等基础设施建设，改善贫困群众的生产条件和人居环境。

（三）推进生态型产业发展

河西祁连山内陆河区域因地理、历史、人为因素等影响，生态环境十分脆弱，经济基础较差，生态建设和经济发展压力很大，应结合当地生态资源基础，立足生态农业、旅游业、生物产业等具有优势的生态资源型产业，大力发展推进生态型产业发展战略。

转变生态环境保护与产业发展相对立的观念，发展生态建设与保护产业。积极探索生态建设与保护产业化途径，确立其社会公益产业岗位性质，鼓励企业、农户参与生态建设与管护工作；完善法规、明晰生态建设与保护主体的责任、权力、利益，鼓励推广先进技术应用，提高生态保护与建设水平；探索建立生态资源的市场化运作机制，充分发挥生态资源价值，将生态优势变为经济优势。

大力发展生态农业。以河西绿洲农业区为重点，建设保护性耕作区，通过免耕、深耕、地膜等种植技术，促进耕地可持续利用；通过秸秆还田等措施，强化农田生态保育；通过补播改良等措施，恢复草原生态功能。大力发展特色高效农业，实施"四个千万亩"工程，加快特色农业基地建设，推进特色农林产品发展，；加快循环农业发展，推进农村生态环境治理；调整种植结构，提升林果产业经济；培育有机农业，提高农产品质量水平；因地制宜发展沙草产业，培育龙头企业。

大力发展旅游产业。将旅游与文化、工农业、水利、地质等相关产业融合发展，拓宽旅游新兴业态；大力开发旅游新产品，优化旅游空间布局，以祁连山腹地旅游开发为重点，打造丝绸之路河西环线，展示冰川雪峰、大漠戈壁、丹霞砂林、森林草原等魅力；积极开发生态农业、畜牧业、高科技农业等乡村旅游产品，发展乡村旅游；各地依托丰富的生态旅游资源，开展生态观光、体验、科普教育等活动，促进自然保护区、湿地公园、地质公园、森林公园、水利风景区等生态旅游的大力发展。

（四）完善生态补偿机制

现行生态补偿政策在行业、部门之间呈分散化、部门分割的特点，缺乏平衡协调，不利于生态环境的综合治理；现有生态补偿转移支付政策多为成本型补偿，不能从根本上增强地方生态保护的能力；现有生态补偿政策存在交叉重复问题、政策涵盖覆盖面不够的问题、落实不到位的问题、补偿标准"一刀切"的问题等，亟须创新和完善。

生态补偿对策。一是建议确立"环境保护靠补偿，污染治理靠补助，经济发展予扶持"的生态补偿思路，建立生态保护长效机制。二是要加强生态补偿制度的顶层设计，从单一性的资源要素补偿、分类补偿向基于经济社会影响的综合性补偿转变，推进单项补偿政策的综合集成，形成有机衔接、协调匹配的整体补偿制度。三是输血式生态补偿向造血式生态补偿转变，更多地与当地的经济转型、发展能力提升、居民脱贫致富结合起来。

完善一般性转移支付生态补偿机制。合理划分中央、地方事权及支出责任，申请国家、甘肃省加大对河西重点生态功能区的支付力度，减轻地方配套压力，建立健全生态补偿政策，重点向生态脆弱区、贫困区倾斜。

完善专项转移支付生态补偿机制。完善退耕还林、天保工程政策，森林生态效益补偿政策，实施差别化补贴标准；整合归并生态补偿的专项转移支

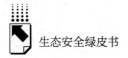

付，统筹预算支出，提高资金效益；建议中央财政设立生态高度脆弱区生态移民专项扶持资金；在森林、湿地、荒漠、矿产资源等领域开展生态补偿试点，探索创新生态补偿机制。

推进区域性、上下游间的生态补偿机制。建立流域生态保护基金，用于生态区的环境保护、生态工程、绿色工程等；推动建立流域生态共建共享机制，如张掖市连续 12 年完成国务院制定的黑河下游分水指标，为维护西北地区生态安全做出重要贡献，建议参照相关横向生态补偿的做法，建立省域（受益区）间横向生态补偿转移支付；探索流域异地开发机制，调整流域上下游产业结构，因地制宜，将上游因生态保护不能开发的项目移到下游进行"异地开发"，建议中央牵头协调流域上下游地区间的发展协作，采用资金、技术、经贸等合作方式，分享流域生态环境治理与保护的效益，分担相关成本。

甘南高原地区黄河上游生态安全屏障建设评价报告（2017）

高天鹏　南笑宁　方向文 *

摘　要： 本报告在介绍生态安全概念和相关理论的基础上，从生态环境、生态经济以及生态社会三个方面对甘南高原地区黄河上游生态功能区生态安全屏障分别进行评价。研究认为，甘南高原地区黄河上游生态功能区中，夏河县、玛曲县、碌曲县、卓尼县、临潭县、合作市、临夏市、临夏县、广河县、和政县、康乐县及积石山县的生态安全状态理想，生态安全度为安全。提出禁止乱砍滥挖、过度放牧，合理利用土地，提高植被覆盖率，完善水体流动系统；构建合理的地质灾害防治指标体系；健全地质灾害防治领导机制；提高公众的地质灾害预防意识；运用先进的科学技术，力求达到灾前能够及时预警、灾后高效运行、及时处理系统，做到生态、经济、社会协调一致，实现可持续发展等对策。

关键词： 甘南高原　黄河上游　生态安全屏障

＊ 高天鹏，博士，兰州城市学院地理与环境工程学院教授，主要从事环境生物技术及生态修复的教学与研究；南笑宁，西北师范大学硕士研究生，研究方向为植物生态学与环境生态学；方向文，博士，兰州大学生命科学学院教授，主要从事生态学的教学与研究。

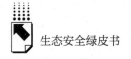

　　甘南高原地区黄河上游生态功能区是世界较高海拔区域中生物多样性最丰富的地方，也是生态变化最为敏感的区域，具有非常重要的生态地位，其日益恶化的生态环境问题已经直接关系长江、黄河流域的生态安全和社会经济的可持续发展。本报告主要从地形、气候、植被、水文、土壤几个方面对甘南高原地区黄河上游生态功能区的自然地理特征进行分析，指出该生态功能区存在严重的生态环境恶化问题，其中以草原退化问题最为突出。文中采用问卷调查及参与式农村评估的研究方法（PRA），对研究区域的草原退化程度及牧民们对草地保护的看法等进行统计分析，从而采取更加具有针对性、更加高效的治理措施。调查表明，长期过度放牧是导致草原退化的主要原因，气候旱化的影响紧随其后。分析研究草原退化的程度、面积和成因及确定有效的治理方案，对生态功能区的良性循环和可持续发展具有重要的意义，从而有利于提高人们保护高寒牧区草原生态环境及合理利用草原的意识。

　　甘南高原地区黄河上游生态功能区作为"黄河蓄水池"，是整个黄河流域重要的水源补给区，区域内的地质环境条件直接影响黄河流域生态安全及经济社会的可持续发展。目前，区域内发育地质灾害点有 349处，威胁人口 6.79 万人、财产 21.42 亿元。统计显示，夏河、卓尼两县是泥石流灾害的高发区，临潭县次之，碌曲县居中，玛曲县、合作市等发生率较低；合作市是滑坡的高发地区，临潭县紧随其后，位于四周的夏河、玛曲、迭部和舟曲县发生的较少；合作市和夏河县是坍塌发生次数最高的地区，玛曲次之，而位于甘南州东侧的迭部、舟曲、卓尼等县为坍塌灾害低发区，这已经成为区内威胁较为严重的地质环境问题之一。本报告在充分了解灾害特征的基础上，通过对地形地貌、地层岩性、地质构造、降雨、地震、人类活动、气温变化、降水变化及超载和过牧等地质灾害诱发因子以及影响水源涵养功能因素分析，结合层次分析法和 ArcGIS 软件，对研究区进行风险评价研究，分别提出了对不同等级风险区的防治对策，以期为地方防灾减灾工作提供借鉴和参考。

一 甘南高原地区黄河上游生态功能区生态安全屏障建设评价

甘南高原地区黄河上游区域包括甘南、临夏两州大部分市县，是我国青藏高原东端最大的高原湿地和黄河上游重要水源补给区。甘南州境内草原广阔，海拔 2960 米，平均气温 1.7℃，无霜期短，日照时间长，是典型的大陆性气候。临夏州地处青藏高原与黄土高原过渡地带，境内山谷多、平地少，地势西南高、东北低，由西南向东北递降，呈倾斜盆地状态，平均海拔 2000 米。该区地形波状起伏，气候寒冷湿润，牧草丰茂，是甘肃省主要的畜牧业基地，因此它的生态地位特别重要。但是，近年来在自然因素和人为因素的综合影响下，该生态功能区出现了一系列严重的生态环境问题，包括草场的"三化"、水资源的短缺、水土流失加剧及物种生态环境恶化，本文着重探究草原退化的程度及成因。

据统计，2015 年甘南藏族自治州草原退化面积达到 216.67 万公顷，其中重度退化面积为 54.67 万公顷，中度退化面积为 122 万公顷，轻度退化面积为 40 万公顷，并且退化速度不断加快[1]，退化面积逐年递增。此外，2015 年甘南州沙化草原面积为 5.33 万公顷，鼠虫害面积约为 72.07 万公顷。该地区水土流失问题也比较严重，20 世纪 80 年代初，全州的水土流失面积是 8000 平方千米，而如今其面积已经增大到 11805.35 平方千米，上升了 47.57%[2]。

（一）生态安全屏障评价指标体系的构成

为反映甘南高原地区黄河上游生态功能区生态安全屏障建设的现状

---

[1] 韩枫、朱立志：《草食畜牧业可持续发展中的草场保护问题研究》，《中国食物与营养》2016 年第 2 期，第 212~214 页。

[2] 张志强、孙成权、吴新年：《论甘南高原生态建设与可持续发展战略》，《草业科学》2000 年第 5 期，第 59~63 页。

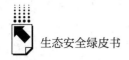

生态安全绿皮书

和进程，遵循全面性、综合性、可比性、独立性、简明性、稳定性及可行性等原则，结合国家生态安全屏障试验区建设主要指标，本报告在充分考虑甘南高原地区黄河上游的自然环境、经济社会发展状况、生态安全内涵及数据可得性的前提下，从自然生态安全、经济生态安全和社会生态安全三个方面出发，建立包含生态环境、生态经济和生态社会 3 个二级指标的生态安全屏障评价指标体系（见表 1、表 2，表 1 为 2013 ~ 2014 年生态安全屏障评价指标体系，表 2 为 2015 年生态安全屏障评价指标体系），以评价甘南高原地区黄河上游生态功能区生态安全屏障建设现状和发展趋势。

表 1　2013 ~ 2014 年甘南高原地区黄河上游生态功能区生态安全屏障评价指标体系

一级指标	二级指标	序号	三级指标
甘南高原地区黄河上游生态功能区生态安全屏障	生态环境	1	耕地面积(万公顷)
		2	有效灌溉面积(千公顷)
		3	农作物播种面积(千公顷)
		4	中药材面积(万亩)
	生态经济	5	人均生产总值(元)
		6	第三产业增加值(万元)
		7	集中式饮用水质达标率(%)
		8	城市水功能区水质达标率(%)
		9	建筑业总产值(万元)
		10	农林牧渔业总产值(万元)
	生态社会	11	农民人均纯收入(元)
		12	农民平均每人生活消费性支出(元)
		13	普通中学在校学生数(人)
		14	医疗保险参保率(%)

表2 2015年甘南高原地区黄河上游生态功能区生态安全屏障评价指标体系

一级指标	二级指标	序号	三级指标
甘南高原黄河上游生态功能区生态安全屏障	生态环境	1	森林覆盖率(%)
		2	人均公园绿地面积(平方米)
		3	PM2.5[空气质量优良天数(天)]
		4	城市建设用地面积(平方千米)
		5	建成区绿化覆盖率(%)
		6	人均道路面积(平方米)
		7	人均日常生活用水量(升)
	生态经济	8	城镇化率(%)
		9	集中式饮用水质达标率(%)
		10	建成区供水管道密度(千米/平方千米)
		11	建成区排水管道密度(千米/平方千米)
		12	污水处理率(%)
		13	生活垃圾无害化处理率(%)
		14	第三产业占比(%)
	生态社会	15	燃气普及率(%)
		16	用水普及率(%)
		17	供热面积(万平方米)
		18	人口密度(人/平方千米)
		19	医疗保险参保率(%)
		20	普通中学在校学生数(人)

（二）数据的获取及处理

1. 数据的获取

本报告中数据主要来自《甘肃统计年鉴》《夏河县统计年鉴》《玛曲县统计年鉴》《碌曲县统计年鉴》《卓尼县统计年鉴》《临潭县统计年鉴》《合作市统计年鉴》《临夏市统计年鉴》《临夏县统计年鉴》《广河县统计年鉴》《和政县统计年鉴》《康乐县统计年鉴》《积石山县统计年鉴》，以及中国知网等资料，表3、表4及表5分为2013年、2014年及2015年各评价指标的原始数据。

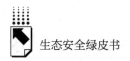
表3　2013年甘南高原地区黄河上游生态功能区生态安全屏障评价各指标原始数据

三级指标	夏河县	玛曲县	碌曲县	卓尼县	临潭县	合作市
耕地面积(万公顷)	1.1007	0	0.2773	1.0967	1.7680	0.9640
有效灌溉面积(千公顷)	0.87	0		0.93	1.67	0.13
农作物播种面积(千公顷)	9.05	0	2.63	10.59	17.68	8.07
中药材面积(万亩)	0	0	0.13	5.03	10.04	0
人均生产总值(元)	16113	24246	23041	11742	10294	27531
第三产业增加值(万元)	65299	51758	25821	51416	87364	178198
集中式饮用水质达标率(%)	100	100	100	100	100	100
城市水功能区水质达标率(%)	100	100	100	100	100	100
建筑业总产值(万元)	0	845	8321	1000	2813	71208
农林牧渔业总产值(万元)	48012	51034	29781	45897	44222	21648
农民人均纯收入(元)	4175	5317	4919	3730	3719	4164
农民平均每人生活消费性支出(元)	3552	3122	3390	2696	3663	3515
普通中学在校学生数(人)	433	2487	1101	7152	8582	9097
医疗保险参保率(%)	95	95.64	95.8	93	95	93

三级指标	临夏市	临夏县	广河县	和政县	康乐县	积石山县
耕地面积(万公顷)	0.2267	2.4853	1.2860	1.5693	2.1900	1.8367
有效灌溉面积(千公顷)	2.27	13.06	7.13	3.97	6.87	6.25
农作物播种面积(千公顷)	3.29	33.87	15.24	18.25	22.65	24.33
中药材面积(万亩)	0.01	0.55	0.16	0.84	3.51	0.5
人均生产总值(元)	15917	7972	6230	6051	6452	4991
第三产业增加值(万元)	316920	158296	77247	55455	87100	73838
集中式饮用水质达标率(%)	100	100	100	100	100	100
城市水功能区水质达标率(%)	100	100	100	100	100	100
建筑业总产值(万元)	128424	70254	21701	32892	32535	0
农林牧渔业总产值(万元)	43858	97969	47690	50416	69002	60033
农民人均纯收入(元)	7296	3637	3954	3394	3655	3085
农民平均每人生活消费性支出(元)	6044	4107	2583	3207	4340	3817
普通中学在校学生数(人)	21375	14379	11188	9489	13838	12446
医疗保险参保率(%)	95.8	97	96	95.4	95.7	96.46

表4　2014年甘南高原地区黄河上游生态功能区生态安全屏障评价各指标原始数据

三级指标	夏河县	玛曲县	碌曲县	卓尼县	临潭县	合作市
耕地面积(万公顷)	1.1025	0	0.2771	1.0969	1.7677	0.9621
有效灌溉面积(千公顷)	0.87	0	0	0.95	1.66	0.13
农作物播种面积(千公顷)	9.17	0	2.68	10.59	17.68	8.06
中药材面积(万亩)	0.33	0	0.18	6.5	10.04	0.01
人均生产总值(元)	15243	23292	25049	13885	12207	33730
第三产业增加值(万元)	82617	55650	33964	73307	109289	224335
集中式饮用水质达标率(%)	100	100	100	100	100	100
城市水功能区水质达标率(%)	100	100	100	100	100	100
建筑业总产值(万元)	0	2130	3301	12000	2452	46156
农林牧渔业总产值(万元)	51103	54890	32157	50339	45119	22955
农民人均纯收入(元)	4637	5959	5524	4168	4177	4648
农民平均每人生活消费性支出(元)	3491	0	3209	2181	3329	4106
普通中学在校学生数(人)	4324	2557	2717	7283	8090	9112
医疗保险参保率(%)	98.7	99.3	99	99.9	98.59	97.76
三级指标	临夏市	临夏县	广河县	和政县	康乐县	积石山县
耕地面积(万公顷)	0.2299	2.4819	1.2857	1.5694	2.1865	1.8367
有效灌溉面积(千公顷)	2.3	12.91	7.13	3.3	6.91	6.27
农作物播种面积(千公顷)	3.28	34.19	15.31	18.79	22.83	24.54
中药材面积(万亩)	0.01	0.55	0.15	1.35	3.75	0.56
人均生产总值(元)	20283	9334	7399	7394	7626	5772
第三产业增加值(万元)	422434	191010	106145	73568	109408	88571
集中式饮用水质达标率(%)	100	100	100	100	100	100
城市水功能区水质达标率(%)	100	100	100	100	100	100
建筑业总产值(万元)	138032	67721	10304	32696	40344	0
农林牧渔业总产值(万元)	44115	106971	51480	55437	73059	66482
农民人均纯收入(元)	8310	4157	4495	3873	4174	3498
农民平均每人生活消费性支出(元)	7781	3849	3173	3434	4053	3478
普通中学在校学生数(人)	21688	13443	10492	8781	14016	11369
医疗保险参保率(%)	96.6	98	96	97.7	96.7	97.45

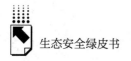

表5 2015年甘南高原地区黄河上游生态功能区生态安全屏障评价各指标原始数据

三级指标	夏河县	玛曲县	碌曲县	卓尼县	临潭县	合作市
森林覆盖率（%）	12.7	8.5	24.55	15.8	3.76	6.9
人均公园绿地面积（平方米）	0.18	1.54	11.93	4.86	0.25	6.45
PM2.5［空气质量优良天数（天）］	324	345	354	324	340	324
城市建设用地面积（平方千米）	3.37	4.06	1.8	2.04	2.51	10.95
建成区绿化覆盖率（%）	6	10.99	9.84	10.4	8.16	33.6
人均道路面积（平方米）	4.66	11.72	15.78	39.91	4.46	12.2
人均日常生活用水量（升）	74.58	61.94	101.37	59.52	54.3	75.13
城镇化率（%）	22	40	34.35	28.2	32.24	55.48
集中式饮用水质达标率（%）	100	100	100	100	100	100
建成区供水管道密度（千米/平方千米）	6.86	5.61	6.23	16.18	15.26	12.3
建成区排水管道密度（千米/平方千米）	10.86	7.01	9.16	4.87	5.24	9.86
污水处理率（%）	100	100	92.59	90	100	78.12
生活垃圾无害化处理率（%）	90.08	98.32	100	97.96	82.14	100
第三产业占比（%）	61.34	47.9	44.68	55.48	69.28	76.06
燃气普及率（%）	39.43	40.07	95.41	38.6	36.5	49.21
用水普及率（%）	64.52	42.28	64.22	58.95	52.76	75
供热面积（万平方米）	40	47	23	40	52	82.1
人口密度（人/平方千米）	2876	6538	3053	4612	4466	3370
普通中学在校学生数（人）	4335	2623	2804	4877	6862	7861
医疗保险参保率（%）	98.12	99.2	99.1	99.5	99.3	98.04

三级指标	临夏市	临夏县	广河县	和政县	康乐县	积石山县
森林覆盖率（%）	17.02	14.75	16.55	36.56	24.26	18.72
人均公园绿地面积（平方米）	2.94	7.01	5.74	1.32	0.84	3.43
PM2.5［空气质量优良天数（天）］	307	318	349	305	328	309
城市建设用地面积（平方千米）	9.1	3.95	3.75	4.82	3.86	3.32
建成区绿化覆盖率（%）	14.8	10.13	13.61	9.77	8.27	6.81
人均道路面积（平方米）	7.41	34.85	14.32	18.05	9.03	7.03
人均日常生活用水量（升）	70.58	50.17	60.27	67.88	53.89	50.7
城镇化率（%）	88.28	16.26	27	24.54	17.73	18.22
集中式饮用水质达标率（%）	100	100	100	100	100	100
建成区供水管道密度（千米/平方千米）	8.45	2.66	5.57	7.36	7.59	5.36
建成区排水管道密度（千米/平方千米）	8.43	2.56	6.9	7.84	4.36	5.29
污水处理率（%）	80.15	54.84	67.69	62.67	76.39	74.55
生活垃圾无害化处理率（%）	84.56	91.75	80.62	80.14	83.92	91.46
第三产业占比（%）	80.6	62.73	60.97	53.18	63.31	67.08
燃气普及率（%）	46.03	23.86	17.6	20	17.41	12.25
用水普及率（%）	86.1	62.88	79.08	78.68	86.62	75.49
供热面积（万平方米）	49	11	26	66	39	31
人口密度（人/平方千米）	2822	4560	6222	4946	4922	8967
普通中学在校学生数（人）	21620	12881	10394	8134	13127	11369
医疗保险参保率（%）	98.18	99	98.5	98.5	98	98.36

结合表3、表4可知，2013～2014年，甘南高原黄河上游生态功能区生态环境下，夏河县的耕地面积、农作物播种面积及中药材面积均呈上升趋势，而有效灌溉面积持平；碌曲县的农作物播种面积和中药材面积均呈轻微上升趋势，耕地面积有所下降；卓尼县的耕地面积、有效灌溉面积及中药材面积表现为上升趋势，农作物播种面积保持平衡；临潭县的耕地面积与有效灌溉面积有所下降，而农作物播种面积与中药材面积呈平稳趋势；合作市的耕地面积与农作物播种面积有所下降，有效灌溉面积保持平衡，中药材面积有所增加；临夏市的农作物播种面积下降，耕地面积与有效灌溉面积呈小幅度增加，中药材面积没有发生变化；临夏县的耕地面积及有效灌溉面积下降，农作物播种面积增加，中药材面积保持平衡；广河县的耕地面积与中药材面积有所下降，有效灌溉面积保持平衡，农作物播种面积有所增加；和政县的耕地面积、农作物播种面积及中药材面积有所增加，有效灌溉面积有所减少；康乐县的有效灌溉面积、农作物播种面积及中药材面积均有所增加，耕地面积有所减少；积石山县的耕地面积保持不变，有效灌溉面积、农作物播种面积及中药材面积均呈增加的趋势。

从表3、表4可以看出，2013～2014年，甘南高原黄河上游生态功能区的生态经济变化如下：碌曲县、卓尼县、临潭县、合作市、临夏市、临夏县、广河县、和政县、康乐县以及积石山县的人均生产总值均有所上升，但夏河县和玛曲县的人均生产总值减少了；甘南高原黄河上游生态功能区各个县市的第三产业增加值总体上都有所上升；各个县市的集中式饮用水质达标率及城市水功能区水质达标率均达标，合格率均为100%；玛曲县、卓尼县、临夏市、康乐县的建筑业总产值均有所上升，而碌曲县、临潭县、合作市、临夏县、广河县及和政县的建筑业总产值均有所下降；各个县市农林牧渔业总产值均表现为上升趋势。

由表3、表4可知，2013～2014年，各个县市的农民人均纯收入均有所上升，2013年临夏市的人均纯收入最高，为7296元，2014年临夏市的人均纯收入最高，为8310元。夏河县、碌曲县、卓尼县、临潭县、临夏县、康乐县及积石山县的农民平均每人生活消费性支出均有所减少，合作市、临

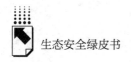

夏市、广河县、和政县的农民平均每人生活消费性支出均有所增加。2013
年和2014年，临夏市的农民平均每人生活消费性支出均为最高。临潭县、
临夏县、广河县、和政县及积石山县的普通中学在校学生数均有所减少，
而其他各县市的普通中学在校学生数均有所增加，2013年和2014年临夏
市的普通中学在校学生数均为最高。甘南高原黄河上游各个县市的医疗保
险参保率普遍较高，均达到90%以上，除广河县2013～2014年医疗保险
参保率保持平衡外，其他县市均有所上升。

由表5可知，2015年甘南高原黄河上游生态功能区的生态经济指标
中，和政县的森林覆盖率最高，为36.56%；碌曲县的人均公园绿地面积
最大，为11.93平方米；碌曲县的空气质量优良天数为354天，是各个
县市中最多的；合作市的城市建设用地面积和建成区绿化覆盖率均最大，
分别为10.95平方千米和33.6%；人均道路面积最大的是卓尼县，为
39.91平方米；碌曲县的人均日常生活用水量最大，为101.37升。

城镇化率、建成区供水管道密度、建成区排水管道密度、生活垃圾无害
化处理率及第三产业占比最大的县市分别为临夏市88.28%、卓尼县16.18
千米/平方千米、夏河县10.86千米/平方千米、碌曲县100%和合作市
100%、临夏市80.6%；各个县市的集中式饮用水质达标率均为100%，均
达到标准；夏河县、玛曲县、临潭县的污水处理率均达标，均为100%。

碌曲县的燃气普及率最高，为95.41%；康乐县的用水普及率最高，为
86.62%；合作市供热面积最大，为82.1万平方米；积石山县的人口密度为
8967人/平方千米，人口密度最大；临夏市的普通中学在校学生人数最多，
有21620人；卓尼县的医疗保险参保率为99.5%，是各个县市中最高的。

2. 数据的归一化处理

由于指标不同，量纲单位也不同，无法进行数据的分析比较，因此为消
除指标之间的量纲影响，需要进行数据标准化处理来增强数据指标之间的可
比性。本文中主要采用归一化处理，具体公式如下：

正向指标：$X = X_i/X_{max}$；

负向指标：$X = X_{min}/X_i$。

其中，X 表示参评因子的标准化赋值，X_i 表示实测值，X_{max} 表示实测最大值，X_{min} 表示实测最小值。

2013～2016 年甘南高原地区黄河上游生态功能区生态安全屏障评价指标归一化处理数据见表6、表7和表8。

表6　2013 年甘南高原地区黄河上游生态功能区生态安全
屏障评价指标归一化处理数据

三级指标	夏河县	玛曲县	碌曲县	卓尼县	临潭县	合作市
耕地面积	0.4429	0.0000	0.1116	0.4413	0.7114	0.3879
有效灌溉面积	0.0666	0.0000	0.0000	0.0712	0.1279	0.0100
农作物播种面积	0.2672	0.0000	0.0776	0.3127	0.5220	0.2383
中药材面积	0.0000	0.0000	0.0129	0.5010	1.0000	0.0000
人均生产总值	0.5853	0.8807	0.8369	0.4265	0.3739	1.0000
第三产业增加值	0.2060	0.1633	0.0815	0.1622	0.2757	0.5623
集中式饮用水质达标率	1.0000	1.0000	1.0000	1.0000	1.0000	1.0000
城市水功能区水质达标率	1.0000	1.0000	1.0000	1.0000	1.0000	1.0000
建筑业总产值	0.0000	0.0066	0.0648	0.0078	0.0219	0.5545
农林牧渔业总产值	0.4901	0.5209	0.3040	0.4685	0.4514	0.2210
农民人均纯收入	0.5722	0.7288	0.6742	0.5112	0.5097	0.5707
农民平均每人生活消费性支出	0.5877	0.5165	0.5609	0.4461	0.6061	0.5816
普通中学在校学生数	0.0203	0.1164	0.0515	0.3346	0.4015	0.4256
医疗保险参保率	0.9849	0.9915	0.9932	0.9641	0.9849	0.9641
三级指标	临夏市	临夏县	广河县	和政县	康乐县	积石山县
耕地面积	0.0912	1.0000	0.5174	0.6314	0.8812	0.7390
有效灌溉面积	0.1738	1.0000	0.5459	0.3040	0.5260	0.4786
农作物播种面积	0.0971	1.0000	0.4500	0.5388	0.6687	0.7183
中药材面积	0.0010	0.0548	0.0159	0.0837	0.3496	0.0498
人均生产总值	0.5781	0.2896	0.2263	0.2198	0.2344	0.1813
第三产业增加值	1.0000	0.4995	0.2437	0.1750	0.2748	0.2330
集中式饮用水质达标率	1.0000	1.0000	1.0000	1.0000	1.0000	1.0000
城市水功能区水质达标率	1.0000	1.0000	1.0000	1.0000	1.0000	1.0000
建筑业总产值	1.0000	0.5470	0.1690	0.2561	0.2533	0.0000
农林牧渔业总产值	0.4477	1.0000	0.4868	0.5146	0.7043	0.6128
农民人均纯收入	1.0000	0.4985	0.5419	0.4652	0.5010	0.4228
农民平均每人生活消费性支出	1.0000	0.6795	0.4274	0.5306	0.7181	0.6315
普通中学在校学生数	1.0000	0.6727	0.5234	0.4439	0.6474	0.5823
医疗保险参保率	0.9932	1.0056	0.9952	0.9890	0.9921	1.0000

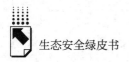

表7　2014年甘南高原地区黄河上游生态功能区生态安全屏障评价指标归一化处理数据

三级指标	夏河县	玛曲县	碌曲县	卓尼县	临潭县	合作市
耕地面积	0.4442	0.0000	0.1116	0.4420	0.7122	0.3876
有效灌溉面积	0.0674	0.0000	0.0000	0.0736	0.1286	0.0101
农作物播种面积	0.2682	0.0000	0.0784	0.3097	0.5171	0.2357
中药材面积	0.0329	0.0000	0.0179	0.6474	1.0000	0.0010
人均生产总值	0.4519	0.6905	0.7426	0.4117	0.3619	1.0000
第三产业增加值	0.1956	0.1317	0.0804	0.1735	0.2587	0.5311
集中式饮用水质达标率	1.0000	1.0000	1.0000	1.0000	1.0000	1.0000
城市水功能区水质达标率	1.0000	1.0000	1.0000	1.0000	1.0000	1.0000
建筑业总产值	0.0000	0.0154	0.0239	0.0869	0.0178	0.3344
农林牧渔业总产值	0.4777	0.5131	0.3006	0.4706	0.4218	0.2146
农民人均纯收入	0.5580	0.7171	0.6647	0.5016	0.5026	0.5593
农民平均每人生活消费性支出	0.4487	0.0000	0.4124	0.2803	0.4278	0.5277
普通中学在校学生数	0.1994	0.1179	0.1253	0.3358	0.3730	0.4201
医疗保险参保率	0.9880	0.9940	0.9910	1.0000	0.9869	0.9786

三级指标	临夏市	临夏县	广河县	和政县	康乐县	积石山县
耕地面积	0.0926	1.0000	0.5180	0.6323	0.8810	0.7400
有效灌溉面积	0.1782	1.0000	0.5523	0.2556	0.5352	0.4857
农作物播种面积	0.0959	1.0000	0.4478	0.5496	0.6677	0.7178
中药材面积	0.0010	0.0548	0.0149	0.1345	0.3735	0.0558
人均生产总值	0.6013	0.2767	0.2194	0.2192	0.2261	0.1711
第三产业增加值	1.0000	0.4522	0.2513	0.1742	0.2590	0.2097
集中式饮用水质达标率	1.0000	1.0000	1.0000	1.0000	1.0000	1.0000
城市水功能区水质达标率	1.0000	1.0000	1.0000	1.0000	1.0000	1.0000
建筑业总产值	1.0000	0.4906	0.0746	0.2369	0.2923	0.0000
农林牧渔业总产值	0.4124	1.0000	0.4813	0.5182	0.6830	0.6215
农民人均纯收入	1.0000	0.5002	0.5409	0.4661	0.5023	0.4209
农民平均每人生活消费性支出	1.0000	0.4947	0.4078	0.4413	0.5209	0.4470
普通中学在校学生数	1.0000	0.6198	0.4838	0.4049	0.6463	0.5242
医疗保险参保率	0.9670	0.9810	0.9610	0.9780	0.9680	0.9755

表8　2015年甘南高原地区黄河上游生态功能区生态安全屏障评价各指标归一化处理数据

三级指标	夏河县	玛曲县	碌曲县	卓尼县	临潭县	合作市
森林覆盖率	0.3474	0.2325	0.6715	0.4322	0.1028	0.1887
人均公园绿地面积	0.0151	0.1291	1.0000	0.4074	0.0210	0.5407
PM2.5［空气质量优良天数］	0.9153	0.9746	1.0000	0.9153	0.9605	0.9153
城市建设用地面积	0.3078	0.3708	0.1644	0.1863	0.2292	1.0000
建成区绿化覆盖率	0.4409	0.8075	0.7230	0.7641	0.5996	2.4688
人均道路面积	0.1168	0.2937	0.3954	1.0000	0.1118	0.3057
人均日常生活用水量	0.7357	0.6110	1.0000	0.5872	0.5357	0.7411
城镇化率	0.2492	0.4531	0.3891	0.3194	0.3652	0.6285
集中式饮水质达标率	1.0000	1.0000	1.0000	1.0000	1.0000	1.0000
建成区供水管道密度	0.4240	0.3467	0.3850	1.0000	0.9431	0.7602
建成区排水管道密度	1.0000	0.6455	0.8435	0.4484	0.4825	0.9079
污水处理率	1.0000	1.0000	0.9259	0.9000	1.0000	0.7812
生活垃圾无害化处理率	0.9008	0.9832	1.0000	0.9796	0.8214	1.0000
第三产业占比	0.8065	0.6298	0.5874	0.7294	0.9109	1.0000
燃气普及率	0.4133	0.4200	1.0000	0.4046	0.3826	0.5158
用水普及率	0.7449	0.4881	0.7414	0.6806	0.6091	0.8659
供热面积	0.4872	0.5725	0.2801	0.4872	0.6334	1.0000
人口密度	0.3207	0.7291	0.3405	0.5143	0.4980	0.3758
普通中学在校学生数	0.2005	0.1213	0.1297	0.2256	0.3174	0.3636
医疗保险参保率	0.9861	0.9970	0.9960	1.0000	0.9980	0.9853

三级指标	临夏市	临夏县	广河县	和政县	康乐县	积石山县
森林覆盖率	0.4655	0.4034	0.4527	1.0000	0.6636	0.5120
人均公园绿地面积	0.2464	0.5876	0.4811	0.1106	0.0704	0.2875
PM2.5［空气质量优良天数］	0.8672	0.8983	0.9859	0.8616	0.9266	0.8729
城市建设用地面积	0.8311	0.3607	0.3425	0.4402	0.3525	0.3032
建成区绿化覆盖率	1.0874	0.7443	1.0000	0.7179	0.6076	0.5004
人均道路面积	0.1857	0.8732	0.3588	0.4523	0.2263	0.1761
人均日常生活用水量	0.6963	0.4949	0.5946	0.6696	0.5316	0.5001
城镇化率	1.0000	0.1842	0.3058	0.2780	0.2008	0.2064
集中式饮水质达标率	1.0000	1.0000	1.0000	1.0000	1.0000	1.0000
建成区供水管道密度	0.5222	0.1644	0.3443	0.4549	0.4691	0.3313
建成区排水管道密度	0.7762	0.2357	0.6354	0.7219	0.4015	0.4871
污水处理率	0.8015	0.5484	0.6769	0.6267	0.7639	0.7455
生活垃圾无害化处理率	0.8456	0.9175	0.8062	0.8014	0.8392	0.9146
第三产业占比	1.0597	0.8247	0.8016	0.6992	0.8324	0.8819
燃气普及率	0.4824	0.2501	0.1845	0.2096	0.1825	0.1284
用水普及率	0.9940	0.7259	0.9130	0.9083	1.0000	0.8715
供热面积	0.5968	0.1340	0.3167	0.8039	0.4750	0.3776
人口密度	0.3147	0.5085	0.6939	0.5516	0.5489	1.0000
普通中学在校学生数	1.0000	0.5958	0.4808	0.3762	0.6072	0.5259
医疗保险参保率	0.9867	0.9950	0.9899	0.9899	0.9849	0.9885

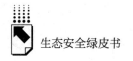

（三）指标权重的确定

指标体系中的每个指标相对整个评价体系来说，其重要程度不同，指标权重的确定就是从若干评价指标中分出轻重。本报告利用熵值法计算各个指标的权重，计算过程为如下：

（1）通过上述指标标准化后，各标准值都在 ［0，1］ 区间，计算各指标的熵值：$U_j = -\sum_{i=1}^{j} X_{ij} \ln X_{ij}$；

（2）熵值逆向化：$S_j = \dfrac{\max U_j}{U_j}$；

（3）确定权重：$W_j = S_j / \sum_{j=1}^{n} S_j (j = 1, 2, \cdots, n)$。

通过以上公式计算得到 2013 年、2014 年和 2015 年各指标的权重（见表 9、表 10 和表 11）。

表 9　2013 年甘南高原地区黄河上游生态功能区生态安全屏障评价指标权重

三级指标	权重
耕地面积	0.0307
有效灌溉面积	0.0358
农作物播种面积	0.0281
中药材面积	0.0623
人均生产总值	0.0257
第三产业增加值	0.0242
集中式饮用水质达标率	0.0229
城市水功能区水质达标率	0.0229
建筑业总产值	0.0426
农林牧渔业总产值	0.0229
农民人均纯收入	0.0237
农民平均每人生活消费性支出	0.0246
普通中学在校学生数	0.0305
医疗保险参保率	0.6029

表 10　2014 年甘南高原地区黄河上游生态功能区生态安全屏障评价指标权重

三级指标	权重
耕地面积	0.0718
有效灌溉面积	0.0612
农作物播种面积	0.0785
中药材面积	0.0391
人均生产总值	0.0919
第三产业增加值	0.0902
集中式饮用水质达标率	0.0261
城市水功能区水质达标率	0.0261
建筑业总产值	0.0533
农林牧渔业总产值	0.0968
农民人均纯收入	0.0936
农民平均每人生活消费性支出	0.0925
普通中学在校学生数	0.0928
医疗保险参保率	0.0059

表 11　2015 年甘南高原地区黄河上游生态功能区生态安全屏障评价指标权重

三级指标	权重
森林覆盖率	0.0161
人均公园绿地面积	0.0198
PM2.5［空气质量优良天数］	0.0671
城市建设用地面积	0.0158
建成区绿化覆盖率	0.0195
人均道路面积	0.0170
人均日常生活用水量	0.0177
城镇化率	0.0153
集中式饮用水质达标率	0.2826
建成区供水管道密度	0.0167
建成区排水管道密度	0.0192
污水处理率	0.0312
生活垃圾无害化处理率	0.0527

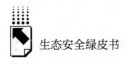

续表

三级指标	权重
第三产业占比	0.0306
燃气普及率	0.0155
用水普及率	0.0322
供热面积	0.0164
人口密度	0.0158
普通中学在校学生数	0.0161
医疗保险参保率	0.2824

（四）综合指数的计算

本报告采用综合指数 EQ 来评价区域生态安全度的表示，计算公式为：

$$EQ(t) = \sum_{i=1}^{n} W_i(t) \times X_i(t)$$

其中，X_i 代表评价指标的标准化值，W_i 为生态安全评价指标 i 的权重，n 为指标总项数。

根据该公式，2013 年、2014 年和 2015 年甘南高原地区黄河上游生态安全综合指数分别见表 12、表 13 和表 14。

表 12　2013 年甘南高原地区黄河上游生态功能区生态安全综合指数

地区	综合指数	地区	综合指数
夏河县	0.7230	临夏市	0.8271
玛曲县	0.7159	临夏县	0.8649
碌曲县	0.7155	广河县	0.7643
卓尼县	0.7424	和政县	0.7629
临潭县	0.8097	康乐县	0.8193
合作市	0.7548	积石山县	0.7795

表 13　2014 年甘南高原地区黄河上游生态功能区生态安全综合指数

地区	综合指数	地区	综合指数
夏河县	0.3340	临夏市	0.6006
玛曲县	0.2620	临夏县	0.6109
碌曲县	0.2828	广河县	0.3912
卓尼县	0.3517	和政县	0.3881
临潭县	0.4163	康乐县	0.5019
合作市	0.4235	积石山县	0.4235

表 14　2015 年甘南高原地区黄河上游生态功能区生态安全综合指数

地区	综合指数	地区	综合指数
夏河县	0.8370	临夏市	0.8929
玛曲县	0.8457	临夏县	0.8337
碌曲县	0.8823	广河县	0.8536
卓尼县	0.8668	和政县	0.8481
临潭县	0.8395	康乐县	0.8391
合作市	0.8621	积石山县	0.8377

（五）甘南高原地区黄河上游生态功能区生态安全屏障建设评价与分析

　　生态安全评价综合指数反映该地区的生态安全度及生态预警级别，根据学界的研究结果，笔者将生态安全综合指数分为五个级别，分别反映不同程度的生态安全度和预警级别。生态安全分级标准见表15。

表 15　生态安全等级划分标准

综合指数	状态	生态安全度	指标特征
[0~0.2]	恶劣	严重危险	生态环境破坏较大,生态系统服务功能严重退化,生态恢复与重建困难,生态灾害多
(0.2~0.4]	较差	危险	生态环境破坏较大,生态系统服务功能退化比较严重,生态恢复与重建比较困难,生态灾害较多

续表

综合指数	状态	生态安全度	指标特征
(0.4~0.6]	一般	预警	生态环境受到一定破坏,生态系统服务功能已经退化,生态恢复与重建有一定困难,生态问题较多,生态灾害时有发生
(0.6~0.8]	良好	较安全	生态环境受破坏较小,生态系统服务功能较完善,生态恢复与重建容易,生态安全不显著,生态破坏不常出现
(0.8~1]	理想	安全	生态环境基本未受到干扰,生态系统服务功能基本完善,系统恢复再生能力强,生态问题不明显,生态灾害少

　　根据表15中的生态安全分级标准,2013~2015年甘南高原地区黄河上游生态功能区生态安全综合指数及生态安全状态分别见表16、表17及表18。

　　由表16可知,2013年甘南高原地区黄河上游地区中,临潭县、临夏市、临夏县及康乐县的生态安全综合指数高,分别达到0.8097、0.8271、0.8649及0.8193,生态安全状态理想,生态安全度为安全,说明这些区域的生态环境保护好,生态环境基本未受到干扰,生态系统服务功能基本完善,系统恢复再生能力强,生态问题不明显,生态灾害少;夏河县、玛曲县、碌曲县、卓尼县、合作市、广河县、和政县及积石山县的生态安全综合指数分别达到0.7230、0.7159、0.7155、0.7424、0.7548、0.7643、0.7629、0.7795,生态安全度为较安全,说明这些地区生态安全屏障尽管存在一些生态环境问题,但总体来说,生态环境受破坏小,生态服务功能较完善。

表16　2013年甘南高原地区黄河上游生态功能区生态安全屏障评价结果

地区	综合指数	生态安全状态	生态安全度
夏河县	0.7230	良好	较安全
玛曲县	0.7159	良好	较安全
碌曲县	0.7155	良好	较安全
卓尼县	0.7424	良好	较安全
临潭县	0.8097	理想	安全
合作市	0.7548	良好	较安全

地区	综合指数	生态安全状态	生态安全度
临夏市	0.8271	理想	安全
临夏县	0.8649	理想	安全
广河县	0.7643	良好	较安全
和政县	0.7629	良好	较安全
康乐县	0.8193	理想	安全
积石山县	0.7795	良好	较安全

由表17可知，2014年甘南高原地区黄河上游中，夏河县、玛曲县、碌曲县、卓尼县、广河县及和政县的生态安全综合指数分别为0.3340、0.2620、0.2828、0.3517、0.3912及0.3881，生态安全状态较差，生态安全度为危险，说明这些地区的生态环境破坏较大，生态系统服务功能严重退化，生态恢复与重建困难，生态灾害较多；临潭县、合作市、康乐县及积石山县的生态安全综合指数分别为0.4163、0.4235、0.5019及0.4235，生态安全度为预警，说明这些地区的生态环境受到一定破坏，生态系统服务功能已经退化，生态恢复与重建有一定困难，生态问题较多，生态灾害时有发生；临夏市和临夏县的生态安全综合指数分别为0.6006和0.6109，生态安全度为较安全，说明生态环境受破坏较小，生态系统服务功能较完善，生态恢复与重建容易，生态安全不显著，生态破坏不常出现。

表17 2014年甘南高原地区黄河上游生态功能区生态安全屏障评价结果

地区	综合指数	生态安全状态	生态安全度
夏河县	0.3340	较差	危险
玛曲县	0.2620	较差	危险
碌曲县	0.2828	较差	危险
卓尼县	0.3517	较差	危险
临潭县	0.4163	一般	预警
合作市	0.4235	一般	预警

地区	综合指数	生态安全状态	生态安全度
临夏市	0.6006	良好	较安全
临夏县	0.6109	良好	较安全
广河县	0.3912	较差	危险
和政县	0.3881	较差	危险
康乐县	0.5019	一般	预警
积石山县	0.4235	一般	预警

由表18可知，2015年甘南高原地区黄河上游地区中，夏河县、玛曲县、碌曲县、卓尼县、临潭县、合作市、临夏市、临夏县、广河县、和政县、康乐县及积石山县的生态安全综合指数普遍较高，分别达到0.837、0.8457、0.8823、0.8668、0.8395、0.8621、0.8929、0.8337、0.8536、0.8481、0.8391及0.8377，生态安全状态理想，生态安全度为安全，说明甘南高原黄河上游地区的生态环境基本未受到干扰，生态系统服务功能基本完善，系统恢复再生能力强，生态问题不明显，生态灾害少。

表18　2015年甘南高原地区黄河上游生态功能区生态安全屏障评价结果

地区	综合指数	生态安全状态	生态安全度
夏河县	0.8370	理想	安全
玛曲县	0.8457	理想	安全
碌曲县	0.8823	理想	安全
卓尼县	0.8668	理想	安全
临潭县	0.8395	理想	安全
合作市	0.8621	理想	安全
临夏市	0.8929	理想	安全
临夏县	0.8337	理想	安全
广河县	0.8536	理想	安全
和政县	0.8481	理想	安全
康乐县	0.8391	理想	安全
积石山县	0.8377	理想	安全

二 生态功能区自然地理特征分析及草原退化研究

（一）甘南高原地区黄河上游生态功能区自然地理特征相关理论

1. 地形特征

根据《甘肃省建设国家生态安全屏障综合试验区"十三五"实施意见》和《甘肃省人民政府关于贯彻落实〈甘肃省加快转型发展建设国家生态安全屏障综合试验区总体方案〉的实施意见》精神，甘南高原地区黄河上游生态功能区包括甘南州和临夏州的大部分地区，共有 12 个市县。其中，甘南州的夏河县、玛曲县、碌曲县、卓尼县、临潭县、合作市六县市和临夏州的临夏市、临夏县、广河县、和政县、康乐县、积石山县六县市，甘南高原地区黄河上游生态功能区所指甘南州不包括迭部县和舟曲县，临夏州不包括永靖县，该生态功能区是我国青藏高原东端最大的高原湿地和黄河上游重要水源补给区①。该区域地处青藏高原与黄土高原的过渡地带，境内主要地形为甘南高原，海拔为 3000～4900 米，同时该区域内山地、沟壑纵横交错，地势复杂。甘南高原黄河上游生态功能区也是除祁连山之外甘肃省内海拔最高的自然区。

2. 气候特征

甘南高原地区黄河上游生态功能区位于甘肃省的西南部，平均海拔为 3000 米以上，是全省地势最高的高山与高原交错分布的地区。区域内甘南州部分气候属于大陆性季风气候，年平均气温较低，部分地区年平均气温低于 3℃，降水季节分配不均匀，年降水量为 440～800 毫米，降水量由西南向东北呈递减趋势，寒冷湿润是甘南州的显著特征。其中，临夏市部分气候

---

① 甘肃省林业厅：《甘肃林业"十三五"工作思路和战略重点》，《甘肃林业》2016 年第 4 期，第 5～8 页。

属于温带半干旱气候，年平均气温为6.3℃，年均降水量为484毫米，气候地域性差异显著（见表19）。

表19　研究区各市县气候状况统计

地区	年平均降水（毫米）	年平均气温（℃）	无霜期（天）
合作市	518	1.0	48
夏河县	516	2.6	56
临潭县	518	3.2	65
碌曲县	680	2.3	56
玛曲县	707	3.2	15
卓尼县	580	4.6	119
临夏市	484	6.3	137
临夏县	631	5.9	148
广河县	494	6.4	142
康乐县	606	6.0	130
和政县	639	5.0	133
积石山县	660	5.2	158

3. 水文特征

甘南高原地区黄河上游生态功能区是甘肃省水能资源最丰富的地区之一，境内主要有白龙江、大夏河、黄河和洮河（一江三河）[1]。白龙江是长江支流嘉陵江的支流，发源于甘南藏族自治州碌曲县和四川若尔盖县交界的郎木寺，全长576千米[2]，在甘肃省内长475千米，流域年降水量为600～900毫米，5～10月流量相对较大。在甘南境内流经迭部县和舟曲县，在陇南山区段，河谷狭窄，比降大，水力资源丰富。大夏河属于黄河水系，是甘肃省中部的较大河流，发源于甘南高原甘肃、青海交

---

① 张春花：《甘南生态环境建设的现状及对策》，《甘肃高师》2009年第2期，第377～379页。

② 李凯：《基于SWAT模型的白龙江流域生态修复效应模拟研究》，硕士学位论文，兰州大学，2015。

界的大不勒赫卡山南北麓，全长 203 千米[1]，主要流经甘南、临夏地区。洮河位于甘肃省南部，是黄河上游的第一大支流，发源于青海省海南州蒙古族自治县境内的西倾山东麓，全长 673 千米，流经甘南、定西、临夏等地[2]（见表 20）。

但是，近年来由于甘南高原地区黄河上游生态功能区特殊的自然条件、人类活动及全球气候变暖的大背景的影响，该区域出现气候旱化、降水量逐年减少、草地"三化"等问题，从而使地表径流明显减少、水资源锐减、水土流失加剧。甘南有"天然乐园"之称的尕海湖，甚至在 2006～2007 年两度出现干涸现象。资料显示，区域内主要河流在 20 世纪 50 年代至 2016 年平均流量和含沙量变化极其显著（见表 21）。这些数据表明，该生态功能区的生态环境已经处于非常脆弱的地步，大力开展甘南高原地区黄河上游生态功能区的草场保护和建设已经迫在眉睫。

表 20　白龙江、大夏河、洮河的水文特征

名称＼要素	长度（千米）	流域面积（平方千米）	年平均径流量（10^8 立方米）	平均比降（％）	径流系数
白龙江	576	31800	22.17	0.48	0.50
大夏河	203	7152	8.88	0.96	0.37
洮河	673	25527	4.69	0.39	0.68

表 21　2016 年河流的平均流量及含沙量较 20 世纪 50 年代的变化量

单位：％

河流名称	平均流量减少量	含沙量增加量
白龙江	20.6	1200
洮河	14.7	73.3
大夏河	31.0	52.4

---

① 刘文英主编《哲学百科小辞典》，甘肃人民出版社，1987。
② 王文浩：《甘南黄河重要水源补给生态功能区生态环境问题成因分析及改善对策》，《生态经济》（学术版）2009 年第 2 期，第 377～379 页。

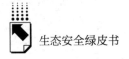
4. 植被特征

甘南高原地区黄河上游生态功能区植被种类较少，并且植被类型差异明显。区域内甘南高原部分主要以高寒草甸、高山灌丛和山地森林为主，森林植被广泛分布于甘南高原东南部的山地地区。虽然植被类型比较单一，但甘南的森林和草原面积在甘肃省内占有较大的比重，甘南林区是甘肃省最大的林区，面积占全省的 30%，是白龙江、大夏河、洮河的重要水源涵养林区①。甘南同样是甘肃省的优良草原分布区，草原面积达 270 万公顷，草原成为甘南的优势资源，也是该区畜牧业能够持续发展的基础。而生态功能区内临夏州部分林地面积较小，全州的森林覆盖率仅有 16.29%，太子山水源涵养林是全州涵养水源的唯一天然林区；草原资源是临夏州主要植被资源，是陆地生态系统的主体，根据不同的生态、植被环境，天然草场可分为 11 种植被类型②（见表 22）。

但由于近年来长期的乱砍滥伐、过量放牧等一系列原因，林线后移，森林多种生态功能降低，草原"三化"问题特别严重③。据统计，2008 年甘南高原重度退化面积已经达到 81.4 万公顷，占可利用草地面积的 31.73%④；与 20 世纪 80 年代初比较，草原毒杂草指标上升，而优良牧草、产草量、植被覆盖度等指标均呈下降趋势（见表 23）。临夏地区天然草原同样面临干旱缺水、鼠虫害严重等问题，草原退化趋势明显，仅太子山积石山麓一带遭到鼠虫害的面积就达 28167 公顷，占该区草原总面积的 26.7%。

---

① 金舟加：《议甘南保护生态环境与可持续发展》，《中国农业资源与区划》2016 年第 6 期，第 60~65 页。
② 虎陈霞、刘普幸、王海：《甘肃省少数民族地区生态环境与可持续发展——以临夏回族自治州为例》，《国土与自然资源研究》2011 年第 6 期，第 2 页。
③ 曾云：《甘肃省环境资源治理制度供给研究》，硕士学位论文，西北师范大学，2009。
④ 马雄、张荣：《浅谈甘南高原草地现状及保护对策》，《草业科学》2010 年第 34 期，第 30 页。

表 22　研究区主要植被类型

植被类型	分布区域	总面积(10^4 公顷)
高寒草地	主要分布于海拔 3300～3700 米的广大高原面及山地阳坡	270
高山灌丛	主要分布在海拔 3700 米以上的山地阴坡	41.28
山地森林	集中分布于东南部的边缘山地	313
森林草甸	主要分布于州境西南部海拔 2900～3200 米的阳坡	1.81
亚高山灌丛草甸	主要分布在沿太子山、小积石山等山体海拔 2500～3800 米的阴坡半阴坡及山前丘陵倾斜坡地	4.99
亚高山草甸	主要分布于和政县南部山地阳坡与农田交错地带和康乐县西南部农田交错地带	0.26
高山草甸	主要分布于临夏县太子山、积石山县雷积山、小积石山等地	0.62
草原化草甸	呈星状分布	0.22
草甸化草原	呈星状分布	0.29
草原草场	广泛分布于州内海拔 1700～2400 米的黄土高原、丘陵、梁峁、沟壑地带	10.44
零星草场	零星分布	9.09

表 23　2008 年研究区各生产指标较 20 世纪 80 年代的变化量

单位：%

生产指标	趋势	比例
植被覆盖率	下降	20～25
优良牧草	下降	25
毒杂草	上升	15～30
产草量	下降	25～45

5. 土壤特征

在地形、水源和气候等一系列因素的影响下，甘南高原黄河上游生态功能区的土壤类型垂直分布显著。自海拔 2000 米的河谷到 4500 米的高寒山地，依次分布有山地栗钙土、山地黑钙土、褐土、棕壤、暗棕壤、

119

草甸土、亚高山草甸土及高山草甸土，在低沉滩地还分布着沼泽土（见表24）。

表24　研究区主要草场土类分布及特征

土壤类型	土层（厘米）	pH值	有机含量（%）	年平均气温（℃）	降水量（毫米）	主要分布区
高山草甸土	30~60	6~7.5	7.3~17	<0	600~800	积石山、西倾山、大礼加山、扎迭山、岷山等海拔4000~4500米的高山地带
亚高山草甸土	50~100	6.1~8.5	4~20	2~3.6	500~700	碌曲、玛曲、夏河、卓尼、迭部各县海拔2700~4000米的高山地带
草甸土	80~200	6~8.3	11~23	2~4	600~700	碌曲、玛曲、夏河等县的河谷滩地、湖泊外围及山前洪积冲积扇地带
沼泽土	<50	5.3~8.5	10~72	1~2	700~800	碌曲、玛曲、夏河等县各河流上游或沿岸低洼处
山地栗钙土	30~50	8~8.5	2.34~6.4	4~8	400	临潭、夏河、舟曲、卓尼各县的河谷高阶地及低山丘陵地带
山地黑钙土	80~140	8~8.1	5~6			仅有少量分布在碌曲县东部，卓尼、迭部、舟曲县海拔3200米以下河谷高阶地

（二）草地资源概况及退化原因分析

1. 草地资源现状分析

通过前述内容的分析，我们得知甘南高原地区黄河上游生态功能区地处青藏高原边缘地带，其独特的自然地理特征和地理位置决定了该区生态环境的脆弱性，再加上长期以来人口的增加和畜牧业的不断发展，该生态功能区出现了以草原退化为标志的一系列不利于当地可持续发展的生态环境恶化问题，主要包括水资源日益短缺、草场"三化"严重、水土流失加剧、生物多样性减少等。

（1）草地资源及其分布

草地资源具有重要的生态保护功能，被誉为陆地生态系统的"绿色屏障"，是发展畜牧业的基础，并且在生态系统的物质循环和能量流动中起着非常重要的作用，影响人类和动物的生存与发展。合理地利用草地资源，对生态环境的保护具有重要的现实意义。

甘肃省是我国五大草原畜牧业省区之一，而甘南、临夏草原则是甘肃省主要的优质牧区，是发展畜牧业的基地，草地畜牧业是两州的主体经济。甘南草原面积达 3758 万余亩，主要分布在玛曲、夏河和碌曲三个纯牧区县①。临夏天然草原面积为 27.73 万公顷，占土地总面积的 33.95%，其中在永靖县和东乡县分布面积较广。从整个甘南高原黄河上游生态功能区来看，草原主要分布在甘南的六个县（市）（见图 1）。

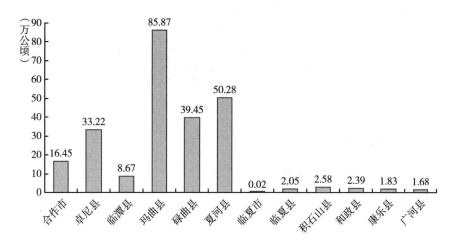

图 1　2016 年甘南高原地区黄河上游生态功能区各市（县）草原面积

资料来源：甘南藏族自治州国土资源局。

（2）草地资源退化现状

草地退化是指在不合理的利用下，草地生态系统逆向演替，造成生产力

---

① 张春山：《黄河上游地区地质灾害形成条件与风险评价研究》，硕士学位论文，中国地质科学院，2003 年 3 月。

下降，生态功能衰退的过程①。资料显示，由于长期的不合理利用，2015年甘南高原黄河上游生态功能区草地退化面积已达216.67万公顷，约占草原总面积的90%，其中，中度退化所占比例较高；沙化面积达到5.33万公顷；鼠虫害面积高达72.07万公顷；"黑土滩"型草原总面积约28.11万公顷，并且在玛曲县分布面积最大，达8.67万公顷（见表25）。

表25　2015年研究区各种类型受损草地面积及比例

单位：万公顷，%

受损草地类型	项目	面积	所占比例
退化草地	重度	54.67	25
	中度	122	56
	轻度	40	19
沙化草地		5.33	
鼠虫害草地	重度	10.07	13.97
	中度	34.53	47.91
	轻度	27.47	38.12
"黑土滩"型草地	玛曲县	8.67	30.84
	碌曲县	5.50	19.57
	夏河县	6.67	23.73
	卓尼县	3.67	13.05
	合作市	0.80	2.85
	临夏县	2.80	9.96

注：表中"所占比例"是指各种程度或各地方受损面积占所对应类型受损草地总面积的比例。
资料来源：《甘肃省统计年鉴（2015年）》。

近年来，退牧还草和草畜平衡等一系列政策的实施，使植被从整体上来说有所好转，也使草原得到一定程度的恢复。以研究区域中甘南的六个县（市）为例，从该区域近五年来植被变化趋势统计数据中就可以看到这种好

---

① 马爱霞：《甘肃黄河上游主要生态功能区草原退化成因及治理对策浅析》，《草业与畜牧》2009年第2期，第69~72页。

转的情况（见表26），2011~2015年，各县（市）植被总数整体呈增加趋势，草原面积总体上增加量大于减少量，其中夏河县草原面积增加幅度最大，达到4401平方千米；临潭、夏河、合作三县（市），呈增加趋势的植被总面积占所在县（市）面积的百分比均达到80%及以上，植被增加比较明显；而玛曲县和碌曲县呈减少趋势的植被总面积占所在县（市）面积的百分比分别为33%和26%，植被恶化比较明显，并且由植被变化趋势统计表不难看出大部分县（市）植被变化也以草地变化为主。

表26　2011~2015年甘南州六个县（市）的植被变化趋势统计

单位：平方千米，%

| 地区 | 增加 | | | | | | 减少 | | | | | |
| | 面积 | | | 百分比 | | | 面积 | | | 百分比 | | |
	总植被	草	林	总植被	草	林	总植被	草	林	总植被	草	林
临潭	1142	416	351	82	36	31	171	77	44	12	45	26
卓尼	3493	1986	1178	71	57	34	960	546	329	20	57	34
碌曲	2540	2245	260	63	88	10	1041	912	76	26	88	7
玛曲	4821	4552	16	55	94		2937	2670	26	33	91	
夏河	5281	4793	341	88	91	6	444	392	32	7	88	7
合作	1628	1436	169	80	88	10	258	230	26	13	89	10

注：林、草增加（减少）百分比指在增加（减少）总植被中林、草所占的比例；总植被包括林、草及其他植被，其他植被未统计。

资料来源：甘南统计局。

通过利用参与式农村评估的研究方法，从调查问卷中可以发现，草地在经过改良后，认为草地质量较改良之前变得良好的牧民人数增加了约14%，认为轻度退化的牧民人数也有所增加，而认为草原重度退化的人数下降了50%（见图2）。但是各地实际载畜量远远超过甘南、临夏天然草地适宜载畜量，草原常常处于过度利用的状态，草原生态承受很大的压力，在较短的时间内，难以遏制这种植被恶化的局面。目前草原仍处于"局部改善，整体恶化"的状态，草原存在和引起的一系列生态环境问题还没有得到根本的制止。

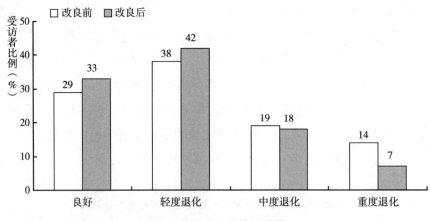

图 2　牧民感知的草地质量

2. 生态功能区草原退化原因分析

由以上对草原退化的现状分析可以看到，甘南高原黄河上游生态功能区草原退化问题仍在持续，一系列数据充分反映了这种严峻的形势，并且由草原退化引发了许多其他生态环境问题，甚至还存在许多潜在的危险。据报道，在一次关于环境保护和可持续发展的国际研讨会上，兰州大学教授杜国祯曾表示，按照近年来的退化速度，在可能不超出十年的时间里，甘南草原将成为我国第四大沙尘源[①]。由此可见，甘南高原黄河上游生态功能区的保护和治理迫在眉睫。但是，要解决这些问题，必须找到引起问题的根源，然后采取相应的对策，使草原得到有效的治理，从而遏制生态环境恶化的趋势。经过对甘南、临夏的实地考察、调查问卷及近些年来的一些资料，课题组总结出影响草原退化的因素分为自然因素和人为因素两大类。

（1）自然因素

气候因素是影响草地生态环境演变最敏感的自然因子，从气候变化方面分析草原退化的成因，应该以气温和降水为两个指标具体探究。近年来，由于温室效应不断积累，全球出现了变暖的趋势，在这样的大背景下，甘南高原黄河上游生态功能区内也出现了气候暖干化趋势。通过分析 2004 ~ 2016

① 李吉昌：《甘南草原生态环境建设的实践与发展途径》，《甘肃农业》2008 年第 3 期。

年降水量变化数据，可以看出研究区降水量变化趋势不明显（见图3），而气温总体呈升高的趋势①（见图4）。

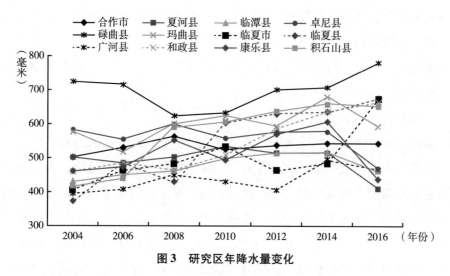

图3　研究区年降水量变化

资料来源：甘南统计局。

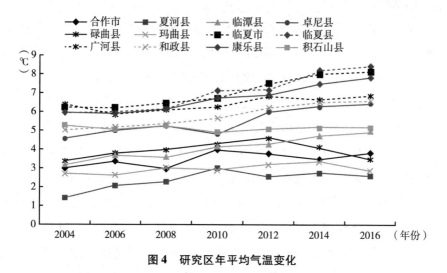

图4　研究区年平均气温变化

资料来源：甘南统计局。

---

① 贾小琴、尹宪志、任余龙、傅正涛：《甘肃临夏地区近43a来的气候特征》，《干旱气象》2012年第3期，第11~13、36页。

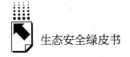

气温和降水量是影响植被空间分布格局的两个重要因子，甘南高原黄河上游生态功能区降水量季节变化显著，区域降水量大致南多北少，地理分布不均匀，常年气温较低，蒸发量不断上升，对境内草原的分布与生长有至关重要的影响，也与草原的退化息息相关。气候暖干化使补给草地的水量减少，地表和植被的蒸发量增大，土壤变干、旱化，不利于草原植被的生长。

（2）人为因素

除气候变化等自然因素外，草原退化的主要原因是超载过牧、滥垦滥采等人为因素。近年来，随着甘南、临夏人口数量的不断增加，人们不断占据草原面积来拓宽生存空间，同时对自然资源的需求量也越来越大，而畜牧业是该地区的支柱性产业，畜牧业收入在牧民的总收入中所占比重越来越高，牧民饲养的牲畜逐年递增，因此人们对草地资源的需求越来越大。长时间持续这种状况，使草蓄难以达到平衡，草地资源出现"供不应求"的状况。

2012～2016年甘南高原黄河上游生态功能区常住人口数量持续增长，五年来增加了近6.73万人。随着人口的大幅增加，人们为了拓展生存空间不断地占用土地，使该地区的可耕地面积总体上呈减少趋势，其中2015～2016年下降幅度最大（见图5）。此外，牧民们受传统观念的影响，一直盲目增加养畜量来增加收入，草原畜牧业方式没有得到根本的改变，造成牲畜越来越多、草原越来越少的状况。据统计，2006～2016年研究区的大牲畜年末存栏数，绵、山羊年末存栏数均呈总体上升的态势，2006～2008年均逐年增加且上升幅度较大，2008年之后二者存栏数有所下降，但是变化幅度不明显，二者的存栏数总体上仍然处于上升趋势（见表27、图6）。饲养牲畜数量的增加造成草地资源的过度利用，对草原生态系统的良性循环造成极大的干扰，使草地生产力下降，草原面积急剧减少。

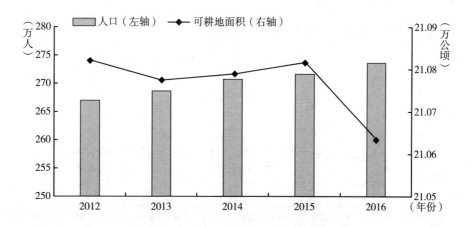

图5　2012～2016年研究区常住人口数量变化

资料来源：《甘肃省统计年鉴（2017）》。

表27　2006～2016年研究区牲畜头（只）情况统计

年份	大牲畜年末存栏数(万头)			绵、山羊年末存栏数(万只)		
	临夏六县(市)	甘南六县(市)	总计	临夏六县(市)	甘南六县(市)	总计
2006	20.51	89.23	109.74	50.04	169.93	219.97
2007	22.16	93.64	115.80	56.27	185.75	242.02
2008	22.89	115.24	138.13	60.75	234.59	295.34
2009	24.27	120.36	144.63	63.84	235.09	298.93
2010	26.38	120.44	146.82	71.13	233.4	304.53
2011	27.62	118.74	146.36	74.97	230.75	305.72
2012	27.53	116.96	144.49	76.35	224.88	301.23
2013	28.22	117.1	145.32	78.45	220.06	298.51
2014	28.93	119.31	148.24	85.75	217.75	303.5
2015	28.81	117.46	146.27	84.89	213.08	297.97
2016	28.07	115.97	144.04	80.44	209.54	289.98

资料来源：《甘肃省统计年鉴（2017）》。

　　超载过牧就是一种草畜不平衡的状态，牧民们滥垦滥牧，草原长期遭到过度利用，草地生产力下降，许多生态功能降低，同时没有采取措施加

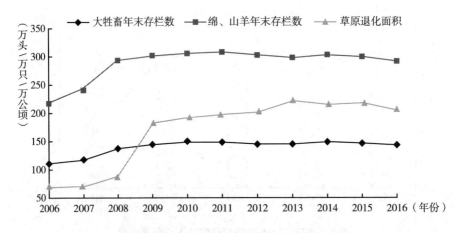

图6　2006~2016年研究区牲畜数量变化

资料来源：甘南统计局。

以保护，草地失去了休养生息的机会，可再生能力降低，从而导致草原严重退化、草原生态系统恶化的现象。据统计，甘南州天然草原适宜载畜量为453.1万羊单位，但实际载畜量远远超出理论载畜量，达到882.0万羊单位，超载率达94.6%；临夏草原全年最大载畜量44万羊单位，而实际载畜量多年平均在70万羊单位以上[①]。就甘南六个县（市）来看，玛曲、碌曲、夏河三县草原面积约占全州草原总面积的72%，这些区域是甘南的纯牧区县，以畜牧业为主，但是长期的超载过牧、鼠虫害以及在一些自然因素的影响下，草原退化极其严重。卓尼县为半农半牧区，当地人比较重视种植业而忽视牧业发展，毁草种粮现象比较普遍，再加上当地畜群结构不合理，长期混群放牧，使该地的超载率甚至高于纯牧区县，草原退化面积占草地总面积的77.7%，草地生态循环同样面临巨大压力（见表28）。

（三）恢复草原生态环境的对策

以上研究表明，草原退化是自然和人为双重作用的结果，长期过度放牧

[①]　鲁鸿佩：《临夏州天然草原生态现状与可持续利用》，《中国草业发展论坛》2006年第Z1期，第128~134页。

表28　2017年甘南州六个县（市）草畜平衡状况

地区	草原面积（万公顷）		草原退化面积（万公顷）			实际载畜量（万羊单位）	理论载畜量（万羊单位）	超载率（％）
	总面积	可利用面积	合计	重度	中度			
玛曲县	91.1	85.5	76.5	33.9	37.9	304.0	164.4	84.9
碌曲县	49.4	46.5	30.7	11.1	19.6	165.4	82.8	99.9
夏河县	49.3	45.9	45.3	12.6	32.2	164.7	81.7	101.5
合作市	17.4	16.4	12.6	5.3	7.3	58.1	28.0	107.5
卓尼县	33.2	31.5	25.8	10.2	15.6	110.0	56.3	95.6
临潭县	8.2	7.5	7.7	1.8	5.9	29.1	15.7	85.8
合　计	248.6	233.3	198.6	74.9	128.5	831.3	428.8	93.87

资料来源：甘南统计局。

是主要的、直接的原因，自然因素的影响是间接的、缓慢的。因此，应针对草原退化的不同成因，制定相应的措施，合理、有效地对草原加以保护，使草原生态环境得到高效恢复。

20世纪90年代，甘南制定了《关于进一步落实草场承包责任制加快草原建设的决定》和《草场承包责任制实施细则》[①]，加强对草原和畜牧业的调节和管制，推行草畜平衡制度，把草原的"管、建、用"和"责、权、利"相结合。虽然这一系列政策不能从根本上解决超载过牧和草原退化的严峻形势，但对牧民们保护草原生态、维持草畜平衡的观念起到了引领作用。通过对当地牧民和相关人员的参与式访谈发现，牧民们已经认识到这种草原生态恶化的形势。问卷调查统计显示，仅有10%的牧民对草地保护表示"无所谓"。

为提出更加有针对性的措施，并能够使这些措施得到有效的实施，本次研究也让牧民们充分地参与进来，就牧民对草原环境保护相关问题的认识进行了问卷调查（见表29）。根据草原退化的原因和本次问卷调查的结果对草原生态环境的恢复提出具体的解决方案。

---

① 孔照芳、丁连生、阎万贵、张忠祥：《甘南州进一步落实完善草场承包责任制情况的调查》，《甘肃农业》1996年第10期，第225~226页。

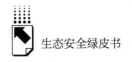

表 29   牧民环境保护相关问题调查结果

调查项目	问卷结果
现行的草地改良方法有哪些?	主要是围栏封育和灭鼠,部分划破、补播,极少数施肥和灌溉
政府实施哪些相关工程?	以前主要为发放围栏、种子等物资,现在逐渐加强科技培训和技术服务、防疫防范,并且关注人畜饮水和牲畜品种改良,另外配合一定数量的圈舍暖棚和栽培草地以用于春冬季抗灾保畜
谁在草地保护中的作用最大?	政府在草地保护中的作用最大,其次是社区和个人
牧民最关心什么问题?	政府物资资助,科技培训,畜种改良,畜牧产品深加工,雨季防汛,草地保护和改良
牧民最需要哪些方面的培训?	动物饲养,放牧方式改进,草地改良措施,动物健康,畜牧产品深加工技术,饲料生产和储存

1. 将参与式理论应用于草原治理中

甘南、临夏各个市县应开展参与式草地管理活动,以牧民为发展主体[1],鼓励牧民反映问题、提出建议,并根据各地区草原退化的不同成因和当地的一些自然因素选择合理的草原保护对策,不仅能够进一步提高牧民们的环保意识,而且使原来分散式的管理变得集中。然后,全面落实草原分户有偿承包责任制,充分调动牧民们的积极性,让他们能够主动、自觉地执行所采取的保护措施,合理利用草原,这样才会有更高的效率和更好的结果,才会遏制草原进一步退化的趋势,使草原植被得到有效的恢复,从而实现甘南高原黄河上游生态功能区的可持续发展。

2. 采取综合治理措施恢复草原生态

继续加强现行的改良方法,并结合各个地方不同的草原退化成因、当地的自然因素和牧区的风俗习惯,针对不同退化程度的草原,采取相应的改良措施。第一,加强草原围栏封育,因地制宜地进行围封,严格禁止草原被过度践踏和啃食,使草地恢复生产力,重现生机。同时,也应加强封育综合改良,对封育的草地进行补播、施肥、灌溉等措施[2],效果会更好。第二,在

① 武瑞鑫、刘月华、张德罡、马隆喜、钟梦莹、位晓婷、潘多、邵新庆:《甘南草地现状与可持续发展问题分析——以夏河地区桑科乡为例》,《草业科学》2014 年第 4 期,第 24 页。
② 甘肃省畜牧学校:《畜牧学基础知识初级本》,农业出版社,2010。

草原鼠虫害、毒杂草危害严重的区域，加大防治力度。一方面应该建立健全的预报体系，及时遏制这些危害的扩张和蔓延；另一方面大力推广生化、人工、技术相结合的综合治理手段，不断探索新的、高效的无公害药物防治技术，更好更快地恢复草原生态。第三，发挥政府在草地保护中的引导作用，全面落实草原有偿承包责任制，加强草原监管，依法治草，调动牧民积极参与草原退化治理。

3. 加大科技扶持和资金投入力度

通过问卷调查发现，牧民们关心的问题包括政府物资投入和科技培训。据了解，当地的放牧制度和方式比较落后，牧民们可持续发展意识较差。因此应该有针对性地加大科技扶持力度，包括加大草地畜牧业的科技投入，加强在当地的科技推广，促使牧民们科学放牧，合理利用草地资源，从而恢复草原健康。另外，政府应加大草原生态保护建设资金投入力度，优先治理草原生态问题，保障"生态立州"战略稳步推进。

4. 调整畜群结构和实行禁牧休牧

超载过牧是草原退化最主要的原因，因此应该推行草蓄平衡制度，以畜定草或以草定畜，防止草原的过度利用。甘南、临夏的总人口逐年增长，牧民们为提高经济收入，饲养越来越多的牲畜，而草原总面积是有限的，因而各个地方超载率都很高，对草原生态造成极大的破坏。综上，甘南高原黄河上游生态功能区应当调整畜群结构，控制区域合理的载畜量，合理放牧；在草原退化特别严重的区域实行禁牧休牧，使草地资源得以休养，提高草地生产力和质量，从而恢复草原生态环境。

三　生态功能区地质灾害风险评价研究

（一）研究区地质灾害现状评价分析

1. 地质灾害概况

甘南高原黄河生态功能区的地形地貌复杂多样，再加上近年来人们不合理的开发利用生态资源，地质灾害的发生愈加频繁。从近些年对发育特征较为复杂的甘南、临夏地质灾害的调查统计的灾害类型来看，突发性、多变性、灾害的多样性等问题更为突出，根据各类特点的集中表现和不同地域分布的地质灾害发生规模，比较突出的灾害类型有滑坡、泥石流、崩塌三种①。

（1）地质灾害的类型与规模

根据课题组对甘南高原黄河上游地区的实地调查，截至2016年底，本地区内共有364处地质灾害点（见表30）。

表30　甘南高原黄河上游地区地质灾害类型分布

单位：处，%

分类依据	类型	数量	占比
灾害类型	滑坡	125	34.3
	崩塌	52	14.3
	泥石流	187	51.4
规模	大	9	2.5
	中	68	18.7
	小	287	78.8

（2）研究区地质灾害的分布现状及危害

甘南高原黄河上游生态功能区地质灾害的分布规律是沿河沿路分布，或者是大多聚集在人口密集的地方，其特征是突发性、区域性、周期性、广泛性等。相关资料显示，该境内的灾害发生时间主要集中在6~10月，由于这期间正处于夏秋雨季，连续降水和暴雨天居多，通常一次性暴雨天气就可诱发数次泥石流灾害，从而引发一些坡面和坡段地带瘫痪，从而触发其他地质灾害的爆发。此外，区内地质灾害还可按年分布，如1988年7月，在卓沟、冰角沟地区同时爆发了泥石流灾害，造成88人死亡，23人受伤，毁坏房屋

---

① 甘肃省畜牧学校：《畜牧学基础知识初级本》，农业出版社，2010。

799 间，破坏路段大约 7000 米，损失牲畜 699 头，经济损失达 2227 万元。此后，在 1989 年 6 月，古牙川沟、夜儿沟、木耳沟也同时受到泥石流的侵袭，此次灾害使 1 人死亡，全城电路中断，冲毁 40 多间房屋，交通处于瘫痪状态，出行困难。境内的地质灾害造成了村寨被冲毁、桥梁垮塌、淹没农田、公路和河道被毁，区内人民的日常生活无法进行。调查显示，地质灾害已经造成 186 人失去生命，同时造成 3.1 亿元的经济损失。1990 年，仍有 6.79 万人受灾害威胁，受威胁财产达 21.42 亿元①。

2. 不同类型地质灾害概述

甘南高原地区黄河上游生态功能区地质灾害类型主要是滑坡、崩塌、泥石流、地面塌陷、地裂缝五类。该区内的整体生态环境本身就脆弱，再加上外在因素的影响，使其成为地质灾害的多发区。

（1）滑坡

研究区的滑坡灾害共发育 125 处，为该区的第二大地质灾害，有危害大、突发性强、分布多等特征。在这 125 处滑坡灾害中，堆积层滑坡占滑坡总数的 8.8%，而黄土层滑坡占滑坡总数的 91.2%（见表 31）。

表 31　研究区滑坡灾害类型统计

单位：处，%

分类依据	类型	数量	占比
物质成分	堆积层滑坡	11	8.8
	黄土层滑坡	114	91.2
规模	大	2	1.6
	中	36	28.8
	小	87	69.6
稳定性	好	2	1.6
	一般	51	40.8
	差	72	57.6

---

① 张春山、吴满路、张业成：《地质灾害风险评价方法与展望》，《自然灾害学报》2003 年第 1 期，第 96～102 页。

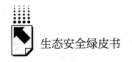
这与研究区的地质环境是相符的，该区内黄土层广泛分布。此外，滑坡规模以小型居多，占总数的69.6%。其稳定性较差，是因为地形破碎，一遇上降雨天气，斜坡极易滑动引发滑坡灾害。

（2）泥石流

研究区内具有丰富的固体松散物质、陡峻的地形和充足的突发水源，为泥石流的爆发提供了物质条件，也使泥石流灾害成为该区的第一大地质灾害类型，共发育187处，占到地质灾害总数的51.4%。

该区内泥石流灾害可分为三种类型，以泥土和沙石等堆积物组成的泥石流为主，占总数的58.8%。区内主要是小型泥石流，由于山高谷深、地形复杂，再加上不合理的开挖、弃土采石等，破坏了山坡表面而产生泥石流灾害，导致房屋土地毁坏、道路淹没、交通中断及人身伤亡等事故，造成巨大的经济损失，如2010年舟曲的特大泥石流（见表32）。

表32　研究区泥石流类型统计

单位：处，%

分类依据	类型	数量	占比
物质成分	泥流	54	28.9
	水石流	23	12.3
	泥石流	110	58.8
规模	大	4	2.1
	中	49	26.2
	小	134	71.7
稳定性	好	2	1.1
	一般	41	21.9
	差	144	77.0

（3）崩塌

因研究区特殊的地形地貌和活动强烈的地质构造，许多居民喜于削坡建房耕种，加之近年来修筑铁路公路的影响，坡体结构不稳，引发山体崩塌灾害。根据调查，崩塌灾害共发育52处，研究区崩塌灾害主要是黄土崩塌和土质崩塌，共有39处，占比分别为40.4%和34.6%。崩塌规模以小型崩塌为主，具有突发性特征，稳定性较差，易造成伤亡（见表33）。

表 33　研究区崩塌类型统计

单位：处，%

分类依据	类型	数量	占比
物质成分	黄土崩塌	21	40.4
	岩质崩塌	13	25.0
	土质崩塌	18	34.6
规模	小	37	71.2
	中	15	28.8
稳定性	好	3	5.8
	一般	26	50.0
	差	23	44.2

3. 研究区地质灾害形成条件及主要影响因素

（1）地质灾害的基础条件

①地形地貌

甘南高原位于构造活动强烈的阿尼玛卿山一带，东西两边都是高山、峡谷、盆地地貌。其典型的地貌使灾害点主要集中在高中山地貌区，山坡的坡度大致为 20°~40°，其地形切割深度处于 200~500 米，此地貌单元为地质灾害的发生奠定了基础[1]。

②地层岩性

该研究区的地层主要为泥土层，且地质疏松破碎，在降水的冲刷下会相溶于水，长时间的软化会使该地层崩解。此外，该地层掩埋于黄土下，其剥蚀面岩层各种地质构造作用力下发生松散，产生滑动。

③地质构造

该研究区域地质构造复杂，地处秦岭东西复杂构造褶皱地带的西边，其构造单元是背斜和向斜，构造线多由南向北、由北向东及东西向分布。此区域内发育极多的褶皱和断裂。构造面两端容易受到强烈的挤压，产生相互交

---

[1]　张志强、孙成权、吴新年等：《论甘南高原生态建设与可持续发展战略》，《草业科学》2017 年第 5 期，第 59~63 页。

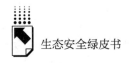
错的裂隙，使境内岩体更加破碎，这为地质灾害的发生提供了物质条件。调查发现，区内共发育于背斜和向斜处的灾害点有297处，占总数的85.8%。

（2）影响因素

①降水的变化

研究区降水量主要集中在7～8月，连续性的降水或暴雨天气是该地发生地质灾害最为主要的诱发因子。根据调查，降水量的多少与地质灾害的频次呈正相关关系，即在降水集中期时，也是地质灾害的多发期[1]。首先，连绵阴雨天气会改变地下水的下渗强度，使地下水位升高，从而改变坡体的稳定程度，引发不稳定性斜坡滑动灾害。其次，暴雨天气的降水量强度很大，但是持续时间短，降水无法快速渗入地下，只能沿着斜坡流动，而研究区地形破碎，在强降雨的冲刷下，极容易发生泥石流、滑坡等地质灾害。

②地震

研究区地处西秦岭构造带上，有褶皱发育，地形复杂多样，山高谷深，新构造运动强烈隆升，地震活动频繁，这使该区的岩土体结构易遭到巨大破坏，土体松动、坡体失稳易引发滑坡、崩塌、泥石流等地质灾害，造成各种人员伤亡和社会经济损失。

③人类工程活动

由于甘南高原地区黄河上游资源丰富，为满足日益增长的社会人口需求，各种破坏生态环境的行为随处可见。如甘南地区的过度放牧，使草地面积逐渐减少，承载率下降；随着生活方式的转变，人类对居住环境要求提高，对土地的肆意开发、乱垦滥挖、削坡建房现象不断加重。此外，对森林的不合理利用、斜坡耕种、炸山开矿等加剧了水土流失；人类随意排放各种污水的行为造成湿地萎缩、草地退化，涵养水源的能力下降。这些不合理的人类活动进一步加剧了地质灾害的发生[2]。

---

① 向喜琼、黄润秋：《地质灾害风险评价与风险管理》，《地质灾害与环境保护》2003年第1期，第38~40页。

② 魏金平、李萍：《甘南黄河重要水源补给生态功能区生态脆弱性评价及其成因分析》，《水土保持通报》2009年第1期，第174~178页。

（二）研究区灾害风险评价指标体系构建及评价

1. 构建指标体系的意义和原则

（1）构建指标体系的意义

地质灾害风险评价因素既包括自然因素，也包括社会经济因素及人类活动等条件，这些因素之间具有复杂的关系，只有对这些评价因素进行全面分析，找出问题的关键因子，建立合理的指标体系，才可能实现定量评价与准确的预测[1]。

（2）建立评价指标体系的原则

地质灾害问题具有不稳定性，其发生与多种致灾因子有关。所以在建立指标体系时要根据实际灾害问题，选取其定性和定量指标，构建相互之间的联系规律。一般性的灾害指标评价体系的建立有以下几个原则。

第一，控制性原则。对地质灾害风险评价具有控制性作用的指标，必须要选取。

第二，必要性原则。对灾害影响程度较小的因素可剔除掉，但是必要的指标一定得选择。

第三，综合性原则。对地质灾害的风险评价指标不光要考虑内部因子，还要考虑外部因子，以及一些敏感因素与先决因素。

第四，独立性原则。灾害评价指标应该遵循相互原则，以避免指标的重复而影响结果。

第五，简洁可操作性原则。地质灾害的评价指标要有代表性，而且要简洁、明了、准确，抓住主要方面[2]。

2. 研究区风险评价指标体系因子的选取

（1）研究区灾害风险评价危险性指标选取及评价

---

① 王文浩：《甘南黄河重要水源补给生态功能区生态环境问题成因分析及改善对策》，《生态经济》（学术版）2009年第2期，第377~379页。
② 魏金平、李萍：《甘南黄河重要水源补给生态功能区生态脆弱性及成因分析》，《中国农业资源与区划》2009年第6期，第60~65页。

根据前文对甘南高原黄河上游生态功能区的灾害分析[①],课题组概括总结出地质灾害危险性的影响因素,主要是降水、海拔、地表坡度、人类活动、植被覆盖率、灾害密度六个指标因素,然后对其进行关联度的计算分析,得出符合甘南地质灾害稳定性的影响因素与地质灾害危险性评价之间的关系,清楚地显示地质危险的主次因素,对评价因子进行筛选时,选取甘南高原黄河上游功能区的12个县(市)进行分析(见表34)。

表34 研究区地质灾害影响因子数据

影响因素	合作市	临潭县	碌曲县	玛曲县	夏河县	卓尼县	临夏市	临夏县	广河县	和政县	康乐县	积石山县
灾害密度(处/平方千米)	0.01	0.05	0.01	0.002	0.02	0.02	0.01	0.05	0.05	0.03	0.02	0.07
降水量(毫米)	545	518	720	615	516	584	675	675	466	664	437	660
海拔(米)	2936	2825	3500	3300	3400	2480	1917	3185	1953	2200	2903	1787
坡度(°)	24	25	22	23	28	21	22	26	25	22	20	27
植被覆盖率(%)	97	92	95	89	91	95	92	87	85	95	90	91
人类活动(%)	67	70	70	65	70	75	65	71	80	62	73	82

灰色关联分析步骤有以下五步。

第一步:确定母因素与子因素,本文以灾害点密度作为本次灰色关联的母因素,根据表34构建原始数据矩阵。

---

① 王迅:《基于3S技术的甘南地区生态风险评价研究》,硕士学位论文,兰州大学,2010。

$$[X] \begin{bmatrix} 0.01 & 545 & 2936 & 24 & 97 & 67 \\ 0.05 & 518 & 2825 & 25 & 92 & 95 \\ 0.01 & 720 & 2500 & 22 & 95 & 70 \\ 0.002 & 615 & 3300 & 23 & 89 & 65 \\ 0.02 & 516 & 3400 & 28 & 91 & 70 \\ 0.02 & 584 & 2480 & 21 & 95 & 75 \\ 0.01 & 675 & 1917 & 22 & 92 & 65 \\ 0.05 & 675 & 3185 & 26 & 87 & 80 \\ 0.05 & 466 & 1953 & 25 & 85 & 80 \\ 0.03 & 664 & 2200 & 22 & 95 & 62 \\ 0.02 & 437 & 2903 & 20 & 90 & 73 \\ 0.07 & 660 & 1787 & 27 & 91 & 82 \end{bmatrix}$$

第二步：无量纲化的处理。灰色系统理论常用初值化或均值化等处理方法，本文采用前者。初值化变换公式为 $X_{i(j)} = X_{i(j)}^1 / X_{j(1)}^1$（$i = 1, 2, \cdots, n$；$j = 1, 2, \cdots, m$）。

$$\text{其中,}[X] = \begin{bmatrix} 1 & 1 & 1 & 1 & 1 & 1 \\ 5 & 0.950 & 0.962 & 0.960 & 0.948 & 1.418 \\ 1 & 1.321 & 0.851 & 0.917 & 0.979 & 1.045 \\ 0.2 & 1.196 & 1.124 & 0.958 & 0.918 & 0.970 \\ 2 & 0.947 & 1.146 & 1.167 & 0.938 & 1.045 \\ 2 & 1.072 & 0.845 & 0.875 & 0.979 & 1.119 \\ 1 & 1.239 & 0.653 & 0.917 & 0.948 & 0.970 \\ 5 & 1.239 & 1.085 & 1.083 & 0.897 & 1.194 \\ 5 & 0.855 & 0.665 & 1.042 & 0.876 & 1.194 \\ 3 & 1.218 & 0.749 & 0.917 & 0.979 & 0.925 \\ 2 & 0.802 & 0.989 & 0.833 & 0.928 & 1.089 \\ 7 & 1.211 & 0.609 & 1.125 & 0.938 & 1.224 \end{bmatrix}$$

第三步：计算绝对差值 $\Delta_{ij} = |X_{ij} - X_{i0}|$。

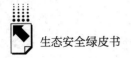

$$\text{其中,}[\Delta]\begin{bmatrix} 0 & 0 & 0 & 0 & 0 & 0 \\ 0 & 4.050 & 4.038 & 4.040 & 4.052 & 3.582 \\ 0 & 0.321 & 0.149 & 0.083 & 0.021 & 0.045 \\ 0 & 0.996 & 0.924 & 0.758 & 0.718 & 0.770 \\ 0 & 1.053 & 0.854 & 0.833 & 1.062 & 0.955 \\ 0 & 0.928 & 1.155 & 1.125 & 1.021 & 0.881 \\ 0 & 0.239 & 0.347 & 0.083 & 0.052 & 0.030 \\ 0 & 3.761 & 3.915 & 3.917 & 4.103 & 3.806 \\ 0 & 4.415 & 4.335 & 3.958 & 4.124 & 3.806 \\ 0 & 1.782 & 2.251 & 2.083 & 2.021 & 2.075 \\ 0 & 1.198 & 1.011 & 1.167 & 1.072 & 0.911 \\ 0 & 5.789 & 6.391 & 5.875 & 6.062 & 5.776 \end{bmatrix}$$

第四步：求关联系数 $r_{ij} = \dfrac{\Delta_{min} + \varepsilon\Delta_{max}}{\Delta_{ij} + \varepsilon\Delta_{max}}$。

其中，$\Delta_{min} = 0$，$\varepsilon\Delta_{max} = 6.391$，$\varepsilon$ 取 0.5。

$$[r_{ij}]\begin{bmatrix} 1 & 1 & 1 & 1 & 1 & 1 \\ 1 & 0.3333 & 0.3340 & 0.4416 & 0.3332 & 0.3612 \\ 1 & 0.8632 & 0.9315 & 0.9747 & 0.9897 & 0.9783 \\ 1 & 0.6703 & 0.6867 & 0.8083 & 0.7382 & 0.7245 \\ 1 & 0.7034 & 0.5446 & 0.7932 & 0.6560 & 0.6864 \\ 1 & 0.6857 & 0.6368 & 0.7396 & 0.6648 & 0.6968 \\ 1 & 0.9550 & 0.9020 & 0.9747 & 0.9840 & 0.9825 \\ 1 & 0.4594 & 0.4494 & 0.4493 & 0.4378 & 0.4564 \\ 1 & 0.4199 & 0.4243 & 0.4467 & 0.4366 & 0.4564 \\ 1 & 0.6420 & 0.5867 & 0.6106 & 0.6126 & 0.6063 \\ 1 & 0.7273 & 0.7597 & 0.7488 & 0.7488 & 0.7782 \\ 1 & 0.3557 & 0.3333 & 0.3523 & 0.3452 & 0.3562 \end{bmatrix}$$

第五步：计算关联度。

由

$$r_{10} = \frac{1}{4}\sum_{i=1}^{4} r_{ij} = 1.0503$$

$$r_{20} = \frac{1}{4}\sum_{i=1}^{4} r_{ij} = 1.0226$$

$$r_{30} = \frac{1}{4}\sum_{i=1}^{4} r_{ij} = 1.0218$$

$$r_{40} = \frac{1}{4} \sum\nolimits_{i=1}^{4} r_{ij} = 1.0193$$

$$r_{50} = \frac{1}{4} \sum\nolimits_{i=1}^{4} r_{ij} = 1.0207$$

得出 $r_{10} > r_{20} > r_{30} > r_{50} > r_{40}$，即降水 > 地貌类型 > 坡度 > 人类活动 > 植被覆盖率。

从以上计算分析中发现，第一，甘南高原地区黄河上游生态功能区地质灾害危险性影响因素中，降水量关联度最大为 1.0503，说明降水是导致灾害最主要的因素之一，该区内夏秋季降水集中，大大增加了滑坡、泥石流地质灾害的发生率；第二，关联度为地形和地表坡度，甘南高原地区黄河上游位于青藏高原东北边缘与黄土高原西部过渡地段，区内复杂多样的地形是和研究区的实际灾情相适应的，地形支离破碎、地势高差大，为地质灾害的发生提供了基础物质条件；第三，近年来，随着社会经济的飞速发展，人地矛盾逐渐突出，人类为满足自身需要，肆意开垦林地、耕地和坡地及许多不合理的人类工程活动和植被的破坏，使原有坡地的稳定性和完整结构遭到破坏，一旦遇到连续性降雨或暴雨天气，则泥石流、滑坡等地质灾害会频繁发生，致使生态环境不断恶化[1]。

（2）研究区灾害风险评价易损性指标选取及评价

地质灾害易损性是指在给定地区和给定时段内，潜在自然灾害而可能导致的潜在总损失。地质灾害易损性评价的主要对象是受险对象，其目的是分析现有经济技术条件下人类社会对地质灾害的抗御能力。根据甘南高原地区黄河上游的实际状况及已有资料，地质灾害风险评价的易损性指标可从人口密度、房屋密度、人均收入水平、区域等级、交通通信干线密度五个指标考虑。地质灾害风险的易损性评价包含人员及财产安全的损失，对建筑房屋及铁路、公路设施等的毁坏造成的经济损失[2]。

---

① 张春山：《黄河上游地区地质灾害形成条件与风险评价研究》，硕士学位论文，中国地质科学院，2003 年 3 月。

② 袁凤军、余昌元：《哈巴雪山保护区大果红杉林的分布格局及其保护价值》，《林业调查规划》2013 年第 2 期，第 69~72 期。

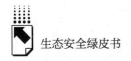

①人口密度：资料显示，甘南高原地区黄河上游生态功能区人口密度相差悬殊，人口最多的临潭县为105.6人/平方千米，人口最少的碌曲县为8.03人/平方千米。本文将其划分为（0，10]，（10～100]，（100，＋∞）三个等级的人口密度，也分别对应地质灾害风险性评价指标分级标准的低风险区、中风险区、高风险区。

②房屋密度：该指标反映的是一个地区的基础设施越集中，房屋密度越密集，地质灾害易损性风险越高。

③人均收入水平：根据研究区的人均收入水平，可以将其划分为（0，1500]，（1500，2000]，（2000，＋∞）三个等级，并分别对应地质灾害风险性评价指标分级标准的高风险区、中风险区、低风险区。

④区域重要性等级：通过对研究区域的调查，可以将其划分为经济核心区、主要经济区和次要经济区三个等级体系，分别对应地质灾害风险指标体系评价标准的低风险区、中风险区、高风险区。该指标在一定程度上可以反映出不同等级区域对灾害的防御能力差异，其经济水平越高，抗灾能力越强，易损性越低。

⑤交通通信干线密度：此指标与房屋建筑密度相关，主要体现一区域的基础设施密度，其密度越大，地质灾害造成的物质损失即易损性越大（见表35）。

表35　研究区地质灾害风险评价易损性指标分级标准

目标层		指标层	低风险区	中风险区	高风险区
易损性	物质的易损性	房屋密度(间/平方千米)	≤3	(3～10]	>10
		交通通信干线密度(千米/平方千米)	≤0.5	(0.5～1.5]	>1.5
	社会的易损性	人口密度(人/平方千米)	≤10	(10～100]	>100
		区域重要等级	经济核心区	主要经济区	次要经济区
		人均收入水平	≤1500	(1500～2000]	>2000

根据表35可以得出以下结果：

①甘南高原地区黄河上游生态功能区地质灾害易损性风险包括物质易损

性和社会易损性风险，并且划分为高、中、低三个等级；

②房屋建筑越密集、交通通信干线越发达的区域，其地质灾害造成的物质易损性风险越高；

③人口越集中、人均收入水平越高，其地质灾害造成的社会易损性风险越大；

④在经济核心区，由于其能够在短时间、短距离之内提供支持和补给，所以其抗灾防灾减灾能力也强，即灾害造成的易损性风险就低，处于低风险区。这在另一方面也反映出一个地方对灾害的敏感程度及其抗灾减灾的能力。

（三）结论与策略

1. 结论

根据对甘南高原黄河上游生态功能区的地质调查，研究区的地质环境概况和社会经济的发展及以上的数据资料分析，课题组建立了甘南地区地质灾害指标评价体系①，认为甘南高原地区的地质灾害风险主要分布在以下几个方面。

（1）甘南高原黄河上游生态功能区地形地层的复杂性和不稳定性、连续性降水及其气温的逐年升高都是导致灾害多发的风险因素。

（2）甘南高原黄河上游生态功能区由于一系列不合理的人类活动，如乱砍滥伐、超载或过度放牧，其对森林的不合理利用，植被覆盖率不断下降，水源涵养能力降低，水土流失、土地沙化加剧。

（3）甘南高原黄河上游生态功能区地质灾害点共有 349 处，其中泥石流 187 处，滑坡 75 处，崩塌 42 处，不稳定斜坡 45 处。从规模等级上可以划分为高风险区、中风险区和低风险区。其夏河、卓尼、临夏三个县则是泥石流灾害的高发区，临潭县次之，碌曲县居中，玛曲县、合作市、康乐市等发生率较低；合作市、临夏县是滑坡的高发区，临潭县紧随其后，位于四周

---

① 张英瑞、李珊珊、张媛、全花、郑淑影：《吉林省白河林业局高保护价值森林判定研究》，《当代生态农业》2013 年第 Z1 期，第 128～134 页。

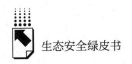
的夏河、玛曲、迭部和舟曲县发生得较少；合作市、夏河县是坍塌发生次数最多的地区，玛曲县次之，而位于甘南州东侧的迭部、舟曲、卓尼等县为坍塌灾害低发区①。

（4）依据甘南黄河上游生态功能区指标体系，首先，降水和地表坡度与灾害风险性密切相关，如迭部的跌山地区、玛曲的阿尼玛卿山。其次，在植被覆盖率高的地区，土地利用合理的地区，灾害的风险相应也较低，即低风险区。人类活动也是灾害多发密切因素。

2. 策略

地质灾害风险评价研究虽然还没有形成统一的理论体系②，但是面对灾害的频频发生，防灾减灾工作已刻不容缓，可从以下几个方面做工作。

第一，禁止乱砍滥挖、过度放牧，合理利用土地，植树造林，提高植被覆盖率，防止水土流失，完善水体流动系统。

第二，构建合理的地质灾害防治指标体系，加大灾害监管力度，如灾害汛期的巡查，制定法律法规，实行破坏管理机制。

第三，组织成立地质灾害防治领导小组，大到各市县，小到各乡镇，以人为本，切实加强灾害预警机制建设。

第四，提高公众的地质灾害预防意识，各部门应进行定期培训，学校应对学生进行灾害防治演练，以便能够安全转移。

第五，运用先进的科学技术，力求达到灾前能够及时预警，灾后能够高效运行、及时处理目标，做到生态、经济、社会协调一致，实现可持续发展。

---

① 张静伟、龙大学：《森林生态系统的复杂性与复杂性管理——对化龙山国家级自然保护区森林管护的启示》，《今日中国论坛》2013 年第 10 期，第 225 ~ 226 页。
② 浦仕梅：《元阳观音山自然保护区资源现状与保护管理浅析》，《内蒙古林业调查设计》2014 年第 1 期，第 69 ~ 72 页。

G.5
甘肃南部秦巴山地区长江上游生态
安全屏障建设评价报告（2017）

汪永臻*

摘　要：　本报告根据生态安全屏障建设评价指标体系，结合2016年相关数据，对甘肃天水、陇南、舟曲、迭部四个市（县）进行比较分析。在此基础上，总结了近年来该区在区域生态安全建设方面所做的基础性工作，并分析了存在的主要问题及难点，最后针对实践中存在的问题提出了落实生态安全屏障区域功能定位、稳步推进重点生态工程建设、健全完善环境污染综合防治机制、大力发展环境友好型产业及统筹推进生态建设与精准脱贫等可行性对策。

关键词：　秦巴山地区　生态屏障　生态安全　屏障建设

　　甘肃南部秦巴山地区位于甘肃省东南部，东邻陕西省，南连四川省，西接甘南州和定西市，北靠临夏州，是连接西北与西南的重要通道。地处长江上游的甘肃"两江一水"地区，包括陇南、天水两市及甘南州的舟曲、迭部两县，面积4.98万平方千米，是我国秦巴山生物多样性生态功能区的重要组成部分，也是全省最大的天然林区和长江上游水源涵养区。域内森林面积达到2798万亩，森林覆盖率为42.71%。该区域涵盖陇南南部河谷北亚

---

* 汪永臻，经济学博士，兰州城市学院地理与环境工程学院副教授，主要从事发展战略与城乡规划的教学与研究。

热带湿润区、陇南北部暖温带湿润区、甘南高寒湿润区三个气候区，年均气温为5~15℃，年平均降水量为622.5毫米，降水集中在7~9月。本区域是强震的主要活动地区之一，地震活动分布广、频率高、强度大。区域地貌类型复杂多样，兼有山地、高原、丘陵等形态，是我国地理地貌最复杂的地区之一。矿产资源分布丰富，特别是铅、锌、金、锑等金属矿产及重晶石、普通萤石、水泥灰岩等非金属矿产优势明显，现已探明34种矿产。特殊的自然地理条件，造就了秦巴山地区长江上游独特的自然景观。该区域有国家级自然保护区两个，国家级风景名胜区一个，国家森林公园七个。同时，该地区也孕育了先秦文化、三国文化、氐羌文化、红色文化等丰富的文化遗产，其所表现的原始性、独特性、神秘性，形成强大的人文资源优势。2016年，该区域人口总数为611.42万人，占甘肃总人口的23.43%，该区域GDP为9564931万元，占甘肃省GDP的13.28%。因而，该区是一个有巨大潜在优势的待开发区，也是生态环境非常脆弱的地区之一。

一　甘肃南部秦巴山地区长江上游生态安全屏障与资源环境承载力建设评价

依据《甘肃省生态保护与建设规划（2014—2020年)》《甘肃省建设国家生态安全屏障综合试验区"十三五"实施意见》《甘肃省加快转型发展建设国家生态安全屏障综合试验区总体方案》《甘肃省主体功能区规划》，并结合区域实际，本评价研究选取甘肃南部秦巴山地区长江上游的四个主要市（县）为研究对象，包括天水市、陇南市、舟曲县和迭部县。在借鉴相关研究成果的基础上，构建评价指标体系。

（一）甘肃南部秦巴山地区长江上游生态安全屏障建设评价

1.指标体系构建

为反映甘肃南部秦巴山地区长江上游生态安全屏障建设的现状和进程，本报告在遵循科学性、可比性和数据易得性原则的基础上，结合国家生态安全屏障试验区建设主要指标①，在充分考虑甘肃南部秦巴山地区长江上游的自然环境、经济社会发展现状、生态安全内涵及数据可得性的前提下，从生态环境、生态经济和生态社会三个方面出发建立包含 22 项指标的科学、规范的甘肃省国家生态安全屏障评价指标体系（见表1），以评价甘肃南部秦巴山地区长江上游生态安全屏障的建设现状和发展趋势。

表1　甘肃南部秦巴山地区长江上游生态安全屏障评价指标体系

| 一级指标 | 二级指标 | 核心指标 | | | 特色指标 |
		序号	三级指标	四级指标
甘肃南部秦巴山地区长江上游生态安全屏障	生态环境	1	森林覆盖率(%)	"两江一水"工程
		2	湿地面积(万公顷)	
		3	河流湖泊面积(公顷)	
		4	农田耕地保有量(万亩)	
		5	城市建成区绿地面积(%)	
		6	未利用土地(万公顷)	
		7	人均水资源(升)	
		8	人均耕地水资源占有率(%)	
		9	农田有效灌溉面积(千公顷)	
		10	PM2.5[空气质量优良天数(天)]	
		11	人均绿地面积(平方米)	
	生态经济	12	人均GDP(元)	
		13	服务业增加值比重(%)	
		14	单位GDP耗水量(水/万元)	
		15	二氧化硫(SO_2)排放量(千克/万元)	
		16	一般工业固体废物综合利用率(%)	
		17	第三产业占比(%)	
	生态社会	18	城市燃气普及率(%)	
		19	R&D研究和试验发展费占GDP比重(%)	
		20	信息化基础设施[互联网宽带接入用户数(户)/年末总人口(百人)]	
		21	城市人口密度(人/平方千米)	
		22	普通高等学校在校学生人数(人)	

① 《甘肃省人民政府办公厅关于印发甘肃省建设国家生态安全屏障综合试验区"十三五"实施意见的通知》，甘肃省人民政府网站，2016 年 8 月 26 日，http://www.gansu.gov.cn/art/2016/8/26/art_4827_284437.html。

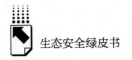

2. 生态安全屏障建设评价数据来源

为保持生态屏障建设时间尺度上的可比性，本报告以 2017 年统计数据为基础，评价指标的数据来自《中国环境年鉴》《中国城市统计年鉴》《中国城市建设统计年鉴》《甘肃统计年鉴》，以及各城市的统计年鉴、城市国民经济和社会发展报告及政府工作报告等。舟曲县、迭部县部分统计数据难以找到，因其属于甘南州，故根据实际情况，采用甘南州数据替代。各评价指标的原始数据整理结果见表 2。

表 2　2016 年甘肃南部秦巴山地区长江上游生态安全屏障评价各指标原始数据

指标名称	天水市	陇南市	舟曲县	迭部县
森林覆盖率(%)	33.21	40.42	32.74	64.00
湿地面积(万公顷)	1.14	2.94	4.30	2.70
河流湖泊面积(公顷)	4818.39	11367.87	827.00	728.40
农田耕地保有量(公顷)	378616.00	284649.00	25957.61	11532.77
城市建成区绿地面积(%)	38.43	10.14	8.14	10.47
生活垃圾处理率(%)	100.00	100.00	90.27	90.27
人均水资源(升)	107.77	64.63	88.71	88.71
农田有效灌溉面积(千公顷)	35.55	63.38	1.58	0.94
PM2.5[空气质量优良天数(天)]	303.00	324.00	324.00	324.00
建成区绿地率(%)	34.11	9.83	3.45	3.45
人均GDP(元)	17800.00	13805.00	11084.00	21263.00
污水处理率(%)	95.71	74.74	82.49	82.49
二氧化硫(SO_2)排放量(万吨)	1.59	1.00	0.45	0.45
一般工业固体废物综合利用率(%)	71.71	1.87	51.29	51.29
第三产业占比(%)	50.80	56.70	59.60	54.68
城市燃气普及率(%)	76.57	85.96	81.29	68.87
R&D 研究和试验发展费占 GDP 比重(%)	0.44	0.08	0.03	0.03
信息化基础设施[互联网宽带接入用户数(户)/年末总人口(百人)]	21.02	4.86	5.67	5.67
城市人口密度(人/平方千米)	11595.00	4130.00	1457.00	382.00
普通高等学校在校学生人数(人)	43608.00	3465.00	0.00	0.00

3. 生态安全屏障建设评价方法

（1）归一化处理

20 项三级指标具有不同量纲单位，无法进行数据的分析比较，为消除指标之间的量纲影响，需要进行数据标准化处理，以解决数据指标之间的可比性问题。

本报告采用极差法对数据进行归一化处理，具体计算公式如下：

正向指标：$X = X_i / X_{max}$；

负项指标：$X = X_{min} / X_i$。

其中，X 表示参评因子的标准化赋值，X_i 表示实测值，X_{max} 表示实测最大值，X_{min} 表示实测最小值。指标归一化处理数据见表3。

表3　甘肃南部秦巴山地区长江上游生态安全屏障评价指标归一化处理数据

指标名称	天水市	陇南市	舟曲县	迭部县
森林覆盖率	0.518906	0.631563	0.511563	1.00000
湿地面积	0.265116	0.683721	1.000000	0.627907
河流湖泊面积	0.423860	1.000000	0.072749	0.064075
农田耕地保有量	1.000000	0.751815	0.068559	0.03046
城市建成区绿地面积	1.000000	0.263856	0.211814	0.272443
生活垃圾处理率	1.000000	1.000000	0.902700	0.902700
人均水资源	1.000000	0.599703	0.823142	0.823142
农田有效灌溉面积	0.560902	1.000000	0.024929	0.014831
PM2.5（空气质量优良天数）	0.935185	1.000000	1.000000	1.000000
建成区绿地率	1.000000	0.288185	0.101143	0.101143
人均 GDP	0.837135	0.64925	0.521281	1.000000
污水处理率	1.000000	0.780901	0.861874	0.861874
二氧化硫（SO_2）排放量	0.283019	0.450000	1.000000	1.000000
一般工业固体废物综合利用率	1.000000	0.026077	0.715242	0.715242
第三产业占比	0.852349	0.951342	1.000000	0.917450
城市燃气普及率	0.890763	1.000000	0.945672	0.801187
R&D 研究和试验发展费占 GDP 比重	1.000000	0.181818	0.068182	0.068182

指标名称	天水市	陇南市	舟曲县	迭部县
信息化基础设施（互联网宽带接入用户数/年末总人口）	1.000000	0.231208	0.269743	0.269743
城市人口密度	0.032945	0.092494	0.262183	1.000000
普通高等学校在校学生人数	1.000000	0.079458	0.000000	0.000000

（2）指标权重的确定

指标体系中的每个指标相对整个评价体系来说，其重要程度不同，指标权重的确定就是从若干评价指标中分出轻重。本报告利用熵值法计算各个指标的权重，计算过程分为如下三步：

①通过上述指标标准化后，各标准值都在［0，1］区间，计算各指标的熵值：$U_j = -\sum_{i=1}^{m} X_{ij} \ln X_{ij}$，其中 m 为样本数；

②熵值逆向化：$S_j = \dfrac{\max U_j}{U}$；

③确定权重：$W_j = S_j / \sum_{j=1}^{n} S_j (j = 1,2,\cdots,n)$。

通过以上公式计算得到各指标的权重值见表4。

表4　甘肃南部秦巴山地区长江上游生态安全屏障评价指标权重

指标名称	权重
森林覆盖率	0.034334
湿地面积	0.037949
河流湖泊面积	0.048549
农田耕地保有量	0.041436
城市建成区绿地面积	0.033381
生活垃圾处理率	0.048742
人均水资源	0.047671
农田有效灌溉面积	0.06603
PM2.5（空气质量优良天数）	0.097483
建成区绿地率	0.04252

指标名称	权重
人均 GDP	0.043058
污水处理率	0.041897
二氧化硫（SO_2）排放量	0.048884
一般工业固体废物综合利用率	0.040674
第三产业占比	0.050536
城市燃气普及率	0.051918
R&D 研究和试验发展费占 GDP 比重	0.044686
信息化基础设施（互联网宽带接入用户数/年末总人口）	0.032956
城市人口密度	0.05005
普通高等学校在校学生人数	0.097246

（3）综合指数的计算

本报告采用综合指数 EQ 来评价区域生态安全度的表示，计算公式为：

$$EQ(t) = \sum_{i=1}^{n} W_i(t) \times X_i(t)$$

其中，X_i 代表评价指标的标准化值，W_i 为生态安全评价指标 i 的权重，n 为指标总项数。

根据上述计算公式，得到 2016 年甘肃南部秦巴山地区长江上游生态安全综合指数（见表5）。

表5 2016 年甘肃南部秦巴山地区长江上游生态安全综合指数

地区	天水市	陇南市	舟曲县	迭部县	甘肃南部秦巴山地区长江上游
综合指数	0.7887	0.6011	0.5169	0.5647	0.6178

4. 甘肃南部秦巴山地区长江上游生态安全屏障建设评价与分析

生态安全评价综合指数反映该地区的生态安全度及生态预警级别，根据学界的研究结果，课题组将生态安全综合指数分为五个级别，分别反映不同程度的生态安全度和预警级别。生态安全分级标准见表6。

表6 生态安全分级标准

综合指数	状态	生态安全度	指标特征
[0~0.2]	恶劣	严重危险	生态环境破坏大,生态系统服务功能严重退化,生态恢复与重建困难,生态灾害多
(0.2~0.4]	较差	危险	生态环境破坏较大,生态系统服务功能退化比较严重,生态恢复与重建比较困难,生态灾害较多
(0.4~0.6]	一般	预警	生态环境受到一定破坏,生态系统服务功能已经退化,生态恢复与重建有一定困难,生态问题较多,生态灾害时有发生
(0.6~0.8]	良好	较安全	生态环境受破坏较小,生态系统服务功能较完善,生态恢复与重建容易,生态安全不显著,生态破坏不常出现
(0.8~1]	理想	安全	生态环境基本未受到干扰,生态系统服务功能基本完善,系统恢复再生能力强,生态问题不明显,生态灾害少

根据表6中的生态安全分级标准,2016年甘肃南部秦巴山地区长江上游生态安全综合指数及生态安全状态见表7。

表7 2016年甘肃南部秦巴山地区长江上游生态安全屏障评价结果

地区	综合指数	生态安全状态	生态安全度
天水市	0.7887	良好	较安全
陇南市	0.6011	良好	较安全
舟曲县	0.5169	一般	预警
迭部县	0.5647	一般	预警
甘肃南部秦巴山地区长江上游	0.6178	良好	较安全

由表7可知,甘肃南部秦巴山地区长江上游生态安全综合指数为0.6178,生态安全状态良好,处于较安全状态。说明甘肃南部秦巴山地区长江上游生态安全屏障尽管存在部分生态环境问题,但总体来说,生态环境受破坏较小,生态系统服务功能较完善。其中,天水市的生态安全综合指数最高,达到0.7887,生态安全状态良好;其次是陇南市,生态安全综合指数是0.6011,也是良好,处于较安全状态。舟曲县和迭部县生态安全综合指

数分别为 0.5169 和 0.5647，生态安全状态一般。这说明该生态屏障区域内各市县差别较大，生态环境状况总体需要引起重视。

（二）甘肃南部秦巴山地区长江上游生态安全屏障资源环境承载力评价

1. 指标体系构建

根据科学性、全面性、可操作性和简明性的原则，综合甘肃南部秦巴山地区长江上游自然资源、环境现状和社会经济发展现状，本研究筛选出 13 项针对性强、便于度量的指标体系。指标体系由目标层、准则层、系数层和指标层构成。根据指标性质，将其分为资源可承载指标和环境安全指标。在这 13 项指标中，有 7 项是正向指标，表示该指标与总目标呈明显正相关关系；有 6 项指标是负向指标，表示该指标与总目标呈明显负相关关系。各指标体系和相应的量纲如表 8 所示。

表 8　甘肃南部秦巴山地区长江上游资源环境承载力评价指标体系

目标层	准则层	系数层	指标层	指标方向
甘肃南部秦巴山地区长江上游生态功能区资源环境可持续发展	资源可承载力	土地资源系数	人均耕地面积(公顷)	+
		粮食资源系数	人均粮食产量(吨)	+
		水资源系数	人均水资源(立方米)	+
		能源资源系数	人均能源消耗(吨标准煤)	－
		生物资源系数	自然保护区覆盖率(%)	+
	环境安全	大气环境安全系数	万元 GDP 二氧化硫排放量(吨)	－
			万元 GDP 工业粉烟尘排放量(吨)	－
		水环境安全系数	万元 GDP 工业废水排放量(吨)	－
			万元 GDP 化学需氧量排放量(吨)	+
			水旱灾成灾率(%)	－
		土地环境安全系数	万元 GDP 固体废弃物产生量(吨)	－
			人均公园绿地面积(平方米)	+
			城镇化率(%)	+

2. 环境承载力评价数据来源

本报告以 2016 年统计数据为基础，评价指标的数据来自《甘肃统计年鉴》、各城市的统计年鉴、城市国民经济和社会发展报告及政府工作报告等。舟曲县、迭部县部分统计数据难以找到，因其属于甘南州，故根据实际情况，采用甘南州平均数据替代。各评价指标的原始数据整理结果见表9。

表9 2016年甘肃南部秦巴山地区长江上游资源环境承载力各指标原始数据

指标	天水市	陇南市	舟曲县	迭部县
人均耕地面积(公顷)	0.1022	0.0989	0.4678	1.1614
人均粮食产量(吨)	0.3376	0.4084	0.1240	0.1240
人均水资源(立方米)	107.77	64.63	88.71	88.71
人均能源消耗(吨标准煤)	41.35	31.42	1.60	0.60
自然保护区覆盖率(%)	0.73	0.181	0.3800	0.3736
万元GDP二氧化硫排放量(吨)	0.0047	0.0017	0.0305	0.0397
万元GDP工业粉烟尘排放量(吨)	0.0013	0.0005	0.0008	0.0011
万元GDP工业废水排放量(吨)	0.9721	0.4298	1.1156	1.4502
万元GDP化学需氧量排放量(吨)	0.0055	0.0025	0.0264	0.0344
水旱灾成灾率(%)	49.73	69.78	80.25	80.25
万元GDP固体废弃物产生量(吨)	0.1398	0.8474	4.2516	5.5273
人均公园绿地面积(平方米)	9.89	5.71	6.98	6.98
城镇化率(%)	37.64	30.48	32.00	32.00

3. 资源环境承载力评价方法

（1）指标数据归一化处理

13项三级指标具有不同量纲单位，无法进行数据的分析比较，为消除指标之间的量纲影响，需要进行数据标准化处理，以解决数据指标之间的可比性问题。

本报告采用极差法对数据进行归一化处理，具体计算公式如下：

正向指标：$X = X_i / X_{max}$ ；

负项指标：$X = X_{min} / X_i$ 。

其中，X 表示参评因子的标准化赋值，X_i 表示实测值，X_{max} 表示实测最大值，X_{min} 表示实测最小值。指标归一化处理数据见表10。

表10 2016年甘肃南部秦巴山地区指标数据归一化后数据

指标	天水市	陇南市	舟曲县	迭部县
人均耕地面积	0.0880	0.0852	0.4028	1.0000
人均粮食产量	0.8266	1.0000	0.3036	0.3036
人均水资源	1.0000	0.5997	0.8231	0.8231
人均能源消耗	0.0145	0.0191	0.3750	1.0000
自然保护区覆盖率	1.0000	0.2479	0.5205	0.5118
万元GDP二氧化硫排放量	0.3617	1.0000	0.0557	0.0428
万元GDP工业粉烟尘排放量	0.3846	1.0000	0.6250	0.4545
万元GDP工业废水排放量	0.4421	1.0000	0.3853	0.2964
万元GDP化学需氧量排放量	0.1599	0.0727	0.7674	1.0000
水旱灾成灾率	1.0000	0.7127	0.6197	0.6197
万元GDP固体废弃物产生量	1.0000	0.1650	0.0329	0.0253
人均公园绿地面积	1.0000	0.5774	0.7058	0.7058
城镇化率	1.0000	0.8098	0.8502	0.8502

（2）指标权重的确定

目前，在实践中常用的方法有主观和客观赋权两种。本报告运用熵值法。熵值法是指用来判断某个指标的离散程度的数学方法。离散程度越大，表明该指标对综合评价的影响越大。可以用熵值判断某个指标的离散程度。本报告利用熵值法计算各个指标的权重，指标标准值的确定参考已有研究成果[1]，熵值法计算过程分为如下三步：

①通过上述指标标准化后，各标准值都在 [0, 1] 区间，计算各指标的熵值：$U_j = -\sum_{i=1}^{m} X_{ij}\ln X_{ij}$，其中 m 为样本数；

②熵值逆向化：$S_j = \dfrac{\max U_j}{U_j}$；

③确定权重：$W_j = S_j \big/ \sum_{j=1}^{n} S_j (j = 1,2,\cdots,n)$。

通过以上公式计算得到各指标的权重值见表11。

---

① 刘举科、喜文华主编《甘肃国家生态安全屏障建设发展报告（2017）》，社会科学文献出版社，2017，第73页。

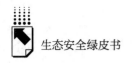

表11 甘肃南部秦巴山地区资源可承载力和环境安全评价指标权重

类型	指标	权重
资源可承载力	人均耕地面积	0.0685
	人均粮食产量	0.0614
	人均水资源	0.0863
	人均能源消耗	0.1072
	自然保护区覆盖率	0.0526
环境安全	万元 GDP 二氧化硫排放量	0.0816
	万元 GDP 工业粉烟尘排放量	0.0531
	万元 GDP 工业废水排放量	0.0497
	万元 GDP 化学需氧量排放量	0.0788
	水旱灾成灾率	0.0694
	万元 GDP 固体废弃物产生量	0.1077
	人均公园绿地面积	0.0669
	城镇化率	0.1211

（3）综合指数的计算

本报告采用综合指数 EQ 来评价区域资源承载力、环境安全度，计算公式为：

$$EQ(t) = \sum_{i=1}^{n} W_i(t) \times X_i(t)$$

其中，X_i 代表评价指标的标准化值，W_i 为资源承载力、环境安全评价指标 i 的权重，n 为指标总项数。根据上述评价方法，得到甘肃南部秦巴山地区的资源可承载力和环境安全计算结果（见表12）。

表12 甘肃南部秦巴山地区资源可承载力和环境安全计算结果

指标	天水市	陇南市	舟曲县	迭部县
资源可承载力	6.4458	4.3518	1.1507	0.7068
环境安全	4.1447	4.3478	4.9864	5.0538

4. 甘肃南部秦巴山地区长江上游资源环境承载力评价与分析

根据资源环境承载力的评价指标体系，本报告采用二级判别基准，针对资源可承载力和环境安全进行评价，作为该地区资源环境承载力的判别基准，根据计算的结果，可对资源环境承载力进行总体评价。

一级评价为资源可承载力的评价。评价结果主要反映的是资源与环境对该地区社会经济的发展所能提供的支撑能力，所以计算结果数值越大，表示资源可承载力越高，对社会经济的发展所提供的支撑能力越大；数值越小，表明承载力越低，对社会经济的发展所提供的支撑能力越小。本报告设定的资源可承载力的分级标准为：1%～20%表示资源可承载力低，20%～40%表示资源可承载力较低，40%～60%表示资源可承载力处于中等水平，60%～80%表示资源可承载力高，80%～100%表示资源可承载力最高。

二级评价为环境安全评价。环境安全涉及多个领域，是一个综合体。环境安全是指人类在促进经济发展、社会进步的一切活动中，坚持以可持续发展为前提，使环境与经济协调发展，维持生态平衡，以使人类的健康和生活不受威胁①。其结果反映该地区的环境安全状况，所以其数值越大，表明该地区环境安全度越高，数值越小，表明环境安全度越低。本报告拟设定的环境安全分级标准为 HI 的取值，分别为（0～1］（红，不安全）、（1～2］（橙，脆弱）、（2～3］（黄，较安全）、（3～5］（蓝，基本安全）、（5～8］（绿，安全）五级建议标准。

根据上述资源环境承载力和环境安全分级标准，2016 年甘肃南部秦巴山地区长江上游资源可承载力及环境安全评价结果见表13。

由表13可知，甘肃南部秦巴山地区长江上游资源可承载力综合指数为3.1638，资源可承载力较低；环境安全综合指数为4.6332，环境安全处于基本安全状态。说明甘肃南部秦巴山地区长江上游生态环境比较脆弱、资源可承载力较低，也显示近几年来该区域生态安全屏障建设初见成效。该地区尽管仍然存在各种生态环境问题，但总体来说，在新型城镇化建设发展过

---

① 雷蕾、姚建、吴佼玲、唐静：《环境安全及其评价指标体系触探》，《地质灾害与环境保护》2006 年第 1 期。

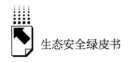

表13　2016年甘肃南部秦巴山地区长江上游资源可承载力和环境安全评价结果

地区	资源可承载力	环境安全	资源承载力状态	环境安全状态
天水市	6.4458	4.1447	高	基本安全
陇南市	4.3518	4.3478	中等	基本安全
舟曲县	1.1507	4.9864	低	基本安全
迭部县	0.7068	5.5038	低	安全
甘肃南部秦巴山地区上江上游	3.1638	4.6332	较低	基本安全

程中，该地区注重生态环境保护，能够正确处理开发建设与生态保护的关系，生态环境受破坏较小，生态系统服务功能比较完善。其中，天水市资源可承载力综合指数为6.4458，环境安全处于基本安全状态；陇南市资源可承载力综合指数为4.3518，资源可承载力处于中等水平，环境安全处于基本安全状态；舟曲县资源可承载力综合指数为1.1507，资源可承载力低，环境安全处于基本安全状态；迭部县资源可承载力综合指数为0.7068，资源可承载力低，环境安全处于安全状态。这说明该区域内各市县差别不大，但生态环境状况总体需要随时保持警惕，注重提高安全意识、红线意识和防范意识，牢固树立"绿水青山就是金山银山"的理念。

（三）甘肃南部秦巴山地区长江上游生态安全屏障建设评价指导

1. 建设侧重度、建设难度、建设综合度的计算原理

生态安全屏障建设侧重度、建设难度、建设综合度虽然都是辅助决策参数，但定量时必须客观、合理、科学，要杜绝主观臆造。

设$A_i(t)$是城市A在第t年关于第i个指标的排序名次，称

$$\lambda A_i(t+1) = \frac{A_i(t)}{\sum_{j=1}^{n} A_j(t)}(i=1,2,\cdots,N)$$

为城市A在第$t+1$年关于第i个指标的建设侧重度，这里N是城市个数，n是指标个数。如果$\lambda A_i(t+1) > \lambda A_j(t+1)$，则表明在第$t+1$年第$i$个指标建设应优先于第$j$个指标。这是因为在第$t$年，第$i$个指标在所在区域排名比第$j$

个指标较后，所以在第 $t+1$ 年，第 i 个指标应优先于第 j 个指标建设，这样可以缩小同所在区域的差距，使生态建设与所在区域同步发展。

用 $\max_i(t)$ 和 $\min_i(t)$ 分别表示第 i 个指标在第 t 年的最大值和最小值，$\alpha A_i(t)$ 为城市 A 在第 t 年关于第 i 个指标的值，令

$$\mu A_i(t) = \begin{cases} \dfrac{\max_i(t)+1}{\alpha A_i(t)+1} & \text{（指标 } i \text{ 为正向）} \\[2ex] \dfrac{\alpha A_i(t)+1}{\min_i(t)+1} & \text{（指标 } i \text{ 为负向）} \end{cases}$$

称

$$\gamma A_i(t+1) = \frac{\mu A_i(t)}{\displaystyle\sum_{j=1}^{n} \mu A_i(t)}$$

为城市 A 在第 $t+1$ 年指标 i（$i=1, 2, \cdots, N$）的建设难度。

如果 $\gamma A_i(t+1) > \gamma A_j(t+1)$，则表明在第 t 年第 i 个指标比第 j 个指标偏离所在区域最高值越远，所以在第 $t+1$ 年，第 i 个指标应优先于第 j 个指标建设。称

$$\nu A_i(t+1) = \frac{\gamma A_i(t)\mu A_i(t)}{\displaystyle\sum_{j=1}^{n} \gamma A_j(t)\mu A_j(t)}$$

为城市 A 在第 $t+1$ 年指标 i（$i=1, 2, \cdots, N$）的建设综合度。

如果 $\nu A_i(t+1) > \nu A_j(t+1)$，则表明在第 $t+1$ 年，第 i 个指标理论上应优先于第 j 个指标建设。

由此不难看出所定义的建设侧重度、建设难度、建设综合度是一个创新工作，有利于对生态建设的动态引导。

（1）生态安全屏障建设侧重度

从前述定义可以看出，城市的某项指标建设侧重度越大，排名越靠前，就意味着下一个年度该城市更应侧重这项指标的建设。

利用前面所述的定义，课题组计算了 2016 年甘肃南部秦巴山地区长江

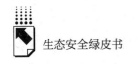
上游四个生态安全屏障建设 20 个指标的建设侧重度,并将结果列于表 14 中。

从表 14 可以看出,2016 年天水市 20 个指标中,建设侧重度排在前四位的是湿地面积、PM2.5、二氧化硫(SO_2)排放量、第三产业占比、城市人口密度(排名不分先后,下同)。

陇南市 20 个指标中,建设侧重度排在前四位的是人均水资源、污水处理率、一般工业固体废物综合利用率、信息化基础设施。

舟曲县 20 个指标中,建设侧重度排在前四位的是城市建成区绿地面积、森林覆盖率、人均 GDP、河流湖泊面积、生活垃圾处理率、农田有效灌溉面积、建成区绿地率、R&D 研究和试验发展费占 GDP 比重、农田耕地保有量、普通高等学校在校学生人数。

迭部县 20 个指标中,建设侧重度排在前四位的是河流湖泊面积、农田耕地保有量、农田有效灌溉面积、城市燃气普及率。

(2)生态安全屏障建设难度

同样从前述定义可以看出,城市的某项指标建设难度越大,排名越靠前,就意味着该项指标比其他指标距离全国最高值越远,下一年度该城市这项指标的建设难度更大。

课题组计算了 2016 年甘肃南部秦巴山地区长江上游四个生态城市健康指数 20 个指标的建设难度,并将结果列于表 15 中。

从表 15 可以看出,2016 年天水市 20 个指标建设难度排在前四位的是湿地面积、河流湖泊面积、农田有效灌溉面积、森林覆盖率。

陇南市 20 个指标建设难度排在前四位的是一般工业固体废物综合利用率、R&D 研究和试验发展费占 GDP 比重、信息化基础设施、普通高等学校在校学生人数。

舟曲县 20 个指标建设难度排在前四位的是农田耕地保有量、农田有效灌溉面积、R&D 研究和试验发展费占 GDP 比重、普通高等学校在校学生人数。

迭部县 20 个指标建设难度排在前四位的是农田耕地保有量、农田有效灌溉面积、城市人口密度、普通高等学校在校学生人数。

表14 2016年甘肃南部秦巴山地区长江上游生态安全屏障建设侧重度

地区	森林覆盖率		湿地面积		河流湖泊面积		农田耕地保有量		城市建成区绿地面积		生活垃圾处理率		人均水资源		农田有效灌溉面积		PM2.5（空气质量优良天数）		建成区绿地率	
	数值	排名	数值	排名	数值	排名	数值	排名	数值	排名	数值	排名	数值	排名	数值	排名	数值	排名	数值	排名
天水市	0.071429	6	0.095238	1	0.047619	8	0.02381	11	0.02381	11	0.02381	11	0.02381	11	0.047619	8	0.095238	1	0.02381	11
陇南市	0.042553	9	0.042553	9	0.021277	16	0.042553	9	0.06383	5	0.021277	16	0.085106	1	0.021277	16	0.021277	16	0.042553	9
舟曲县	0.081633	1	0.020408	17	0.061224	4	0.061224	4	0.081633	1	0.061224	4	0.040816	11	0.061224	4	0.020408	17	0.061224	4
迭部县	0.020408	16	0.061224	5	0.081633	1	0.081633	1	0.040816	11	0.061224	5	0.040816	11	0.081633	1	0.020408	16	0.061224	5

地区	人均GDP		污水处理率		二氧化硫（SO$_2$）排放量		一般工业固体废物综合利用率		第三产业占比		城市燃气普及率		R&D研究和试验发展费占GDP比重		信息化基础设施（互联网宽带接入用户数/年末总人口）		城市人口密度		普通高等学校在校学生人数	
	数值	排名	数值	排名	数值	排名	数值	排名	数值	排名	数值	排名	数值	排名	数值	排名	数值	排名	数值	排名
天水市	0.047619	8	0.02381	11	0.095238	1	0.02381	11	0.095238	1	0.071429	6	0.02381	11	0.02381	11	0.095238	1	0.02381	11
陇南市	0.06383	5	0.085106	5	0.06383	5	0.085106	1	0.042553	9	0.021277	16	0.042553	9	0.085106	1	0.06383	5	0.042553	9
舟曲县	0.081633	1	0.040816	11	0.020408	17	0.040816	11	0.020408	17	0.040816	11	0.061224	4	0.040816	11	0.040816	11	0.061224	4
迭部县	0.020408	16	0.040816	11	0.020408	16	0.040816	11	0.061224	5	0.081633	1	0.061224	5	0.040816	11	0.020408	16	0.061224	5

表15 2016年甘肃南部秦巴山地区长江上游生态安全屏障建设难度

地区	森林覆盖率 数值	排名	湿地面积 数值	排名	河流湖泊面积 数值	排名	农田耕地保有量 数值	排名	城市建成区绿地面积 数值	排名	生活垃圾处理率 数值	排名	人均水资源 数值	排名	农田有效灌溉面积 数值	排名	PM2.5(空气质量优良天数) 数值	排名	建成区绿地率 数值	排名
天水市	0.060281355	3	0.072374163	5	0.064305277	2	0.045780856	9	0.045780856	9	0.045780856	9	0.045780856	9	0.058659488	8	0.0473419	8	0.045780856	9
陇南市	0.047869109	8	0.046386229	8	0.039050734	16	0.04583171	11	0.061796176	5	0.039050734	16	0.04882248	7	0.039050734	16	0.039050734	16	0.060629077	6
舟曲县	0.046529557	10	0.035166179	10	0.065562734	18	0.065819816	4	0.058038905	7	0.036964502	7	0.038577553	14	0.068621687	18	0.035166179	18	0.063872138	6
迭部县	0.034611489	18	0.042252686	18	0.065054605	11	0.071766774	3	0.054401634	3	0.036381447	9	0.037969055	16	0.068211336	14	0.034611489	18	0.062864658	7

地区	人均GDP 数值	排名	污水处理率 数值	排名	二氧化硫(SO₂)排放量 数值	排名	一般工业固体废物综合利用率 数值	排名	第三产业占比 数值	排名	城市燃气普及率 数值	排名	R&D研究和试验发展费占GDP比重 数值	排名	信息化基础设施(互联网宽带接入用户数/年末总人口) 数值	排名	城市人口密度 数值	排名	普通高等学校在校学生人数 数值	排名
天水市	0.049839403	5	0.045780856	9	0.045780856	9	0.045780856	9	0.049430054	9	0.0484258	6	0.045780856	7	0.045780856	9	0.045780856	9	0.045780856	9
陇南市	0.047355748	7	0.04385503	13	0.044133067	13	0.076116576	12	0.04002449	15	0.039050734	15	0.066085867	3	0.06434828	4	0.041301998	14	0.072352484	2
舟曲县	0.046232325	11	0.037775036	11	0.054817861	15	0.041004335	13	0.035166179	13	0.036148106	18	0.065843047	17	0.055391018	8	0.04297049	12	0.070332357	1
迭部县	0.034611489	18	0.037179196	15	0.053953198	10	0.040357558	10	0.036101582	12	0.038431867	17	0.064804479	13	0.054517315	8	0.067015164	4	0.069222978	1

（3）生态城市各指标的建设综合度

城市生态安全屏障建设指标的综合度反映的是由本年的建设现状来决定下年度的各建设项目的投入力度，综合度越大表明在下年度建设投入力度越大；反之，则建设投入力度越小。综合度的值是介于 0 与 1 之间，每个城市 20 个指标的侧重度之和等于 1，各指标综合度是下年度建设投入的权重，权重越大，下年度应加大投入。表 16 是四个城市生态安全屏障建设 20 个指标的建设综合度。

城市生态安全屏障建设健康指数各三级指标的建设综合度同时考虑了建设侧重度和建设难度，反映的是由本年建设现状决定的下年度各建设项目的投入力度，综合度越大表明下年度建设投入力度应该越大，反之应该越小。

利用前面所述的定义，课题组计算了 2016 年甘肃南部秦巴山地区长江上游四个生态城市健康指数的 20 个指标的建设综合度，并将结果列于表 16 中。

天水市 20 个指标建设综合度排在前四位的是湿地面积、PM2.5、二氧化硫（SO_2）排放量、第三产业占比、城市人口密度。

陇南市 20 个指标建设综合度排在前四位的是城市建成区绿地面积、人均水资源、一般工业固体废物综合利用率、信息化基础设施。

舟曲县 20 个指标建设综合度排在前四位的是城市建成区绿地面积、农田有效灌溉面积、R&D 研究和试验发展费占 GDP 比重、普通高等学校在校学生人数。

迭部县 20 个指标建设综合度排在前四位的是河流湖泊面积、农田耕地保有量、农田有效灌溉面积、普通高等学校在校学生人数。

2.结论与建议

从上述甘肃南部秦巴山地区长江上游四个城市生态安全屏障的建设侧重度、建设难度、建设综合度可以看出，该区域生态安全屏障建设已经进入深水区、攻坚期，在农田红线控制、农业现代化、第三产业比重、绿化、生活垃圾治理、科技创新及人才培养等方面，需要继续加大投入力度，突破重点，攻克难点。

表16　2016年甘肃南部秦巴山地区长江上游生态安全屏障建设综合度

地区	森林覆盖率		湿地面积		河流湖泊面积		农田耕地保有量		城市建成区绿地面积		生活垃圾处理率		人均水资源		农田有效灌溉面积		PM2.5（空气质量优良天数）		建成区绿地率	
	数值	排名	数值	排名	数值	排名	数值	排名	数值	排名	数值	排名	数值	排名	数值	排名	数值	排名	数值	排名
天水市	0.083251619	6	0.13326987	1	0.059205907	8	0.021075231	11	0.021075231	11	0.021075231	11	0.021075231	11	0.054007825	9	0.087124406	3	0.021075231	11
陇南市	0.03885809	12	0.037654351	13	0.015849856	16	0.036190706	14	0.075245228	4	0.015849856	16	0.079263991	3	0.015849856	16	0.015849856	16	0.049216085	11
舟曲县	0.07218672	8	0.013639281	18	0.07628596	6	0.07658509	5	0.090042077	1	0.043010294	10	0.029924781	14	0.079845226	3	0.013639281	18	0.07431855	7
迭部县	0.013494578	18	0.049737158	8	0.10145584	3	0.104765467	2	0.042421005	11	0.042553985	9	0.296073	1	0.106378917	1	0.013494578	18	0.073530384	6

地区	人均GDP		污水处理率		二氧化硫（SO₂）排放量		一般工业固体废物综合利用率		第三产业占比		城市燃气普及率		R&D研究和试验发展经费占GDP比重		信息化基础设施（互联网宽带接入用户数/年末总人口）		城市人口密度		普通高等学校在校学生人数	
	数值	排名	数值	排名	数值	排名	数值	排名	数值	排名	数值	排名	数值	排名	数值	排名	数值	排名	数值	排名
天水市	0.045887168	10	0.021075231	11	0.084300922	4	0.021075231	11	0.091020561	2	0.066878495	2	0.053645673	7	0.102987346	9	0.084300922	4	0.021075231	11
陇南市	0.057662048	7	0.071199266	5	0.053737997	8	0.123576344	8	0.032490164	15	0.015849856	16	0.07661212	4	0.050290786	10	0.050290786	2	0.058732644	6
舟曲县	0.071725243	9	0.029302265	15	0.02126123	17	0.03187246	13	0.013639281	18	0.028040248	18	0.07661212	4	0.042967061	11	0.033332402	12	0.081835687	2
迭部县	0.013494578	18	0.028991388	15	0.021035663	17	0.031469793	13	0.042226638	12	0.059936377	7	0.075799318	5	0.026128357	16	0.04251121	5	0.080967467	4

注：建设综合度数值越大表明下一年度建设投入力度应该大，建设综合度排名靠前的表明下一年度建设投入力度应该大。

二 甘肃南部秦巴山地区长江上游生态安全屏障
建设的实践与探索

近年来，当地政府围绕国家关于"生态文明建设"、甘肃省加快转型发展建设国家生态安全屏障综合试验区等重大战略决策，做出了"生态红线保护区划定""生态屏障行动"等重要部署，制定了系列有针对性的应对措施，尽可能地发动全社会力量积极性参与，助推生态屏障建设步伐。

（一）生态安全屏障建设的主要基础

1. 综合实力不断增强

2016 年所在区域实现生产总值 956.49 亿元，同比增长 7.3%。其中，天水、陇南两市第一产业实现增加值 174.25 亿元，同比增长 4.4%；第二产业实现增加值 263.29 亿元，同比增长 6.9%；第三产业实现增加值 292.86 亿元，同比增长 8.9%。2016 年甘肃南部秦巴山地区长江上游经济社会发展状况及三次产业各项指标见表 17 和表 18。天水市加强交通项目建设，天平铁路、十天高速、宝天高速过境段及街亭出口、庄天二级公路、洛礼二级公路、张家川县城至恭门火车站二级公路等重大项目全面建成，宝兰客专天水段、国道 310 秦州至武山段升级改造、甘谷至麦积二级公路等项目加快建设。全市公路通车总里程突破 1 万千米，市县之间实现二级以上公路连接，四个县区通高速公路，所有乡镇和建制村通沥青（水泥）路①。陇南市在铁路、高速公路及航空交通网络建设方面集中发力，稳步推进兰渝铁路，全面启动成州机场，开工建设徽两高速、渭武高速试验段，武九高速前期工作进展顺利，武罐、成武及十天高速公路实现通车，结束了零高速公路的历史，里程达到 380 千米；整体改造升级国省干道、县乡

---

① 天水市发展和改革委员会：《天水市生态屏障建设"十三五"规划》，2017 年 1 月 17 日。

公路，综合交通网络初步形成①。舟曲至四川永和、迭部至若尔盖三级公路有序推进。舟曲拉尕山、迭部扎尕那等重点景区连接公路开工建设。迭部、舟曲通用机场及景区起降点完成选址。

表17　2016年甘肃南部秦巴山地区长江上游经济社会发展状况

地区	地区生产总值（万元）	人均地区生产总值（元）	固定资产投资（万元）	公共财政预算收入（万元）	社会消费品零售总额（万元）	城镇居民人均可支配收入（元）	农民人均可支配收入（元）
陇南市	3398884	13085	6540223	266874	994963	20504	5859
天水市	5905136	17800	6711785	422152	2886601	22684	6499
舟曲县	147475	11084	190420	9775	35544	20973	6185
迭部县	113436	21263	312804	9866	32526	20971	6100

资料来源：《甘肃发展年鉴（2017）》，中国统计出版社，2017。

表18　2016年甘肃南部秦巴山地区长江上游三次产业指标

单位：万元

地区	第一产业	第二产业			第三产业			
		总值	工业	建筑业	总值	交通运输、仓储和邮政业	批发和零售业	住宿和餐饮业
陇南市	738565	733168	440073	293095	1927151	91752	238068	128740
天水市	1003875	1899801	1268445	700219	3001460	269985	623641	147016
舟曲县	37669	20231	16111	4120	89575	3956	8911	6198
迭部县	26338	23244	12232	11012	63854	1272	5289	8980

资料来源：《甘肃发展年鉴（2017）》，中国统计出版社，2017。

2. 生态主体功能全面提升

域内大力实施以退耕还林、天然林保护、生态公益林、自然保护区、长防林为主的国家生态重点工程，以及城镇绿化、绿色通道等绿化工程，全面构建长江上游生态安全屏障，以重点开发区、限制开发区和禁止开发区为主

---

① 陇南市政府研究室：《陇南市政府工作报告解读》（上），2017年12月21日。

体的功能区布局基本形成。林业用地面积达到 2798 万亩，森林面积达到 1779.5 万亩，草地面积达到 1197 万亩，森林覆盖率达到 42.74%，生态文明建设取得巨大成就。生态建设工作初步实现由经验型管理向科学型管理的转变、由定性型管理向定量型管理的转变、由传统型管理向现代型管理的转变。健全多形式的保护管理机制，初步实现天保区森林资源的良性循环；长防林建设工程稳步推进，对改善当地生态环境，保持水土和涵养水源起到了巨大作用。实现生态公益林建设目标，建立了公益林运行体系，实现严格保护、科学管理和规范运作。完成各类自然保护区（自然保护区、森林公园、湿地公园）建设任务，初步形成自然保护管理体系。完成绿色通道公路绿化和公路景观建设项目，道路生态环境明显改善。

3. 环境保护工作进一步加强

全面落实环境保护目标责任制，强化各级环境保护职能，进一步健全法制，规范环境管理，环保工程得到强化，全社会环境保护意识和公众参与意识明显提高。落实环保计划积极参与综合决策，发挥环境保护计划的先导作用，环境质量状况基本保持稳定。全面推进工业企业污染物达标排放，推动城市环保基础设施建设，拓展生态保护领域，有效治理污染源，防止新污染源的产生，基本完成陇南市环境保护阶段性目标任务。把工业污染防治作为环境保护的重点，严格把好建设项目的环境影响评价和"三同时"制度两大关，针对区域内工业污染的特点，制定重点流域水污染综合整治方案，加大环境保护监督执法力度，淘汰污染严重、生产工艺落后的企业，防止低水平重复建设，使区域内 50 万元以上有污染的建设项目的环评审批率达到 90%，"三同时"执行率达到 90%，竣工验收率达到 100%，废气、废水处理设施运行率达到 90%。在重点城市环境质量建设方面，扎实开展环保专项行动，促进环境污染治理。按照专项行动的任务，对严重危害群众身心健康和正常生活的饮用水源污染、烟尘污染、农村畜禽养殖污染及城市污水、垃圾处理问题、违法建设项目问题等进行拉网式排查摸底，分别造册登记，汇总归类，逐项进行清理整顿。城市大气中总悬浮颗粒物、二氧化硫、氮氧化物及地表水水质均完成指标任务。

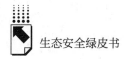

4. 绿色产业效益初步彰显

一是以产业的提质增效为核心，大力落实各项措施，不断提高产业的规模、质量和效益。二是坚持以市场化的理念抓产业开发，积极启动民资，招商引资，兴加工、建龙头、创品牌，延伸产业链条，建立产、加、销三位一体的产业体系，推进产业化经营。三是大力加强林木种苗基地建设，发展各类苗圃，引进经济林新种。四是积极发展森林生态旅游产业，已建成麦积区麦积山、麦积区小陇山、武山县卧牛山、宕昌县官鹅沟、舟曲县大峡沟、迭部县腊子口国家级森林公园旅游区六个，每年接待游客千万人次以上。

5. 水土保持工作有了长足发展

认真落实党中央、国务院一系列关于治理水土流失和长治工程建设政策措施，全面推进水土保持生态环境建设，加快水土流失治理步伐，初步控制区域内水土流失，明显改善生态环境和农业生产条件，促进农业产业结构的调整，确保主要农作物的增产和保收。"十二五"期间，天水、陇南两市治理水土流失面积 8530.9 平方千米，修建梯田 251 万亩。治理区域新增林地389 万亩，草地 6503 万亩。各类措施年拦蓄径流 21028.7 万立方米，拦蓄泥沙 292.59 万吨。全部通过国家验收。①

6. 生态监管体系基本形成

把坚持依法治林、加强林业执法工作作为保护和发展森林资源、实施可持续发展战略的重中之重来抓，相继建立健全以林政执法、森林公安、森林武警为主体的林业法制体系，组建专职护林员队伍，狠抓执法人员的教育、培训和管理，全面贯彻林业法律法规，有序推进林业综合执法体系建设，使林政资源管理、森林防火、森林有害生物防治、野生动植物保护等工作得到全面加强。建立健全环境监测预警应急体系、森林资源监测预警体系、地质灾害监测预警体系、农产品质量和农业环境检测体系，环境综合执法和监管能力有了较大的提升。

---

① 参见王鹏《"十二五"天水市国家水土保持重点项目建设成效与经验》，《山西水土保持科技》2017 年第 2 期；陇南市人民政府办公室《陇南市生态文明建设和环境保护"十三五"规划》，2016 年 11 月 9 日。

（二）存在的主要问题及难点

1. 自然生态系统脆弱，生态环境治理难度大

该区域地质环境脆弱，是全国滑坡、崩塌、泥石流四大高发区之一，同时是长江上游水土流失防治重点区域。受自然条件及社会经济发展程度等多方面因素影响，区域生态环境遭到一定程度破坏，森林生态系统稳定性降低，水源涵养能力下降。地处南北地震带中北段，属秦岭褶皱系地质构造，褶皱及断裂构造纵横交织，山高坡陡谷狭，切割深、落差大，土薄石多，地形复杂，给生态恢复增加了难度。虽然通过实施退耕还林、天然林保护、公益林建设、小流域治理等工程，生态恶化趋势得到一定控制，但生态环境仍然十分脆弱的问题并没有得到解决。

2. 污染防治形势严峻，生态环保能力不足

一是水环境治理任务艰巨。长期的开发秩序散乱、工艺设备落后、废水处理技术水平低的现象导致铅、砷等重金属入河污染短时期难以快速削减。所在区域有相当数量行政村的村落广泛分布在川坝、半山、高山区域，农业面源污染源分散且范围广泛，治理难度大，丰水期面源污染直接影响地表水质达标。二是矿区土壤受到不同程度污染。近年来，陇南市以铅锌、铁合金、黄金为主的资源型工业快速发展。与此同时，全市重金属污染问题也日益加剧。三是基础设施建设仍然落后于当前生态环境保护工作新形势新任务的需要。相关配套政策还不到位，投入不足，水、大气、土壤环境监测能力不足，生态环境保护人员不健全，设施设备缺乏，生态环境保护多元投入机制须进一步完善。

3. 经济社会水平较低，发展与保护矛盾突出

产业结构层次低，财政自给能力弱。财政支出远高于财政收入，财力和资金不足的问题非常突出。秦巴山片区内大部分地区生产生活条件严酷，基础设施建设滞后，公共服务水平不高，产业基础薄弱。截至2015年底，建档立卡贫困人口52.1万人，贫困发生率21%。片区内有25个特困片，特困片带集中了片区76%的贫困村和60%的贫困人口，是"十三五"时期片

区扶贫开发的重中之重、难中之难①。当前发展与保护的矛盾集中体现在三方面。一是农牧业发展受生态环境保护的制约。该区域长期经济发展缓慢，加之传统生活习惯的影响，农（牧）民生产生活严重依赖自然资源特别是土地资源。二是矿产资源、水力资源开发威胁到了生物多样性的保护。如陇南地区，丰富的资源禀赋促成其工业产业结构，但该产业的开发建设和运营威胁生物多样性的保护。三是生态旅游业发展影响生态环境保护。虽然旅游业被称为"无烟工业"，但由于旅游的建设管理滞后，旅游基础设施开发建设、当地群众不尊重生态保护的行为及旅游者的无序活动，给生态环境造成一定压力。

4. 生态文明制度不健全，生态建设和环境保护缺乏长效机制

中共十八届三中全会明确提出加快生态文明制度建设。当前所在区域生态环境保护的政策制度还不健全，最严格的环境保护制度、水资源管理制度、耕地保护制度还不完善，需要建立和完善将反映资源消耗、环境损害、生态效益纳入经济社会发展评价体系和体现生态文明要求的目标体系、考核办法、奖惩机制。市场化运作的环境保护机制尚未形成，反映市场供求和资源稀缺程度、体现生态价值和代际补偿的资源有偿使用制度和生态补偿制度仍须建立和健全，生态环境保护责任追究制度和环境损害赔偿制度仍须完善。同时，由于受经济发展水平、消费水平、教育程度等多种因素的影响，人们的生态观念、环境保护意识、可持续发展观念总体上不强，生态文化、生态教育发展较为落后，公众参与生态环境保护的体制机制仍须建立和完善。

（三）建设中的主要制约因素

1. 粗放型经济增长方式制约生态环境保护

长期以来，所在区域经济发展走的是传统的粗放型发展之路，不完善的

---

① 甘肃省政府办公厅：《甘肃省人民政府办公厅关于印发甘肃省秦巴山片区区域发展与扶贫攻坚实施规划（2016—2020年）的通知》，2017年6月15日。

经济结构和产业结构加剧了其生态环境问题。例如，陇南市以能源、原材料加工为主的工业结构加剧了环境污染和生态破坏，总体能耗大、污染重的铁合金、铅、锌为文县、成县、徽县、西和县的主导产业。虽然提出建设生态陇南等目标，生态文明建设工作全面展开，加快发展方式的转变，优化产业结构，生态文明的理念逐步深入人心，但生态文明落到实处仍然需要一个漫长的过程，产业结构优化短期内也难以奏效。生态文明建设仍然是各级党委、政府各部门和全社会面临的较大课题和巨大挑战。

2.经济建设持续发展加大生态环境保护压力

"十二五"期末至"十三五"期间，是该区域经济发展的重要战略机遇期，也是其建设小康社会的攻坚期。经济社会建设步伐的加快，为解决长期存在的工业结构性污染、生态环境修复和建设提供了良好机遇。但经济快速发展将使生态环境压力进一步增大，工业的持续发展，特别是资源型工业将成为其经济的重要增长点，重点区域环境压力将增大。新型城镇化进程的加快无疑更加重了污染防治压力，污染物量化增加持续进行，城市及周边地区资源、环境形势将面临严重挑战。区域人均生态足迹的进一步提升将导致生态赤字增加，区域生态承载力将面临较大压力。

3.生态环境保护要求更高监管工作难度加大

国家提出生态文明的建设目标，要求将生态文明融入经济、社会、政治、文化建设，对生态环境保护提出了更高的要求。以总量控制为例，"十二五"期间，除化学需氧量、二氧化硫外，氨氮、氮氧化合物也已被纳入主要污染物排放总量控制指标。随着约束性指标的增加、目标值的加大，全市减排任务将更加繁重，减排压力进一步加大。电磁辐射、废水处理厂污泥和地下水污染等新型环境问题的出现，将增大生态环境保护的不确定性。此外，随着生态文明建设的不断深入，人民群众对生态文明建设认识的不断提升，对生态环境的需求进一步增加，干净的水、新鲜的空气、安全的食品等将成为群众的日常需求，人民群众需求的不断提高，也将增加生态环境保护的监管难度。

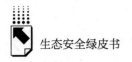

三 典型案例：陇南市武都区"两江一水"生态建设

（一）基本情况

陇南市武都区位于甘肃省东南部，地处长江流域嘉陵江水系白龙江中游、秦巴山系结合部，东靠康县，南接宁强县、四川省青川县及陇南市文县，西邻舟曲县和宕昌县，北与陇南市礼县、西和县接壤，是陇南市委、市政府所在地，也是全市政治、经济、文化中心。全区总人口 58 万人，其中农村人口 48 万人。面积 4683 平方千米，有耕地 71.53 万亩，有林地和疏林地 190 万亩，呈"七山二林一分田"特点。年均气温 14.7℃，无霜期 120～284 天，年降水量 470 毫米，年平均日照时数 2016 小时。由于地处南北气候带和植物区系过渡区，气候垂直差异明显，属北亚热带半湿润气候，素有"陇上江南"之称。地势由西北向东南倾斜，境内海拔 667～3600 米，可分为川坝河谷区、半山干旱区、高寒阴湿区和林缘区四个类区。武都区自然资源丰富，"大红袍"花椒享誉全国，是中国名特优经济林花椒之乡；油橄榄产业"一枝独秀"，是中国油橄榄原产地保护区、中国油橄榄之乡；"米仓红芪"饮誉中外，有"千年药乡"之美誉；"阶州毛峰""栗香毛尖"茶叶色润清香，备受青睐；境内植物种类达 1300 多种，其中有珍稀的水杉、红豆杉等一、二级保护植物 600 多种；红土河自然保护区内栖息着大熊猫、金丝猴、羚牛、鹿、熊、锦鸡、蓝马鸡、娃娃鱼（大鲵）、团鱼、水獭等珍稀动物。水力资源潜力巨大，境内有白龙江、广坪河、西汉水三大水系，年径流量 53.7 亿立方米，水力理论蕴藏量达 70 万千瓦，可开发量为 20 万千瓦。旅游开发前景广阔，享有"华夏第一洞"盛誉的国家 AAAA 级风景区万象洞美妙神奇，水濂洞、朝阳洞、千坝草原、南宋古建筑广严院、红土河自然保护区等旅游景点绚丽多姿，与天水麦积山、甘南腊子口、四川九寨沟连成一条旅游热线。

2016 年，全年实现生产总值 68.1 亿元，实现大口径财政收入 7.46 亿元，实现社会消费品零售总额 19.45 亿元，完成全社会固定资产投资 105.1 亿元，城镇居民人均可支配收入达到 14077 元，农民人均纯收入达到 2958 元。

（二）生态环境保护与综合治理情况

近年来，在国家、甘肃省、陇南市的大力支持下，武都区实施了退耕还林、坡改梯、山洪灾害防治、地质灾害治理及特色产业开发等重点建设工程，有效改善了区内生态环境，进一步遏制了水土流失，增强了抵御山洪地质灾害的能力，加快了群众脱贫致富步伐，促进了区域经济社会发展。

1. 特色产业基地规模不断发展壮大

全区累计发展花椒 100 万亩、油橄榄 18.1 万亩、核桃 46.39 万亩、茶叶 2.31 万亩，年均种植中药材 19 万亩、蔬菜 15 万亩。

2. 生态建设取得明显成效

全区累计实施退耕还林工程 47.5 万亩，其中：退耕地还林 20.02 万亩，荒山造林 25.98 万亩，封山育林 1.5 万亩；实施天保封山育林工程 3.38 万亩，管护面积达 148.1 万亩；实施公益林保护 26.14 万亩。全区森林覆盖率逐年提高，2016 年达到 39.1%。

3. 水土流失问题有所缓解

自 1988 年武都区实施长江上游水土保持重点防治工程以来，累计实施坡改梯 35090 公顷，建设小型水利水保工程 28 处，建设水保林 137720 公顷、经果林 32530 公顷，种草 6590 公顷，新建拦挡坝 24 座，水土流失面积较 1988 年减少了 385.65 平方千米。

4. 防灾减灾能力明显增强

2016 年以来，新建河堤 86 条、渠道 52 条，实施了北峪河东、西堤等 10 处山洪灾害治理工程及 67 个地质灾害隐患点治理工程，建立健全了地质灾害群测群防点、专业监测点和预警示范区，建成了地震监测和震害防御系统，制定了各种自然灾害应急预案，组建了城乡应急抢险队伍，全区防灾减灾能力明显增强。

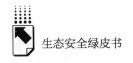

5. 农村群众的生活环境逐步改善

积极发展农村可再生能源，加快实施农村"一池三改"等项目，广泛推广使用节柴灶、太阳灶、太阳能路灯和节能灯、节能家电，不断加大农村垃圾回收处理、排水排污渠建设及乡村美化亮化工程建设力度，农村群众的生活环境得到改善，生活方式明显转变。

（三）生态环境保护存在的困难和问题

虽然武都区在生态环境治理方面取得了一定的成效，但由于该区地形地貌特殊，境内沟壑纵横，河谷密布，山体裸露，生态脆弱，暴洪、冰雹等自然灾害和泥石流、滑坡等地质灾害频繁发生，生态环境保护与治理还面临着诸多困难和挑战。

1. 水土流失依然严重

据长江水利委员会监测中心对嘉陵江流域采用 3S 技术动态监测，武都区水土流失面积为 28.75 平方千米，占全区总面积的 60.06%。

2. 水资源明显减少

武都区降水稀少，时空分布不均，全区年均降水量 470 毫米，年均蒸发量却高达 1740 毫米，属典型的干旱地区。有关资料显示，武都区多年平均自产水资源总量约 14.3 亿立方米，地下水资源约 4.749 亿立方米，水资源呈逐年减少趋势。

3. 林草地涵养水分功能降低

近几年来，林业生态建设的确收到了良好的成效，但是，生态恢复周期长，生态建设的投资相对不足，生态治理速度跟不上恶化的速度，致使雪线上升、水位下降，水源涵养能力日益弱化，除西汉水流域、武都片区林草覆盖较好外，白龙江沿岸山体裸露，林草植被稀疏，林草地涵养水分的能力持续下降，不仅使自然生态失去平衡，而且严重影响农牧业的健康发展。

4. 地质灾害隐患点治理任务十分繁重

"5·12"汶川地震后，武都区对地质灾害隐患进行了调查，全区共有地质灾害隐患点 1002 处，其中滑坡 289 处、崩塌 264 处、泥石流沟 316 处、地面塌陷 2 处、地裂缝 1 处、不稳定斜坡 10 处。通过实施地震灾后重建工程，武都区已治理 67 处地质灾害隐患点，目前还有 935 处急需进行治理。

5.农村生态环境有待进一步改善

目前，由于缺乏垃圾、污水收集处理设施，农村群众乱倒乱堆垃圾、乱泼乱排污水的现象十分突出，直接危害农村居民的身体健康，严重影响农村地区的环境质量。同时，大量使用化肥、农药、除草剂、生长激素等化学品，使污染物在土壤中大量残留，导致土地功能衰退，土壤肥力下降，对生态环境、食品安全和农业可持续发展构成了严重威胁。

（四）生态环境保护与综合治理的基本思路和治理措施

武都区是全国四大泥石流密集区之一，也是西北地区暴雨中心和山洪灾害易发区。近几十年来，该区每年都会发生不同程度的自然灾害，其中1984 年、2005 年、2016 年发生的暴洪灾害和 1987 年的山洪泥石流灾害最为严重，给人民群众的生命财产造成了巨大的损失。加强生态环境保护与治理，不仅是保障广大人民群众生命财产安全的迫切需要，也是改善人民群众生产生活条件、促进全区经济社会和谐发展的内在要求，更是全区人民的共同心声和强烈愿望。特别是舟曲"8·8"泥石流灾害发生后，全区人民群众对治理生态环境的愿望愈加强烈，加强生态环境保护与治理迫在眉睫。武都区和舟曲同处白龙江流域，其地形地貌、气候特征和灾害类型极其相似。武都区生态环境保护与综合治理的总体思路是以城区为中心，以南北两山为重点，实施生态建设、地质灾害治理、城市防汛设施建设等工程；以白龙江、西汉水为纽带，在沿江、沿河重点乡镇、人口密集区实施生态环境综合治理工程；根据区域地形特点，以小流域整山系为单元，整合项目，因地制宜，实施白龙江、北峪河流域生态综合治理和西汉水流域生态恢复、武都片区生态保护工程，改善全区生态环境，促进全区经济社会和谐发展。治理措施主要是实施生态保护工程、生态恢复治理工程、地质灾害防治工程、配套工程、生态监测体系与科技支撑服务体系建设五大工程。

（五）推进生态环境综合治理的几点建议

武都区的生态问题，不仅关系全区人民群众的生存和发展，而且关系长江中下游地区的生态安全。因此，建议将武都区作为一个特殊的生态功能保护区，从政策、资金、技术等各个方面给予倾斜，推进全区生态环境综合治理进程。

1. 继续实施退耕还林工程

武都区自 1999 年实施退耕还林以来，共完成退耕地还林 20.02 万亩，既有效改善了生态环境，又有力推动了林果等产业发展，促进了农民增收。2006 年以后，国家再未安排退耕地还林指标，农民对退耕还林的愿望十分强烈。全区现有 25°以上的坡耕地 54 万多亩，这部分耕地劳动力投入大、产出低，水土流失严重，加之"5·12"汶川特大地震致使生态环境遭受严重破坏，水土流失加剧，加快生态恢复迫在眉睫。需要国家在"十三五"期间继续实施退耕还林工程，将尚未退耕的 54 万亩 25°以上坡耕地全部纳入退耕还林范围。

2. 增加项目投资强度

由于武都区地形地貌特殊，项目建设成本相对较高。因此，需要提高中央财政对该区境内重大水利设施、大中型灌区配套改造、能源建设、农村安全饮水等工程建设投资标准。同时，在安排农业产业开发、农村环境治理、水土流失治理及地质灾害防治等项目时，对该区给予倾斜照顾。

3. 取消政府投资项目地方配套资金

由于武都区财政相对困难，对项目建设配套资金很难完全落实到位。因此，需要国家在安排河堤、公路等基础性、公益性项目时，取消地方政府配套资金。

4. 完善生态环境治理长效机制

需要出台水电资源开发长效补偿机制，提取一定比例的上网电费专项用于生态修复、环境保护和地质灾害治理等工程建设。同时，建议将武都区列入生态屏障建设保护与补偿试验区，进一步加大生态补偿转移支付力度，建立财政生态林补偿、补贴机制。

四　甘肃南部秦巴山地区长江上游生态安全屏障建设的对策

（一）落实生态安全屏障区域功能定位

按照甘肃发展战略定位和主体功能区规划①，围绕发挥重要生态安全屏障功能及南部秦巴山地区长江上游生态安全屏障等布局，保证主体功能定位全面落实，采取分区域综合治理，探索生态建设走出一条集中治理、综合施策的路子，全力筑起生态安全大屏障。突出涵养水源和生物多样性保护的重点，不断强化加强水土保持，综合防治山洪地质灾害，在森林、湿地及河湖等生态系统方面继续加大保护和修复力度，筑牢长江上游生态安全屏障。加快扶贫开发落实步伐，积极培育生态文化旅游、特色种植及加工等优势生态产业，建设好五大基地，即区域性交通枢纽、商贸物流中心、生态农产品生产加工、西部先进装备制造及有色金属资源开发加工，确保区域生态与经济协调、永续发展。

（二）稳步推进重点生态工程建设

侧重生态功能区生态修复、流域综合治理，稳步推进生态保护和修复工程，围绕荒漠化和水土流失及地质灾害等问题，就生态保护与恢复方面形成长效机制，确保生态系统的稳定性，增强环境承载力，提升防灾减灾能力，使区域生态经得起气候变化的考验。突出重点区域生态保护与修复，全面提升生态系统功能，保护和治理草原生态系统，保护和恢复湿地生态系统，保护和改良农田生态系统，完善水土流失治理及地质灾害综合防治体系，加强各类保护区建设与管理。

---

① 甘肃省人民政府办公厅：《甘肃省人民政府办公厅关于印发甘肃省建设国家生态安全屏障综合试验区"十三五"实施意见的通知》，2016年8月22日。

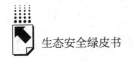

（三）健全完善环境污染综合防治机制

围绕环境质量提升这一核心，出台严格的环境保护制度，建立起政府、企业和公众共治的环境治理体系。扎紧三大制度的"笼子"，即环境影响评价制度、污染物排放总量控制制度及排污许可证制度，针对多污染物采取综合防治，并积极推进环境治理，打出联防联控和流域共治组合拳，不折不扣地使三大行动计划（大气、水、土壤污染防治）得到落实。针对农村环境，仍然采取综合治理措施，稳步改善环境质量，力争人民群众健康不受损害，为经济发展保驾护航。同时，要加强空气、水环境、土壤污染及农村环境综合治理。

（四）大力发展环境友好型产业

坚持保护生态环境、发挥比较优势的原则，积极探索生态建设与产业协调发展的新模式。充分发挥资源优势，提升产业集聚能力，坚持循环发展，进一步优化生产力布局；以技术创新为突破口，提高资源利用效率，加快传统产业升级改造步伐，拉长产业链；以绿色发展、循环发展、低碳发展为价值取向，优化产业结构，推动经济增长由传统方式向现代方式转变。逐步构建以生态农业为基础、以战略性新兴产业和传统优势产业为主导、以现代服务业为支撑的环境友好型产业体系。

（五）统筹推进生态建设与精准脱贫

全面贯彻执行中央和省市精准扶贫、精准脱贫的战略，坚持扶贫开发与生态保护两手抓，按照有关要求，深入落实精准扶贫、精准脱贫实施方案，坚决打赢精准脱贫攻坚战。第一，加大生态移民力度，保障资金投入，进行基础设施配套建设，确保移民不留死角。第二，积极探索精准脱贫模式，继续深入开展"为民富民"行动，侧重产业、教育、光伏及就业等，加大扶贫开发力度。第三，实施游牧民定居工程，完善被征地农牧民的合理补偿机制，创建生态建设与保护岗位，积极引导当地贫困农牧民参与生态保护。第四，建立并完善生态移民迁移的综合配套政策，鼓励生态脆弱区与重点开发区合作共建"飞地经济"，实现扶贫开发与区域发展"双赢"。第五，坚持精准扶贫与生态建设、服务业发展联袂行动的路径选择，努力发展生态农业、农产品加工业及文化旅游等绿色产业，不失时机地拓宽农民增收渠道和发展途径，确保脱贫目标如期实现。

G.6
陇东陇中黄土高原地区生态
安全屏障建设评价报告（2017）

康玲芬　李开明　庞　艳　唐安齐*

摘　要： 陇东陇中黄土高原地区生态安全屏障建设既是当地生态环境
　　　　改善和社会经济可持续发展的保障，而且影响整个西北地区
　　　　甚至全国的生态安全。本报告构建了包括生态环境、生态经
　　　　济和生态社会3项二级指标、18项三级指标和2项特色的生
　　　　态安全屏障评价指标体系，利用熵值法对该区生态安全屏障
　　　　建设情况进行评价与分析。在此基础上，阐述了该区生态安
　　　　全屏障建设的实践经验和面临的困难，并有针对性地提出了
　　　　因地制宜，采取有效的生态环保措施；提高生态屏障建设的
　　　　认识，减少人为因素的破坏；完善各种制度，建立保障体系；
　　　　生态保护与经济社会协同发展，完善生态补偿机制；加大重
　　　　点工程建设力度，落实生态屏障建设等对策。

关键词： 陇东陇中地区　生态屏障　生态安全　屏障建设

　　生态环境退化是全球面临的严重问题之一，已经威胁人类的生存与发

---

* 康玲芬，教授，博士，兰州城市学院地理与环境工程学院副院长，主要从事城市生态学的教
学与研究；李开明，副教授，博士，兰州城市学院地理与环境工程学院副院长，主要从事寒
旱区水文资源与区域经济研究；庞艳，西北师范大学环境工程专业硕士研究生；唐安齐，西
北师范大学自然地理学硕士研究生。

展。党的十八大把生态文明建设放在突出位置，提高到"五位一体"的战略高度，融入经济建设、政治建设、文化建设和社会建设全过程。"十二五"规划提出在全国建设"两屏三带"生态安全屏障的意见，明确了我国以"两屏三带"为主体的生态安全战略格局，即以黄土高原—川滇生态屏障、青藏高原生态屏障、北方防沙带、东北森林带和南方丘陵山地带及各个江河水系为骨架，以国家重点生态功能区为支撑，以国家禁止开发区域为重要组成部分的生态安全战略格局①。在党的十九次代表大会上，习近平再次强调了"生态环境任重道远"，"坚定走生产发展，生活富裕，生态良好的文明发展道路，建设美丽中国，为人民创造良好的生存环境，为全球生态安全做贡献"。

甘肃省位于西北内陆干旱半干旱地区，是青藏高原、黄土高原和内蒙古高原的交会处，降水稀少，气候干旱，生态环境脆弱，在全国生态安全中具有极其重要的地位。国务院办公厅发布的《关于进一步支持甘肃经济社会发展的若干意见》也将甘肃的生态安全上升到国家需求层面，认为甘肃的生态环境建设是关系西北，甚至国家生态安全的重要课题②。2014年1月，甘肃省明确提出并积极争取国家批准《甘肃省加快转型发展建设国家生态安全屏障综合试验区总体方案》。该方案根据甘肃发展战略定位和主体功能区规划，围绕发挥生态安全屏障功能，提出甘肃"四屏一廊"生态安全屏障布局，即"陇东陇中黄土高原地区生态安全屏障""南部秦巴山地区长江上游生态安全屏障""甘南高原地区黄河上游生态安全屏障""河西祁连山内陆河生态安全屏障""中部沿黄河地区生态走廊"。坚持分区域综合治理，并由分散治理向集中治理、单一措施向综合措施转变，全面落实主体功能定位，努力打造生态安全大屏障。

---

① 参见《详解十三五：构建"两屏三带"生态安全战略格局》，央广网，2016年7月5日，http：//china. cnr. cn/ygxw/20160705/t20160705_ 522586596. shtml；张广裕《西部重点生态区环境保护与生态屏障建设实现路》，《甘肃社会科学》2016年第1期。

② 《国务院办公厅关于进一步支持甘肃经济社会发展的若干意见》，文档库网站，http：//www. wendangku. net/doc/bd929c9f51e79b89680226ef. html。

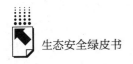

一 陇东陇中黄土高原地区生态屏障建设评价

陇东陇中黄土高原地区生态安全屏障是国家"两屏三带"黄土高原—川滇生态屏障的重要组成部分，包括庆阳、平凉、定西三市及白银市的会宁县，位于泾河、渭河等黄河支流上游地区。北边为祁连山，南边为太子山，东边为六盘山，西边为甘肃和青海的边界。该地区共23个县区，面积约9.4万平方千米，占甘肃省面积的20.7%。地质地貌复杂，受六盘山、陇山、华家岭等山脉隆起的影响，山、川、沟、峁、塬、梁等地形广泛分布，海拔885~3941米，气候干旱少雨，降水量350~700毫米，且降水主要集中在4~7月。产业以农业、工业为主，由于其复杂的气候、地理等因素影响，该地区水土流失严重，地表沟壑纵横，生态环境脆弱。因此，建设陇东陇中黄土高原地区生态安全屏障，对整个黄河流域乃至全国的生态屏障建设都具有深远的意义①。

（一）生态屏障建设评价指标体系

为反映陇东陇中黄土高原地区生态安全屏障建设的现状和进程，遵循全面性、综合性、可比性、简明性、独立性、可行性和稳定性等原则，结合国家生态安全屏障试验区建设主要指标②，本报告在充分考虑陇东陇中黄土高原地区的自然环境、经济社会发展现状、生态安全内涵及数据可得性的前提下，从自然生态安全、经济生态安全和社会生态安全三个方面出发建立包含16项三级指标和2项特色指标的科学、规范的甘肃省国家生态安全屏障评

---

① 环境保护部规划财务司：《稳步推进着力构建国家生态安全屏障》，《环境保护》2011年第7期。

② 《甘肃省人民政府办公厅关于印发甘肃省建设国家生态安全屏障综合试验区"十三五"实施意见的通知》，甘肃政府服务网，2016年8月26日，http://www.gansu.gov.cn/art/2016/8/26/art_4827_284437.html。

价指标体系（见表1），以评价陇东陇中地区生态安全屏障的建设现状和发展趋势。

表1 陇东陇中黄土高原地区生态安全屏障评价指标体系

核心指标				特色指标
一级指标	二级指标	序号	三级指标	四级指标
陇东陇中黄土高原地区生态安全屏障	生态环境	1	森林覆盖率(%)	退耕还林（还草）工程进展
		2	湿地面积(万公顷)	
		3	农田耕地保有量(万亩)	
		4	城市建成区绿化覆盖率(%)	
		5	PM2.5［空气质量优良天数(天)］	
		6	人均绿地面积(平方米)	
	生态经济	7	人均GDP(元)	固沟保塬工程进展
		8	服务业增加值比重(%)	
		9	单位GDP耗水量(吨/万元)	
		10	二氧化硫(SO_2)排放量(千克/万元)	
		11	一般工业固体废物综合利用率(%)	
		12	第三产业占比(%)	
	生态社会	13	城市燃气普及率(%)	
		14	R&D研究和试验发展费占GDP比重(%)	
		15	城市人口密度(人/平方千米)	
		16	普通高等学校在校学生人数(人)	

（二）生态屏障建设评价数据来源及方法

1.生态屏障建设评价数据来源

本报告对陇东陇中黄土高原地区生态屏障建设评价以2016年统计数据为基础。为保持生态屏障建设时间尺度上的可比性，评价指标的数据来自《中国城市统计年鉴》、《中国环境年鉴》、《甘肃统计年鉴》、各城市的统计年鉴、城市国民经济和社会发展报告及政府工作报告等。会宁县部分统计数据难以找到，因其属于白银市，又与定西市接壤，故根据实际情况，部分数据用白银市或定西市数据替代。各评价指标的原始数据整理结果见表2。

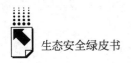

表2　2016年陇东陇中黄土高原地区生态安全屏障评价各指标原始数据

指标	庆阳市	平凉市	定西市	会宁县
森林覆盖率（%）	28	30.4	13.04	14.3
湿地面积（万公顷）	2.64	1.67	2.10	1.56
农田耕地保有量（平方千米）	4541.92	3701.71	8091.35	2615.35
城市建成区绿化覆盖率（%）	37.1	33.8	25.2	25.2
PM2.5（空气质量优良天数）（天）	321	310	313	313
人均绿地面积（平方米）	7.48	8.35	16.56	8.35
人均GDP（元）	26734	17486	11541	15683.02
服务增加值比重（%）	0.2723	0.1162	0.1423	0.1538
单位GDP耗水量（吨/万元）	54	79.7	119.8	214.32
二氧化硫（SO_2）排放量（千克/万元）	0.037	0.019	0.37	0.025
一般工业固体废弃物综合利用率（%）	98	98.84	90	75.02
第三产业占比（%）	38.12	47.1	53.2	47.1
城市燃气普及率（%）	78.15	90.03	75.34	75.34
R&D研究和试验发展费占GDP比重（%）	0.34	0.13	0.19	0.1
城市人口密度（人/平方千米）	7885	1332	5992	3112
普通高等学校在校学生人数（人）	16821	5670	4535	3678

2.生态屏障建设评价方法

（1）归一化处理

16项三级指标具有不同量纲，因此，对数据进行标准化处理。本报告采用极差法对数据进行归一化处理，具体计算公式如下：

正向指标：$X = X_i / X_{max}$；

负项指标：$X = X_{min} / X_i$。

其中，X表示指标的标准化赋值，X_i表示实测值，X_{max}表示实测最大值，X_{min}表示实测最小值。指标归一化处理数据见表3。

表3　陇东陇中黄土高原地区生态安全屏障评价指标归一化处理数据

指标	庆阳市	平凉市	定西市	会宁县
森林覆盖率	0.6786	1.0000	0.4289	0.4111
湿地面积	1.0000	0.6326	0.7955	0.5909
农田耕地保有量	0.5613	0.4575	1.0000	0.3232
城市建成区绿化覆盖率	1.0000	0.9111	0.6792	0.6792
PM2.5(空气质量优良天数)	1.0000	0.9657	0.9751	0.9751
人均绿地面积	0.4517	0.5042	1.0000	0.5042
人均 GDP	1.0000	0.6541	0.4448	0.5866
服务业增加值比重	1.0000	0.4267	0.5225	0.5648
单位 GDP 耗水量	1.0000	0.6775	0.4507	0.2520
二氧化硫(SO_2)排放量	0.5135	1.0000	0.7600	0.7600
一般工业废物综合利用率	0.9915	1.0000	0.9105	0.7590
第三产业占比	0.7165	0.8853	1.0000	0.8853
城市燃气普及率	0.8680	1.0000	0.8368	0.8368
R&D 研究和试验发展费占 GDP 比重	1.0000	0.3824	0.5588	0.2941
城市人口密度	0.1689	1.0000	0.2223	0.4280
普通高等学校在校学生人数	1.0000	0.3370	0.2696	0.2186

（2）指标权重的确定

指标体系中的每个指标相对整个评价体系来说，其重要程度不同，指标权重的确定就是从若干评价指标中分出轻重。本报告利用熵值法计算各个指标的权重，计算过程分为如下三个步骤：

①通过上述指标标准化后，各标准值都在［0，1］区间，计算各指标的熵值：$U_j = - \sum_{i=1}^{m} X_{ij} \ln X_{ij}$ ，其中 m 为样本数；

②熵值逆向化：$S_j = \dfrac{\max U_j}{U_j}$ ；

③确定权重：$W_j = \dfrac{S_j}{\sum_{j=1}^{n} S_j} (j = 1, 2, \cdots, n)$

通过以上公式计算得到各指标的权重值（见表4）。

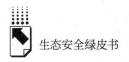

表4　陇东陇中黄土高原地区生态安全屏障评价指标权重

指标名称	权重
森林覆盖率	0.0203
湿地面积	0.0524
农田耕地保有量	0.0189
城市建成区绿化覆盖率	0.2631
PM2.5(空气质量优良天数)	0.2424
人均绿地面积	0.0191
人均 GDP	0.0211
服务增加值比重	0.0258
单位 GDP 耗水量	0.0206
二氧化硫排放量	0.0265
一般工业废物利用率	0.0662
第三产业占比	0.0442
城市燃气普及率	0.0477
R&D 研究和试验发展费占 GDP 比重	0.0190
城市人口密度	0.0201
普通高等学校在校学生人数	0.0191

（3）综合指数的计算

本报告采用综合指数 EQ 来评价区域生态安全度，计算公式如下：

$$EQ(t) = \sum_{i=1}^{n} W_i(t) \times X_i(t)$$

其中，X_i 代表评价指标的标准化值，W_i 为生态安全评价指标 i 的权重，n 为指标总项数。

根据上述计算公式，2016 年陇东陇中黄土高原地区生态安全综合指数见表5。

表5　2016 年陇东陇中黄土高原地区生态安全综合指数

地区	庆阳市	平凉市	定西市	会宁县	陇东陇中黄土高原地区
综合指数	0.8154	0.8094	0.7248	0.6719	0.7554

（三）陇东陇中黄土高原地区生态屏障建设评价与分析

生态安全评价综合指数反映该地区的生态安全度和生态预警级别，根据学界的研究结果，课题组将生态安全综合指数分为五个级别，分别反映不同程度的生态安全度和预警级别。生态安全分级标准见表6。

表6 生态安全分级标准

综合指数	状态	生态安全度	指标特征
[0～0.2]	很差	严重危险	生态破坏严重,系统功能极不完善,很难恢复与重建,生态灾害多
(0.2～0.4]	较差	危险	生态破坏较严重,系统功能较不完善,较难恢复与重建,生态灾害较多
(0.4～0.6]	一般	预警	生态受到一定破坏,系统功能有所退化,恢复与重建有困难,有生态灾害发生
(0.6～0.8]	良好	较安全	生态破坏较小,系统功能较完善,可以恢复与重建,生态灾害不常出现
(0.8～1]	理想	安全	生态基本未受干扰,系统功能基本完善,恢复再生能力强,生态灾害少

资料来源：张淑莉、张爱国：《临汾市土地生态安全度的县域差异研究》，《山西师范大学学报》（自然科学版）2012年第2期。

根据表6中的生态安全分级标准，2016年陇东陇中黄土高原地区生态安全综合指数及生态安全状态见表7。

表7 2016年陇东陇中黄土高原地区生态安全屏障评价结果

地区	综合指数	生态安全状态	生态安全度
庆阳市	0.8154	良好	较安全
平凉市	0.8094	良好	较安全
定西市	0.7248	良好	较安全
会宁县	0.6719	良好	较安全
陇东陇中黄土高原地区	0.7554	良好	较安全

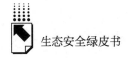

由表 7 可知，陇东陇中黄土高原地区生态安全综合指数为 0.7554，生态环境比较安全。这说明，陇东陇中黄土高原地区生态安全屏障尽管存在各种生态环境问题，但总体来说，生态环境受破坏较小，生态系统服务功能较完善。其中，平凉市的生态安全综合指数最高，达到 0.8094；其次是庆阳市和定西市，生态安全综合指数分别是 0.8154 和 0.7248，均处于比较安全状态，会宁县生态安全综合指数为 0.6719，生态安全状态良好。这说明该生态屏障区域内各市县差别不大，生态环境状况总体较好。

（四）陇东陇中黄土高原地区生态屏障建设侧重度、难度及综合度分析

生态安全屏障建设规划、投入及实施是生态屏障建设有序向前推进的三个重要环节。建设规划是依据实际情况、实际建设效果、实际建设投入来不断调整的一个动态修正过程。如何使建设规划科学合理是生态屏障建设持续有效健康发展的前提。生态环境建设、生态经济建设、生态社会建设要同时进行，但在不同时期其建设的速度、投资规模、建设规模往往有所不同，如何在规划中科学合理地反映这些差异，是亟待解决而未能很好解决的问题。

生态安全屏障建设综合指数由 16 个三级指标组成，每个指标代表建设的某一方面。在不同时期，这 16 个方面都要同时建设，但应有所侧重。如何在不同时期给出这 16 个方面建设侧重顺序，是生态安全屏障建设的一项重要任务。为此引入生态安全屏障建设侧重度、建设难度、建设综合度的概念。

1. 生态安全屏障建设侧重度

生态安全屏障建设侧重度反映的是生态安全屏障在不同时期不同方面的建设侧重次序。设 $A_i(t)$ 是城市 A 在第 t 年关于第 i 个指标的排序名次，称

$$\lambda A_i(t+1) = \frac{A_i(t)}{\sum_{j=1}^{n} A_j(t)} (i = 1,2,\cdots,N)$$

为生态安全屏障 A 在第 $t+1$ 年关于第 i 个指标的建设侧重度，这里 N 是城市个数，n 是指标个数。

如果 $\lambda A_i(t+1) > \lambda A_j(t+1)$ ，则表明在第 $t+1$ 年第 i 个指标建设应优先于第 j 个指标。这是因为在第 t 年，第 i 个指标在各城市的排名比第 j 个指标较后，所以在第 $t+1$ 年，第 i 个指标应优先于第 j 个指标建设，这样可以缩小各城市的差距，使各区域生态安全屏障建设协调发展。2016 年甘肃陇东陇中黄土高原地区生态屏障 16 个指标建设侧重度的数值及排名见表 8。

表 8　2016 年四个城市生态安全屏障建设侧重度及排名

指标	庆阳市		平凉市		定西市		会宁县	
	数值	排名	数值	排名	数值	排名	数值	排名
森林覆盖率	0.063	2	0.031	3	0.071	2	0.077	1
湿地面积	0.031	3	0.094	1	0.048	3	0.077	1
农田耕地保有量	0.063	2	0.094	1	0.024	4	0.077	1
城市建成区绿化覆盖率	0.031	3	0.063	2	0.071	2	0.058	2
PM2.5（空气质量优良天数）	0.031	3	0.063	2	0.071	2	0.058	2
人均绿地面积	0.125	1	0.094	1	0.024	4	0.038	3
人均 GDP	0.031	3	0.063	2	0.095	1	0.058	2
服务业增加值比重	0.031	3	0.094	1	0.095	1	0.038	3
单位 GDP 耗水量	0.031	3	0.063	2	0.071	2	0.077	1
二氧化硫（SO_2）排放量	0.125	1	0.031	3	0.048	3	0.058	2
一般工业废物综合利用率	0.063	2	0.031	3	0.071	2	0.077	1
第三产业占比	0.125	1	0.063	2	0.024	4	0.058	2
城市燃气普及率	0.063	2	0.031	3	0.095	1	0.058	2
R&D 研究和试验发展费占 GDP 比重	0.031	3	0.094	1	0.048	3	0.077	1
城市人口密度	0.125	1	0.031	3	0.071	2	0.038	3
普通高等学校在校学生人数	0.031	3	0.063	2	0.071	2	0.077	1

从表 8 可以看出，2016 年庆阳市建设侧重度排在前面的指标是人均绿地面积、二氧化硫（SO_2）排放量、第三产业占比、城市人口密度。

平凉市建设侧重度排在前面的指标是湿地面积、农田耕地保有量、人均绿地面积、服务业增加值比重、R&D 研究和试验发展费占 GDP 比重。

定西市建设侧重度排在前面的指标是人均 GDP、服务业增加值比重、城市燃气普及率。

会宁县建设侧重度排在前面的指标是森林覆盖率、湿地面积、农用耕地

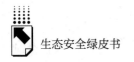

保有量、单位 GDP 耗水量、一般工业废物综合利用率、R&D 研究和试验发展费占 GDP 比重、普通高等学校在校学生人数。

城市的某项指标建设侧重度越大，排名越靠前，就意味着下一个年度该城市建设应加大这项指标的建设力度。

在实际工作中，不仅要考虑各项指标的建设侧重度，还要考虑该指标的建设难度。

2. 生态安全屏障建设难度

生态安全屏障三级指标建设难度反映的是不同时期不同方面建设的难易次序。三级指标建设难度大的其建设力度应该也大，反之其建设力度应该小。

用 $\max_i(t)$ 和 $\min_i(t)$ 分别表示第 i 个指标在第 t 年的最大值和最小值，$\alpha A_i(t)$ 为城市 A 在第 t 年关于第 i 个指标的值，令

$$\mu A_i(t) = \begin{cases} \dfrac{\max_i(t) + 1}{aA_i(t) + 1} & (\text{指标 } i \text{ 为正向}) \\[3mm] \dfrac{aA_i(t) + 1}{\min_i(t) + 1} & (\text{指标 } i \text{ 为负向}) \end{cases}$$

称

$$\gamma A_i(t+1) = \frac{\mu A_i(t)}{\sum_{j=1}^{n} \mu A_i(t)} (i = 1, 2, \cdots, N)$$

为城市 A 在第 $t+1$ 年指标 i 的建设难度（$i=1$，2，$\cdots$，N）。

2016 年陇东陇中黄土高原地区生态屏障 16 个指标的建设难度数值及排名见表9。

表9 2016 年陇东陇中黄土高原地区生态安全屏障建设难度及排名

指标	庆阳市		平凉市		定西市		会宁县	
	数值	排名	数值	排名	数值	排名	数值	排名
森林覆盖率	0.0462	6	0.0454	12	0.0811	4	0.0673	5
湿地面积	0.0427	9	0.0618	6	0.0426	10	0.0466	9
农田耕地保有量	0.0761	3	0.0991	2	0.0363	14	0.1014	3

续表

指标	庆阳市		平凉市		定西市		会宁县	
	数值	排名	数值	排名	数值	排名	数值	排名
城市建成区绿化覆盖率	0.0427	9	0.0497	10	0.0527	6	0.0477	8
PM2.5（空气质量优良天数）	0.0427	9	0.0470	11	0.0372	13	0.0336	15
人均绿地面积	0.0884	2	0.0852	3	0.0363	14	0.0616	6
人均 GDP	0.0427	9	0.0694	4	0.0840	3	0.0559	7
服务增加值比重	0.0427	9	0.0550	7	0.0439	8	0.0393	12
单位 GDP 耗水量	0.0427	9	0.0666	5	0.0796	4	0.1283	2
二氧化硫（SO_2）排放量	0.0435	7	0.0454	12	0.0487	7	0.0330	16
一般工业固体废弃物综合利用率	0.0431	8	0.0454	12	0.0398	12	0.0430	10
第三产业占比	0.0592	4	0.0511	9	0.0363	14	0.0369	14
城市燃气普及率	0.0491	5	0.0454	12	0.0432	9	0.0391	13
R&D 研究和试验发展费占 GDP 比重	0.0427	9	0.0538	8	0.0408	11	0.0399	11
城市人口密度	0.2527	1	0.0454	12	0.1630	1	0.0765	4
普通高等学校在校学生人数	0.0427	9	0.1346	1	0.1345	2	0.1499	1

从表 9 可以看出，2016 年庆阳市建设难度排在前面的指标是城市人口密度、人均绿地面积、农田耕地保有量、第三产业占比。

平凉市建设难度排在前面的指标是普通高等学校在校学生人数、农田耕地保有量、人均绿地面积、人均 GDP。

定西市建设难度排在前面的指标是城市人口密度、普通高等学校在校学生人数、人均 GDP、森林覆盖率。

会宁县建设难度排在前面的指标是普通高等学校在校学生人数、单位 GDP 耗水量、农田耕地保有量、城市人口密度。

城市的某项指标建设难度越大，排名越靠前，就意味着下一个年度该城市这项指标的建设难度更大。

在实际工作中，有些项目虽然建设难度大，但建设侧重度小，而有些项目虽然建设难度小，但建设侧重度大，所以仅有建设侧重度和建设难度还是不够的，不能反映建设过程的投资比例和建设力度等因素，为此引入生态安全屏障建设三级指标建设综合度的概念。

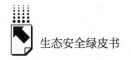

3. 生态安全屏障建设综合度

生态安全屏障建设指标的建设综合度反映的是由本年的建设现状来决定下年度各建设项目的投入力度。

如果 $\gamma A_i(t+1) > \gamma A_j(t+1)$，则表明在第 t 年第 i 个指标比第 j 个指标偏离所在区域最高值越远，所以在第 $t+1$ 年，第 i 个指标应优先于第 j 个指标建设。称

$$\nu A_i(t+1) = \frac{\lambda A_i(t)\mu A_i(t)}{\sum_{j=1}^{n} \lambda A_j(t)\mu A_j(t)}$$

为城市 A 在第 $t+1$ 年指标 i 的建设综合度（$i=1, 2, \cdots, N$）。

如果 $\nu A_i(t+1) > \nu A_j(t+1)$，则表明在第 $t+1$ 年，第 i 个指标理论上应优先于第 j 个指标建设。四个城市生态安全屏障建设 16 个指标的建设综合度见表 10。综合度大表明在下年度建设投入力度大，反之则小。综合度的值是介于 0 与 1 之间，每个城市 16 个指标的侧重度之和等于 1，各指标综合度是下年度建设投入的权重，权重大的下年度应要加大投入。

生态安全屏障建设综合度反映的是不同时期不同方面的建设力度次序，力度大的重视的程度应该高，投资的比例也应该高。

表 10　2016 年四个城市生态安全屏障建设综合度及排名

指标	庆阳市 数值	庆阳市 排名	平凉市 数值	平凉市 排名	定西市 数值	定西市 排名	会宁县 数值	会宁县 排名
森林覆盖率	0.0363	7	0.0213	12	0.0862	4	0.0792	4
湿地面积	0.0168	9	0.0872	4	0.0302	12	0.0548	5
农田耕地保有量	0.0598	5	0.1398	1	0.0129	14	0.1193	3
城市建成区绿化覆盖率	0.0168	9	0.0467	10	0.0561	8	0.0421	10
PM2.5（空气质量优良天数）	0.0168	9	0.0441	11	0.0395	10	0.0297	14
人均绿地面积	0.1390	2	0.1201	3	0.0129	14	0.0362	11
人均GDP	0.0168	9	0.0652	7	0.1191	3	0.0493	7
服务业增加值比重	0.0168	9	0.0775	5	0.0623	6	0.0231	16
单位GDP耗水量	0.0168	9	0.0626	8	0.0847	5	0.1510	2
二氧化硫（SO₂）排放量	0.0683	4	0.0213	12	0.0346	11	0.0291	15

指标	庆阳市		平凉市		定西市		会宁县	
	数值	排名	数值	排名	数值	排名	数值	排名
一般工业废物综合利用率	0.0338	8	0.0213	12	0.0423	9	0.0507	6
第三产业占比	0.0930	3	0.0480	9	0.0129	14	0.0326	13
城市燃气普及率	0.0386	6	0.0213	12	0.0613	7	0.0345	12
R&D 研究和试验发展费占 GDP 比重	0.0168	9	0.0758	6	0.0289	13	0.0470	8
城市人口密度	0.3970	1	0.0213	12	0.1733	1	0.0450	9
普通高等学校在校学生人数	0.0168	9	0.1265	2	0.1430	2	0.1764	1

从表 10 可以看出，2016 年庆阳市建设综合度排在前面的指标是城市人口密度、人均绿地面积、第三产业占比、二氧化硫（SO_2）排放量。

平凉市建设综合度排在前面的指标是农田耕地保有量、普通高等学校在校学生人数、人均绿地面积、湿地面积。

定西市建设综合度排在前面的指标是城市人口密度、普通高等学校在校学生人数、人均 GDP、森林覆盖率。

会宁县建设综合度排在前面的指标是普通高等学校在校学生人数、单位 GDP 耗水量、农田耕地保有量、森林覆盖率。

从上述陇东陇中黄土高原地区四个城市生态安全屏障的建设侧重度、建设难度、建设综合度可以看出，不同地区生态安全屏障建设的重点有所不同，应根据当地实际情况，结合各地区各指标的建设侧重度、建设难度和建设综合度合理规划，有序高效推进该地区生态安全屏障建设。

（五）陇东陇中黄土高原地区生态安全屏障特色指标评价与分析

近年来，陇东陇中黄土高原地区实施的一些典型生态保护项目也可以反映这一生态安全屏障的建设现状，以固沟保塬生态工程项目和退耕还林工程项目为例。

1. 固沟保塬生态工程

庆阳市位于黄土高原的西部，是世界上黄土塬面最集中分布的区域之一。境内有董志塬、早胜塬、宫河塬、孟坝塬、盘克塬、春荣塬、西华池

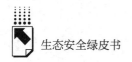

塬、屯子塬、平泉塬等面积在 1 万亩以上的黄土塬 37 个。沟多坡陡、地形起伏破碎；气候差异较大；水资源缺乏，供需矛盾突出；山地丘陵面积大；植被覆盖率较低。长期以来，水土流失将塬面"撕裂"，塬面逐年萎缩，沟头前进、沟岸扩张、沟床下切，有的已经危及城郊边缘，导致生态环境恶化，灾害性天气经常出现，严重制约了庆阳市经济社会的可持续发展和人民群众生命财产安全。

数据显示，庆阳市水土流失面积 23292 平方千米，占总面积的 86%。土壤侵蚀模数平均在 7200 吨以上，局部地区达 10000 吨，年入黄泥沙 1.684亿吨，占黄河流域入黄泥沙的 1/10，占甘肃省入黄泥沙的 1/3。每年 7~9月是庆阳的雨季，塬区的降水也集中在这几个月，遇到强度大、持续时间长的暴雨，水土流失将会更加严重，甚至造成灾害频发。为有效防治水土流失、改善农业生产条件，多年来，庆阳市坚持开展以梯田建设、小流域综合治理、水保淤地坝建设为主要内容的水土流失综合防治工作。

庆阳市更是把"固沟保塬"和"再造一个子午岭"、"资源开发区生态治理"作为生态文明建设的三大工程来全力推进。

近年来，在水利部、黄委会和甘肃省水利厅的关心支持下，庆阳市相继实施了世行贷款一、二期项目、蒲河一、二期项目、黄河水土保持生态建设齐家川、砚瓦川示范工程、国家水土保持重点建设工程、全国坡耕地综合治理工程，以及国家农业综合开发水保项目、黄土高原淤地坝工程等大中型水土保持项目。

为保护这些黄土大塬，庆阳市把"固沟保塬"作为全市生态文明建设重点工作，编制了《庆阳市董志塬区"固沟保塬"综合治理实施规划》①。项目涉及八县（区）境内的 37 条塬 227 条小流域，规划总面积 9566.35 平方千米，估算总投资 43.97 亿元，亟须治理的有 118 条抢救性沟道。

2016 年 3 月，这一项目开始正式实施。截至 2018 年，已完成投资 3.69

---

① 《庆阳强力推进固沟保塬工程建设生态文明新庆阳》，每日甘肃网，2014 年 8 月 27 日，http://ldnews.gansudaily.com.cn/system/2014/08/27/015156982.shtml。

亿元，治理保护塬面面积 600 平方千米，12 条抢救性沟头沟道水土流失严重态势得到了有效控制。

根据测算，固沟保塬工程实施后，董志塬区水土流失治理程度将达到 70% 以上，林草植被覆盖度将提高到 45% 以上，可使当地塬面萎缩趋势得到有效遏制，蓄水和抗御自然灾害能力显著提高，生态环境明显改善。

固沟保塬是一项综合性的生态治理工程。庆阳市按照北部主抓坡耕地改造、南部突出固沟保塬科学布局，因地施策、因地制宜积极开展山、水、田、林、路、村"六位一体"综合治理，已完成西峰区崆峒沟、宁县烂泥沟、合水县玉皇沟、正宁县移风沟、环县刘阳洼等一批治理规模大、生态效益好的示范流域 300 多条。

在此基础上，庆阳市还建成了一批高质量、高水平、高效益的特色农业、优质林果和规模种草养畜示范区域。项目的实施，有效控制了局部地区水土流失，减少了入黄泥沙，改善了生态环境。项目区水土流失由治理前每年每平方千米 7200 吨下降到现在的 3100 吨。

庆阳市总耕地面积 1040.9 万亩，其中坡耕地面积 885 万亩，占耕地总面积的 85%，是水土流失的重点区域和泥沙产生的主要来源之一。按照"梯田修到哪里，道路就通到哪里，流域治理就跟到哪里，产业布局就规划到哪里，特色农业种植示范点就建到哪里"的综合治理模式，庆阳市大力整合退耕还林口粮田、土地整理、农业综合开发、扶贫梯田建设、全国坡耕地水土流失综合治理等项目，发挥了资金聚集效应。

数据显示，截至 2016 年底，庆阳市累计兴修梯田 676.83 万亩，农民人均基本农田达到 3 亩以上，建成了环县老虎沟、镇原县吕家河等万亩连片梯田工程 52 处，庆城县太白梁、西峰区五郎铺等千亩综合示范工程 170 处。宁县、西峰区率先实现了梯田化目标，正宁县、合水县达到了梯田化标准。全市有 60 个乡镇、700 个行政村实现了梯田化，梯田化率达到了 62.4%，受益人口 164 万人。坡改梯田建设，有效治理了水土流失，改善了农业生产基础条件，为促进山区群众全面建成小康社会打牢了基础。

淤地坝是拦截泥沙、蓄水滞洪、减蚀固沟的最后一道防线。庆阳市按照

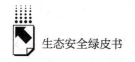

"打坝淤地、蓄洪排清、惠民利民"的建坝要求，发挥了淤地坝的"三大效益"。截至 2016 年底，全市建成各类淤地坝 847 座，占全省的 56%。

据测算，庆阳市淤地坝已累计拦截泥沙 1.25 亿吨，淤成坝地 2.8 万亩，保灌面积 0.62 万亩。目前有 261 座淤地坝常年蓄水 1545.7 万立方米，有效解决了山区 8756 人、1.35 万头大家畜饮水困难和 3.75 万人出行交通问题，还建成融养殖垂钓、休闲度假为一体的综合开发生态示范点 57 处。淤地坝的建设和运用既有固沟保塬的作用，又达到了助农增收脱贫的目的。

研究黄土塬面保护先进技术，着力解决治理措施单一、降低治理成本和治理难、保护难等突出问题，庆阳市采取"请进来、走出去"等方式，先后与中科院水土保持研究所、西北农林科技大学进行三次交流合作，积极探讨和完善黄土高原塬面保护及水土流失综合性治理方式的措施科学配置问题。目前，已与中科院水土保持研究所、西北农林科技大学达成合作协议，在全市 12 条塬面 30 条抢救性沟道布设水土流失监测设施，为水土流失科学治理提供技术支撑。

为确保治理效果，庆阳市还强化了水土保持执法体系建设，建立健全水土保持监督执法机构，完善配套法规体系，规范水土保持监督管理，不断提升依法行政的能力和水平。还严格水土保持方案编报审批，凡在水土流失重点预防区开办生产建设项目，都要依法编报水土保持方案。根据《水土保持法》规定"谁建设、谁保护，谁造成水土流失、谁负责治理"的原则，生产建设单位要严格按照报批的水土保持方案确定的各项防治措施，及时对生产建设项目造成的水土流失进行有效治理，年征收水土保持补偿费达到 4000 万元以上。

从 2015 年起，庆阳市每年由市政府对各县区的水保工作进行考核，考核内容包括水土流失治理进度和成效、水土保持资金使用情况、生产建设项目依法落实水土保持管理和"三同时"制度情况，进一步加大水土流失责任追究力度。庆阳市还以《水土保持法》、《甘肃省水土保持条例》及各项法律法规为重点，做到水保宣传进机关、进学校、进党校、进社区、进农村、进企业，形成全社会关心支持水土保持，参与防治水土流失的良好氛围。

2. 退耕还林生态工程

退耕还林就是从保护和改善生态环境出发，将易造成水土流失的坡耕地有计划、有步骤地停止耕种，按照适地适树的原则，因地制宜地植树造林，恢复森林植被。陇东陇中黄土高原地区是全国最早开展退耕还林工程的试点地区之一。经过多年努力，该地区生态环境得到了明显的改善，农村产业结构得到进一步优化，农民收入显著增加，生态、经济和社会和谐发展，各方面均取得了明显的成效。

2014 年国家启动新一轮退耕还林工程后，各地区抢抓机遇，进一步加强退耕还林工程的实施[①]。定西市通渭县共完成轮退耕还林工程 26.65 万亩（经济林 3.31 万亩，生态林 22.44 万亩，金银花 0.9 万亩），其中 2014 年 1 万亩、2015 年 0.65 万亩、2016 年 15 万亩、2017 年 1 万亩、2018 年 9 万亩。随着新一轮退耕还林工程的深入实施，全县国土绿化面积进一步扩大，2014~2018 年，仅新一轮退耕还林，就将全县国土绿化率提高了 6.18 个百分点，实施区域内生态环境得到有效改善；大面积撂荒地得以利用；农业种植结构合理调整；农民增收渠道进一步拓宽。

会宁县退耕还林任务 98063 亩，共涉及 28 个乡镇 102 个村 7377 户农户，国家投资补助资金 14709.45 万元。目前，整地造林工作已全部完成，为进一步提高苗木成活率和保存率，2016 年会宁县对 2014 年和 2015 年新一轮退耕还林地块进行了全面补植补造。同时，会宁县把文冠果等优势林果树种作为退耕还林的主推树种，为促进全县农业产业结构调整、增强农村经济实力，促进农民致富增收奠定了坚实基础。

定西市在 2014~2018 年，认真贯彻落实习近平总书记"绿水青山就是金山银山"重要指示精神，紧紧围绕"建设国家生态文明先行示范区"的总体目标，坚持绿色发展理念，实施"生态立市"战略，生态建设产业化、

---

① 《退耕还林带来的巨大收益》，和讯网，2016 年 7 月 14 日，http：//news. hexun. com/2016 - 07 - 14/184925007. html。

产业建设生态化，坚持全市林业工作一盘棋思想，发扬"勤、严、细、实、快、准、廉"的林业行业作风，坚持"造、封、管、改"并举，生态建设"点、线、面"结合，整体推进，打好"五张牌"（生态绿化、经济林果、林下经济、林木种苗花卉和生态旅游休闲牌），实施好"五大工程"（退耕还林、三北防护林、天然林保护、黄土高原综合治理和面山绿化提升改造工程），突出抓好"五项工作"（项目建设、生态公益林补偿、资源管理、森林防火和林业有害生物防治工作），强化"两个支撑"（林业科技、林业法治），坚持"一个原则"（严管林、质为先、慎用钱原则），确保"四个安全"（资源安全、生产安全、资金安全、干部安全），努力构建完备的林业生态体系、发达的林业产业体系和繁荣的林业生态文化体系。

五年来，全市完成林业重点工程造林封育 134.46 万亩（人工造林 101.56 万亩，封山育林 32.9 万亩），其中，完成退耕还林工程 59.49 万亩、天然林保护工程 16.58 万亩、三北防护林工程 32.54 万亩，造林补贴项目 25.85 万亩。完成各类林业重点工程投资 22 亿元。全市发展经济林果 35 万亩，完成城乡面山绿化 52.01 万亩，义务植树 7516 万株。全市森林面积达到 371.95 万亩，活立木总蓄积 854.76 万立方米，森林覆盖率由"十一五"末的 11.4% 增加到 2016 年底的 13%。控制森林火灾发生面积占本地森林面积的比重小于 0.9‰，林业有害生物成灾率小于 4.8‰。全市七个县区周围的城区面山基本绿化，天定、平定高速等通道造林初见成效。昔日的退耕地，现已郁郁葱葱，生物多样性得到有效恢复，有些珍贵的野生动物重返家园。全市广大山区的农业生产条件得到有效改善，水源涵养功能显著增强，水土流失得到有效遏制，水土保持能力明显增强，生态环境和人居环境大为改善。全市已初步形成经济林果、育苗、花卉、森林生态旅游、林下经济五大林业产业模式，重点发展苹果、核桃、梨、花椒、杏等经济林果，总面积达到 135 万亩，挂果面积 59.4 万亩，年产量 27.58 万吨，总产值 11.6 亿元。通过政府引导、政策扶持、部门服务等举措，引导鼓励非公有制成分参与林业生态建设，从事林木种苗产业化经营，全市以私营企业、经济合作组织为主体的非公有制林业经济实体迅速发展，育苗面积达 8.7 万亩，品种达

150 多种，总育苗量达 7 亿株，年均出圃各种苗木 1 亿株左右，销售收入达 1 亿元以上。以临洮县为主的花卉产业，探索形成了"龙头企业＋基地＋协会＋农户"的发展模式，年均种植面积 2000 亩，产值 1.5 亿元，带动农户 1.25 万户，基本形成以大丽花、紫斑牡丹、郁金香、观赏百合、兰花等为主的花卉产业主导产品，产品远销全国 23 个大中城市和东南亚地区。

全市林业科研、推广部门牢固树立科技兴林战略，把科技作为推进各项工作的第一抓手，在造林绿化、林果产业等方面推广适用技术，推广先整地后造林、反坡梯田整地、鱼鳞坑整地、径流集水整地、容器育苗、阔叶树截干栽植、针叶树带土栽植、抢墒造林、三季造林、覆膜保墒、泥浆蘸根等抗旱造林技术，推行整乡整村整流域推进模式和乔灌草结合的治理模式，提高造林质量。

全市始终把宣传工作作为推进林业生态文明建设重要措施来抓，充分利用各种宣传平台，开展林业宣传，为林业发展创造良好的舆论氛围。利用广播、电视、报纸等新闻媒体，采取出动宣传车、书写标语、悬挂横幅、编印宣传资料、办林业简报等形式，组织开展"地球日"、"世界环境日"、植树节、"爱鸟周"、"科技活动周"、"精准扶贫　圆梦小康"等大型主题宣传活动。以新闻媒体、政府门户网站、林业简报为平台，全方位开展宣传工作，国家、省、市网站等各级各类媒体经常性宣传报道定西林业建设成效。编印《生态文明建设知识问答》《生态文明建设重要论述文件资料汇编》《全市造林绿化林业产业发展先进典型材料汇编》各 7800 册，编印《定西市适地适树主要造林绿化树种》1000 多册，下发到了各县区、各乡镇。通过丰富多彩的宣传活动，形成强大的舆论氛围，提升宣传的社会效应，引导和推进林业生态文明建设持续健康有序发展。为使广大农民群众能及时、准确、全面了解掌握退耕还林政策，有效调动农民退耕还林积极性，定西市委、市政府主要领导亲自研究部署退耕还林工作，利用各种会议、广播、电视、互联网及发放宣传资料等多渠道、多形式广泛宣传新一轮退耕还林政策，做到了新一轮退耕还林政策家喻户晓、人人皆知，为新一轮退耕还林工程顺利实施奠定了坚实基础。

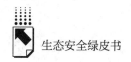
通过上述举措，定西市扩大了林地面积，明显改善了生态状况。同时，拓宽了增收渠道，有效增加了农民收入。退耕还林带来的生态效益和经济效益明显，进一步增强了全民绿化意识，广大干部群众退耕还林的积极性空前高涨，出现了乡村争退耕还林任务、群众抢退耕还林面积的喜人局面。

二 陇东陇中黄土高原地区生态安全屏障建设的现状及存在的问题

陇东陇中黄土高原地区生态安全屏障评价与分析表明，近年来，在各级部门的共同努力下，该地区生态安全屏障建设取得了一定的成绩。总体来说，生态环境破坏已得到有效遏制，生态经济与社会发展水平得到稳步增长，生态工程建设取得有效进展，环境污染整治也有显著效果。

（一）陇东陇中黄土高原地区生态安全屏障建设现状

1.生态保护工程效果显著

根据国务院批准的《全国中小河流治理和病险水库除险加固、山洪地质灾害防御和综合治理总体规划》，以及甘肃省发改委会同省水利厅编制完成的《甘肃省中小河流治理和中小水库除险加固专项规划》和《甘肃省江河主要支流和内陆河治理规划实施方案》，该区域加强小区域综合治理，创造一个比较安全的生产、生活环境，促进经济的发展。例如，会宁县对祖历河城区段进行综合治理工程，清理河道内的淤泥，改善水质，建设会宁县祖历河南湖湿地公园工程，极大改善了该区域的水质和周围的生态环境。实行小区域综合治理，主要是先进行重点突破，然后将这些重点突破的区域连接起来，进行连片治理，以达到综合治理的目的①。

"植树造林"使黄土高原的水土保持能力显著增强。2015年，定西地区的森林覆盖率只有12.42%，而2016年森林覆盖率达到17.1%，上升了近

---

① 吴启发：《中国西部生态环境》(3)，《中国水土保持》2000年第7期。

五个百分点，城市绿化覆盖面积从 18.1% 上升到 25.2%，也取得了显著的成效。平凉市的森林覆盖率从 34.1% 上升到 32%。庆阳市的森林覆盖率从 27.48% 上升到 32%。会宁县的森林覆盖率从 14.25% 上升到 14.3%。从总体上来说，绿化面积的不断上升，意味着防风固沙的能力增强，水土保持能力也不断增强。而且定西市为进一步转变和推动自然保护区生态环境问题，做出了极大的努力。漳县制定了《关于印发漳县自然保护区生态环境保护问题整改方案》，明确目标和任务，县政府有关部门依据各自的职能和工作实际，细化保护区方案确保自然保护区生态安全。

林业草地生态建设成效显著。截至 2016 年，全区生态屏障"三化"草原治理率达到 50% 以上，森林覆盖率最高达到 31.1%（见图 1）。退耕还林（还草）工程、三北防护林等林业重点生态工程的顺利实施，使沙化治理、戈壁保护等项目取得重大进展，水源涵养、水土保持、生物多样性保护能力明显增强，生态系统得到有效保护。

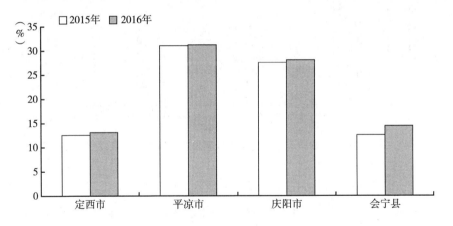

图 1　2015~2016 年陇东陇中黄土高原地区生态屏障各市县森林覆盖率变化

土地资源利用方面取得了显著进展。截至 2016 年，城市建成区绿化覆盖率扩大至 29.05%（见图 2），人均绿地面积达到 10.56 平方米（见图 3）。其中，陇东地区以深度开发为主，以广度开发为辅。利用荒山荒沟发展经济林、用材林、防护林、薪炭林等，增加林木覆盖度，减轻水土流失。采用工

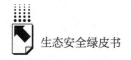
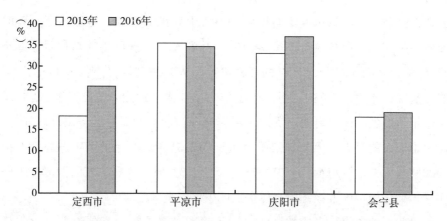

图2   2015～2016年陇东陇中黄土高原地区生态屏障各市县建成区绿化覆盖率变化

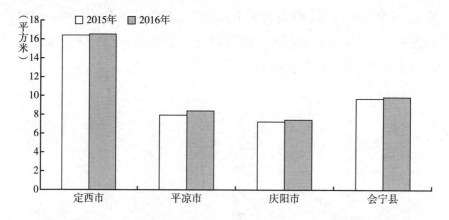

图3   2015～2016年陇东陇中黄土高原地区生态屏障各市县人均绿地面积变化

程和生物措施相结合的办法，加强对坡度为25°以下的农田基本建设，不断提高土地质量和生产力水平。整治河流滩涂，增加耕地面积，共开发荒地资源5.94万公顷，其中，开发耕地0.92万公顷，开发园地0.14万公顷，开发林地4.88万公顷。陇中地区的定西市及会宁县主要以灌溉农业为主，依托黄河干流提灌工程，注重保护农业生态环境。着力开发沿黄灌区的荒地资源，坚持农田基本建设，改善耕作条件。积极整治河流滩涂，灌溉面积和耕地面积得到扩大，2015～2016年共开发荒地资源7.13万公顷，其中，开发耕地1.18万公顷，开发园地0.37万公顷，开发林地3.96万公顷，开发牧草地 1.62 万公顷。

2. 生态环境保护初见成效

陇东陇中黄土高原地区是我国黄土高原水土保持重点区域。近年来，通过生态屏障建设，本区域生态环境综合治理取得显著成效，生态恶化有效恢复，人居生态系统逐渐稳定。

陇东陇中黄土高原地区生态屏障建设，使此地区污染减排工作得到稳步推进。在大气污染防治方面，生态屏障建设严格实施淘汰落后产能计划，大力培育节能环保产业，加快发展清洁能源供应和消费多元化，脱硝脱硫除尘改造逐步完成，二氧化硫、氮氧化物和颗粒物的治理效果明显，累计削减化学需氧量、氨氮、二氧化硫和氮氧化物等四项污染物指标均控制在甘肃省下达的目标以内，其中二氧化硫排放量从 2015 年的 0.03375 毫克/立方米下降至 0.0255 毫克/立方米（见图 4）。开展交通污染源防治，加快淘汰了老旧车辆并提升车用燃油品质，污染减排任务全面完成，空气质量显著改善，大气污染综合治理得到有效实施。区域水环境综合治理，紧紧围绕"四厂（场）一车"，采取结构、工程、管理等综合减排措施，强化各类工厂耗水设施建设和运行监管，加大工业污水、城镇生活污水防治力度，消除城市黑臭水体，积极建设第二水源。人均万元工业增加值用水量已降低 30%，单位 GDP 耗水量控制在 116 吨/万元（见图 5），流域考核断面水质已基本达标。在土壤污染整治方面，优先保护耕地土壤环境，治理力度加大，并且开展土壤污染治理与修复试点，其中白银市、庆阳市推进的重点防控区域土壤污染防治工作成效显著。

定西市气候干旱，年降水量 400～600 毫米，降水稀少，这对农业和城市发展来说是极为不利的，但随着科技的发展，农业生产中使用节水农具，由以前的大水漫灌到现在的滴灌，大大减少了水资源的浪费，使用水量大大减少。在城市，根据庆阳市 GDP，可以看出 R&D 研究和试验发展费占 GDP 比重由原来的 0.31% 上升到 0.34%，经济发展较快，科学技术水平不断提高，城市污水的处理能力也在大大提高，城市水体的资源利用现状得到了极大的改善，经济发展的方式也慢慢出现了转变。在工业上，

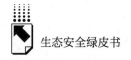

二氧化硫的排放量不断降低，一般工业固体废弃物的综合利用率不断上升。

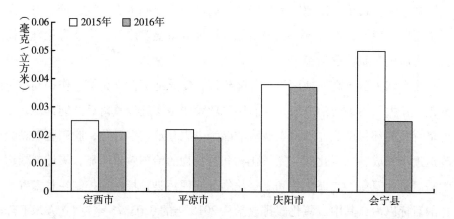

图4 2015～2016年陇东陇中黄土高原地区生态屏障各市县二氧化硫排放量变化

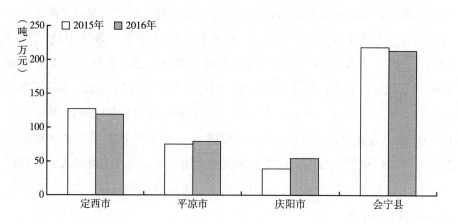

图5 2015～2016年陇东陇中地区生态屏障各市县单位GDP耗水量变化

2016年PM2.5（空气质量优良天数）提升至311天（见图6），空气质量优良天数比例平均达到96.7%，城市集中式饮用水源地水质达标率保持在100%。

3. 生态经济与社会发展水平稳步增长

陇东陇中黄土高原地区生态屏障建设重点区域、流域于2016年已基本

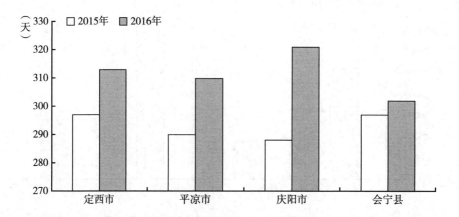

图6　2015～2016年陇东陇中黄土高原地区生态屏障各市县空气质量优良天数变化

建成，综合经济实力显著增强，经济结构不断优化。全区人均 GDP 较 2015
年增加至 20393.5 元（见图7）；生态社会稳步发展，城镇化水平提高，城
市人口密度从 4305.5 人/平方千米增加至 4315 人/平方千米，但各市县增长
不均衡（见图8）。社会教育水平发展较快，R&D 研究和试验发展费占 GDP
比重增加至 0.19%，普通高校在校学生人数从 26707 人增加至 27026 人
（见图9）。

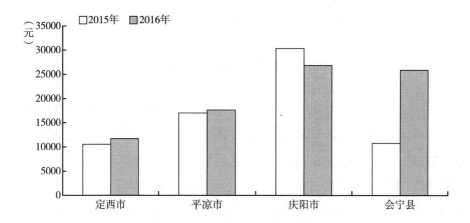

图7　2015～2016年陇东陇中黄土高原地区生态屏障各市县人均 GDP 变化

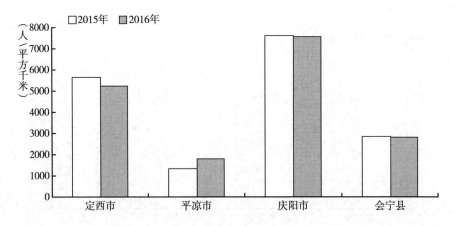

图8　2015～2016年陇东陇中黄土高原地区生态屏障各市县城市人口密度变化

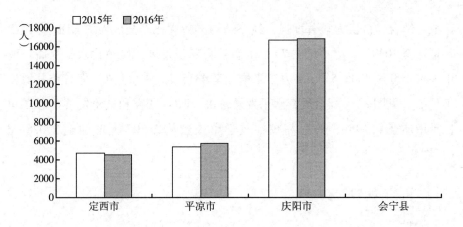

图9　2015～2016年陇东陇中地区生态屏障各市县普通高等学校在校学生人数变化

　　生态农业已形成循环经济体系。陇东陇中黄土高原地区依据甘肃省循环经济示范区建设的总体部署，把发展循环经济作为落实科学发展观、加快产业调整和结构升级、改善生态环境、建设生态屏障示范区的一项重要工作，主要循环经济指标基本完成。各市循环经济发展规划确定的21项指标中，资源产出率等18项指标已达到或超额完成规划目标，完成率达到85.7%以上。其中，按照"减量化、再利用、资源化"的原则，农区绿色畜牧基地、商品肉牛生产基地及绿色蔬菜生产基地的建设得到进一步规范，已建成20

万亩无公害高原夏菜省级产业示范基地及八万亩现代设施蔬菜生产示范基地。已建立起农业内外循环良性互动机制，发展起"畜—沼—果（菜）"等模式，基本建成"四位一体"的循环经济体系。

生态工业环境管理工作进一步规范化。以依法行政作为切入点，全面推行以网格化、差别化、痕迹化、流程化、模板化、智能化和执法计划为主要内容的"6＋1"环境执法模式，基本形成"定责、履责、问责"的责任管理体系①。其中一般工业固体废物综合利用率从76.9%上升至90.47%（见图10）。

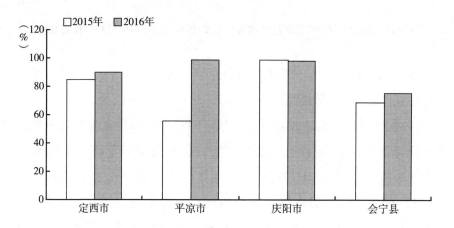

图10　2015～2016年陇东陇中地区生态屏障各市县工业固体废物综合利用率变化

生态服务业发展平稳。区域内开启绿色景区建设工作，重点在景区污水、废气和生活垃圾方面进行整改，强化景区周边餐饮和住宿生态化建设，从而提高就业水平，服务业增加值比重从0.11%增加至0.17%（见图11）。

4. 重视加强环境保护政策实施

为完善各项环境保护政策，极力落实《甘肃省加快推进生态文明建设实施方案》、《甘肃省加快实施最严格水资源管理制度》和《甘肃省水土保持补偿费征收管理办法》，开展节能减排，重点的生态保护区不断增多，开

_____

① 定西市人民政府办公室：《定西市"十三五"环境保护规划》，2016。

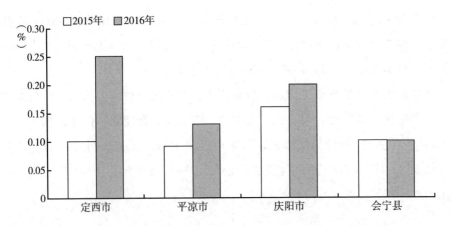

图11　2015～2016年陇东陇中地区生态屏障各市县服务业增加值比重变化

展多种形式的宣传活动，增强广大市民的环保意识，呼吁广大市民保护生态环境，创造美好的生活氛围。

2014年国务院通过《甘肃省加快转型发展建设国家生态安全屏障综合试验区总体方案》，提出转变发展方式、发展循环经济。该方案总共分为两个阶段，到2015年时已经完成第一个阶段。全省的森林覆盖率达到11.86%，草原退化得到有效治理，城市空气质量优良天数增加，城市污水处理达标率达到85%，生态环境的建设取得显著成效，主要节能减排指标完成"十二五"规划目标，资源利用水平提高，建成循经济示范区。

（二）陇东陇中黄土高原地区生态安全屏障建设存在的问题

经过各级部门的共同努力，陇东陇中黄土高原地区生态安全屏障建设虽然取得了显著成效，但由于特殊的地质地貌，还是存在许多明显的问题，主要体现在以下几个方面。

1. 生态环境脆弱，水土流失仍频发

陇东陇中黄土高原地区生态环境复杂，区域差异性大，且地貌与生态类型多样，自然资源和生物多样性丰富。生态屏障建设的不断展开使生态环境

得到局部改善，整体恶化趋势仍没有得到根本性改变。试验区生态恢复治理受到资金制约、地质灾害潜在性、滞后性等问题的影响，实施难度较大；野生动植物资源、畜禽遗传资源保护受设备、技术条件影响，保护能力不足，生物多样性保护尚未形成有效的保护体系；水生态系统因涵养、调蓄、自净能力较弱，使水质治理成效巩固难度加大。此类问题都导致自然生态系统极度脆弱，难以短时间内得到恢复重建。

区域内由于长期干旱少雨、植被疏松、降水时空分布不均，以及黄土广布、人类不合理地利用土地等原因，水土流失仍频发。尚未完全形成工程、生物与生态修复措施相结合的综合防治体系。黄土高原1千米以上的沟道众多，渭河、泾河等重点支流水土流失综合治理程度仍普遍较低，特别是泾河上游1万多平方千米的多沙粗沙区，水土流失强度大，土壤易于冲蚀，一度成为黄河流域年输沙量最大的水系。严重的水土流失对黄河中下游水利设施、洪涝灾害以及生态安全都具有很大影响。土地荒漠化敏感度高，河道侵蚀严重，侵蚀所产生的泥土和沙石过量淤积江河湖库，致使防洪压力加大。

自然生态系统脆弱的问题难以缓解，水土流失问题得不到根治，使"已治理、又复发"的情况频现。区域内土壤肥力持续减弱，生产能力降低，农业生产条件恶化，严重影响农业生产发展。林地草地开发以后，侵蚀强度增大30倍，2016年农田耕地保有量相较2015年的5417.75公顷下降至4737.6公顷（见图12）。建设用地大量占用优质耕地、林草地，不合理开采矿山、油气田及地下水，地面塌陷、裂缝、沉降等问题仍频发。

2. 生态环境保护与经济社会发展矛盾突出

陇东陇中黄土高原地区由于历史、地理和人为因素，经济基础较为薄弱，生态环境对社会经济发展的承载力一直较低，此地区成为我国典型的生态环境脆弱区。同时，尽管近十年来试验区经济社会实现了跨越式发展，经济实力显著增强，呈现加快发展的局面，但生产条件落后、生产力技术水平低下及人才流失严重现象未得到明显改善。经济增长主要依靠第一、第二产业拉动，第三产业在国民经济中所占比重较小，2016年第三产业占比从46.18%下降至45%（见图13），故整体仍为经济发展落后地区。特殊的生

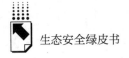
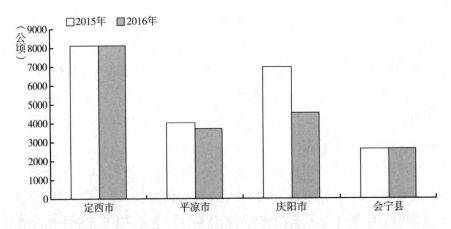

图12　2015~2016年陇东陇中地区生态屏障各市县农田耕地保有量变化

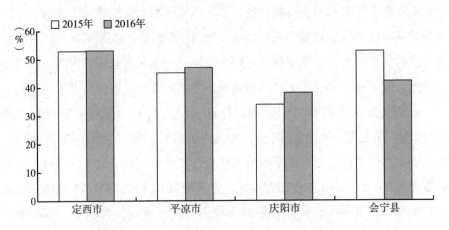

图13　2015~2016年陇东陇中地区生态屏障各市县第三产业占比变化

态环境和发展基础，该区域发展经济的同时严重忽视了环境承载力，对生态环境造成了巨大的破坏，引发了一系列生态和社会问题，从而始终无法克服发展经济与环境保护之间的矛盾，生态环境保护与建设体现出长期性、复杂性、系统性和综合性的特征①。同时，陇东陇中黄土高原地区人口基数过大，人口压力过重，本应每平方千米承载6~7人的半干旱农区，实际承载

---

① 张军驰：《西部地区生态环境治理政策研究》，硕士学位论文，西北农林科技大学，2012。

人数达到 20~30 人。研究表明，造成试验区水土流失现状的根本原因是过度垦殖自然植被，生态环境受到严重破坏，陷入越垦越穷、越穷越垦的恶性循环。因此，陇东陇中黄土高原地区生态保护和经济发展的压力都很大，在未来相当一段时间里都面临生态建设和经济发展的双重任务。

3. 城乡人居生态环境承载力较低

环境承载力是衡量人类社会经济活动与环境是否协调的重要指标，城市生态文明建设必须以环境承载力为基础。由于陇东陇中黄土高原地区处于干旱半干旱区，绿化水平较低，城市建成区绿化覆盖率仅为 22.8%。城市人口的增加及城市规模的扩大，各市绿化面积总量不足，城市生态系统绿地面积较小，生态脆弱状况未得到根本改变。生态绿化措施的不完善，使绿化设施老旧，投入成本较高，干旱半干旱区城市及郊区绿化地仍需要人工浇灌。部分城市山体、河流、湿地等面临高强度的开发建设，自然植物群落破坏严重，进而使城市的生态环境承载力下降，城市人居生态环境面临较大压力。

陇东陇中黄土高原地区的农村地区，由于长期处于经济发展落后的局面，基础设施建设滞后，牲畜圈舍卫生较差；环保意识不够强烈，垃圾分类回收措施实现率不高，垃圾统一转运、安全处置、随意堆放倾倒问题依然严峻；社会发展科技水平相对落后，开放程度低，教育水平不高。这些问题长期存在且影响较为广泛，对农村地下水、土壤等生态环境都构成潜在的威胁，给农田生态带来了严重后果。该区环境承载力不高，环境治理难度较大。

4. 环境法规不健全，监管防范能力需进一步提高

陇东陇中黄土高原地区试验区生态环境保护与生态屏障建设必须依靠相关的法律法规，才能把环境保护与生态屏障建设纳入法制轨道，只有进一步提高监管防范能力，生态环境才能得到有效保护。

现有生态环境法律法规在生态环境保护与生态屏障建设方面相对薄弱，缺乏一部针对西部重点生态区生态保护整体性的环境保护法律文本。特别是生态屏障建设的立法几乎是空白。环境监督机制不健全。一些乡镇还没有环境监测机构，无法适应当前环境保护工作的需要。各市县环保执法部门的监

管督察不彻底，特别是在舆论监督和公众监督方面存在很大的缺陷①。环境监察、环境监测、环境应急管理能力建设方面技术手段落后、工作力量不足、机构不够健全，法制建设滞后，执法管理不严。长期以来，尽管每年针对生态环境治理的各项工程声势浩大，但由于现有的法规制度不完备、执法管理松懈，有法不依、滥用职权等现象时有发生，环境保护建设工程进展都较为缓慢，试验区生态屏障建设事倍功半②。

三　陇东陇中黄土高原地区生态安全屏障建设的对策

面对上述问题，各级政府和企业、广大民众须牢固树立并切实贯彻"创新、协调、绿色、开放、共享"的发展理念，全面节约和高效利用资源，树立节约、集约、循环利用的资源观，加大环境治理力度，优化发展空间，为加快经济转型升级，促进绿色发展，提高人居生活质量，提供更优美的生态空间、更宽松的环境容量和更安全的生态屏障。

（一）因地制宜，采取有效的生态环保措施

农业中农田的建设是水土保持的关键，据平凉市有关资料统计，平凉山地改建梯田，粮食平均产量增加。庄浪县经过几十年的改造农田，八成以上的耕地被改建为梯田农地，粮食产量也因梯田建设而大幅度提高。"定西精神"的发源地大坪村采用"五子登科"的治理模式，即"山顶造林戴帽子，山坡种草披褂子，山腰梯田系带子，山下建棚围裙子，沟底打坝穿靴子"。这种模式极大地改善了农业，而且对当地的生态环境有极大的好处，实现了农业效益与生态效益相统一，对陇东陇中黄土高原地区的生态屏障的建设具有极其重要的意义。同时，积极开展水土保持综合治理工作，加强黄河中上

---

① 刘海霞、马立志：《西北地区生态环境问题及其治理路径》，《实事求是》2016 年第 4 期。
② 孙小丽：《甘肃省建设国家生态安全屏障的制度化保障机制研究》，硕士学位论文，甘肃农业大学，2016。

游、渭河、洮河等重点流域水土流失及山洪地质灾害易发区域的防治工作。以林草植被的恢复和重建为目标，加强森林植被的保护和建设，合理采取封山育林、封坡禁牧、退耕还林还草等措施，大力营造以灌木为主的水土保持林，增加区域植被覆盖率，加快林草植被恢复和生态系统的改善，将生态植被的恢复和重建作为根治水土流失的重要基础。陇东陇中黄土高原地区深居内陆，故气候干旱和土壤贫瘠成为制约生态屏障建设的主要因素。改善生态环境质量，必须兼顾土壤次生盐碱化和土壤沙化治理，通过坡面林草植被建设工程、沟道治理工程实现减沙固坡的效果①。

加强植树造林等生态项目的实施，要积极开展植树造林和种草，改变过去"年年种树不见树"的现状，把实行退耕还林政策落到实处。植树造林还有一个重要原因，该地方水资源短缺，而植树造林就可以涵养水源，丰富水资源，解决生态环境保护过程中的水源涵养问题。陇东陇中黄土高原地区位于干旱半干旱地区的过渡区域，气候干旱，水资源短缺，植树种草等生物工程措施，有利于截留水分，增加当地水资源，这也是生态屏障建设所发挥的又一大十分重要的作用，而且，水资源充分，可以确保生态屏障建设的成果得到有效的巩固。充分利用引洮通水的便利条件，在定西，引洮一期工程已经完成，为该地区生态屏障建设创造了便利的条件。

陇东陇中黄土高原地区地域广阔，既分布有众多的重要经济发展区，更涉及长江、黄河等重点流域的保护。生态屏障建设必须坚持因地制宜、分类指导，突出重点、逐步推进的原则，遵循客观自然规律和经济规律，做好各市县污染防治工作，才能达到改善试验区环境质量、保护生态环境的目的。

在大气环境保护方面，不断优化产业结构，促进产业转型升级，严格执行"两高一资"行业的环境准入门槛。对布局分散、设备水平低、环保设施落后的中小型工业企业进行全面调查排除，制定落实淘汰落后产能任务计划，实行分类治理；积极引进国内外资金投资，大力培育节能环保产业。对

---

① 参见张广裕《西部重点生态区环境保护与生态屏障建设实现路径》，《甘肃社会科学》2016年第1期；张燕、高峰《甘肃省生态屏障建设的综合评价和影响因素研究》，《干旱区资源与环境》2015年第11期。

工业废气进行治理，有力推动节能环保，实施战略性新兴产业发展。加强能源清洁利用。大力宣传与推广新能源建设，加快发展天然气与可再生能源，实现清洁能源供应和消费多元化。促进清洁能源使用的环境经济政策和管理措施的建立健全。

在水环境保护方面，保障饮用水水源安全，切实加强饮用水水源地监督管理工作，公布城镇饮用水源地安全状况信息，加强农村分散式饮用水源地管理。推进重点流域水生态系统综合治理。实行分流域水生态环境功能管理，将洮河和渭河作为流域污染治理的重点，扩大泾河流域的湿地保护范围。加快实施流域综合治理及水源地保护工程。强化人居生活污水治理。对城镇污水处理设施进行建设与改造。全面规范污水处理厂的排污监管，对超标超量排污偷放等环境违法行为，采取强力措施限产或停产①。

在土壤污染防治方面，加强土壤环境监测与管理，实施农用地分级管理和建设用地分类控制，开展污染土壤治理与修复相关试点项目。建立规范的污染场地联合监管机制，积极推进试验区重点区域土壤污染防治工程建设。

在噪声污染防治方面，及时调整和优化城市声功能区规划。加强对工业噪声污染的长效管理和监督，在试验区根据地理环境合理布局工业企业位置。重点加强道路交通噪声污染防治，强化城市鸣笛禁令与限速管理，落实高速公路和铁路两侧噪声敏感点的隔声设施建设。加强声环境质量自动监测，推动城乡噪声污染防治工作，探索噪声污染部门联防联控机制，建立较为完善的环境噪声监管体系。

（二）提高生态屏障建设的认识，减少人为因素的破坏

加强陇东陇中黄土高原地区丘陵沟壑地区群众的教育和引导，从关系中华民族的命运到关系整个中华民族的生存发展空间的长远角度认识构建陇东

---

① 冉瑞平、王锡桐：《建设长江上游生态屏障的对策思考》，《就业经济问题》（双月刊）2005年第3期。

陇中黄土高原地区生态屏障建设的重要性。最大限度地发挥各级政府在生态全屏障建设中的导向作用，提高群众对生态环境保护的认知度，通过各种手段，减少人为因素的破坏。坚决减轻人口对环境的压力，让生态环境有充分的自我修复的时间和空间。着重做到有效监督，科学执法。在环境治理过程中，由于治理难度大等问题，相关部门也会面临极大的压力。所以，这也需要人们自觉提高自己的生态环境的意识。

1. 提高社会公众生态文明素养

企业须自觉接受社会责任内在约束，公众须构建新的社会主义幸福观。牢固树立公众生态文明的理念，将其变成一种积极主动的热爱自然、保护自然的行为；建立和完善生态保护与建设的激励机制，充分调动广大人民群众和社会组织积极参与生态保护与建设；提高全社会对生态保护与建设的重视度，将自然保护区、公园等作为推广生态环保知识的重要阵地。

2. 加强文化教育，普及环保知识

充分利用电视、广播、报纸、互联网等媒体，充分发挥新闻媒体的舆论导向作用，积极宣传生态屏障建设。提高文化素质，普及环保知识，使公民意识到环境保护的重要性，减少对环境的盲目破坏行为。

3. 对政府部门执法管理者进行环保知识以及生态保护措施等相关知识的教育

减少决策失误，合理规划、重视并有效组织实施生态环境建设项目。通过教育、示范、指导等多种教育手段，转变传统的农业种植观念和铺张浪费的旧观念。同时，利用西部大开发的有利时机和各项优惠政策，将经济发展与生态环境建设结合起来，有效促进环境的保护。

（三）完善各种制度，建立保障体系

陇东陇中黄土高原地区生态建设和环境保护要健康、持续、快速发展，必须完善法规体系，提升环境保护能力。

1. 建立健全甘肃省生态建设和环境保护法规体系

注重组织领导与科学性保障，规划陇东陇中黄土高原地区生态屏障建设的法律地位。把生态建设和环境保护工作纳入法制轨道，使生态建设和环境保护有法可依，环境监督有章可循，从而为生态环境建设营造良好的法制环境。争取以水土保持和流域综合治理为重点，进一步完善生态屏障建设区的大气污染防治、土壤资源恢复、水资源和森林保护、水土流失治理、城市绿化、节能减排、资源综合利用等方面的地方性法规和规章。探索发展节能环保市场，推行排污权交易、环境污染第三方治理等制度，实行生态保护与建设市县级综合管理协调机制，制定生态保护与建设项目两者参与制度，生态保护与建设监管及综合执法制度等①。

2. 加大环境监管和执法力度

进一步加强流域水资源管理，完善"电力建水、电量定水"监管，平衡流域用水，提高生态用水比例。进一步落实草原生态奖励补偿机制，积极开展集体公益林和水保执法工作；试验区被确定为"水土保持区"，就要将水土流失治理作为各市县基层政府绩效评估的重要组成部分，并加大执法力度。明确整合生态建设与保护主体执法的责任、权力和利益统一。确定天然林、公益林、禁牧区、湿地、水源地保护区等公益性生态建设和保护主体责任区，从省到市、县、区，各主体层层签订责任书，实施生态建设与保护责任制。管理者须对造成生态环境损害的责任者严格实行赔偿制度，依法追究刑事责任。

3. 创新投入机制，加强科技支撑

充分发挥政府和市场的双重调控作用，以科技和制度创新为突破口，通过政府财政资金和区域政策的积极引导，协调各渠道进行生态屏障建设投资，广泛吸引国内外民间资本参与西部地区生态环境保护与生态屏障建设，创新建设投入和运行管理模式②。实施基层科技推广队伍与能力建设工程，建立生态建设科技支撑项目专项基金，保障生态建设科技经费投入的稳定；实施知识创新驱动战略工程，鼓励生态建设科技研发，走"产、学、研"

---

① 张广裕：《西部重点生态区环境保护与生态屏障建设实现路径》，《甘肃社会科学》2016年第1期。
② 成克武、吴丽娟、王清春、崔国发、王建中：《陇东地区生态环境建设问题的探讨》，《北京林业大学学报》2002年第1期。

相结合的发展之路，开展水土保持与水土流失治理技术和小流域综合治理技术示范，促进生态建设科技需求的实现和转化。

陇东陇中黄土高原地区生态屏障建设是一项系统性的工程，需要整个过程中各个体系的相互配合，最大限度地发挥该体系的作用，采取综合手段，大规模植树造林、兴修水利等，防止土壤沙化，发展新型能源，减少污染。增强生态自生的调节能力，实现"绿水青山"和"金山银山"共同发展。完善相关法律法规，制定出环境保护建设的一系列流程，尤其是在处理人地关系的时候，更应该有一套完善的体系来支撑，做到管理科学化、制度化。

（四）生态保护与经济社会协同发展，完善生态补偿机制

作为我国重要的生态屏障，陇东陇中黄土高原地区的水土保持、植被恢复、资源开发等环境建设与国家战略布局息息相关，它直接影响中国乃至全亚洲的环境变化与经济社会的可持续发展进程。加快生态建设，坚持可持续发展战略，是缓和试验区经济和生态矛盾的重要途径。将生态环境建设纳入经济社会发展，保护和建设良好的生态环境，统筹兼顾，形成资源节约型与环境友好型的生产生活方式。只有这样才能使生态环境恶化趋势得到遏制，实现生态屏障建设的长足发展①。

将试验区环境保护与经济社会协同发展提升至国家层面上来。实施退耕还林还草、封山禁牧等措施，会影响当地农民的生产生活。如果没有一定的补偿或补偿不到位、不及时，势必会影响区域内生态建设的成效，长期来看生态屏障建设将难以持续。各市县之间必须进行平衡和调整，建立生态补偿机制，针对不同区域采取不同的政策措施。让生态受益者让渡部分利益用来补偿生态环境保护方，从而调动保护方的积极性，增强区域发展能力②。

在生态屏障建设中，各地要注重转变经济发展方式，在发展经济的同时积极地采取措施保护与修复自然生态环境，正确处理好经济发展同环境保护

---

① 何慧霞：《甘肃构筑西北生态安全屏障》，《国际商报》2015 年第 1 期。
② 魏文翠：《甘肃黄土高原生态安全屏障建设的思路》，《学术纵横》2015 年第 3 期。

的关系。合理调配区域水资源,加强优势能源勘探和开发利用,发展特色旱作农业,大力推广旱作节水农业技术应用,适度发展优势农产品加工业,积极发展生态红色文化旅游产业①。

大力发展生态型产业。生态型产业是建设"国家生态屏障试验区"的重要经济支撑,是甘肃省转变经济方式、实现多样化发展的重要内容之一,可以从根本上缓解产业发展和生态环境保护两难的局面②。以产业发展与生态环境保护和建设相协调为目标,以富民惠民为出发点和落脚点,以生态资源科学开发为核心。在各级配水和排水管道上,因地制宜发展生态产业,大力发展设施农业。既要发展促进生态建设保护产业,又要发展基于当地生态资源优势的生态资源型产业。注重增加生态产品,有机结合生态经济和社会效益。

统筹小城镇与新农村建设,促进生态环境建设规划和环境保护。首先,通过城镇化建设、农村人口流动和生态移民等措施,减缓人居环境生态压力,保持农业生产生态平衡和可持续发展。其次,改造传统耕作方式,实施机械化造地,挖山填沟,修建水坝,将坡地改为平地,实现耕地梯田化。大力推广应用水保型农业生产技术,进而发展区域化、专业化、规模化、标准化现代农业生产,提高土地产出值和劳动生产率,实现农民生活的现代化目标③。

(五)加大重点工程建设力度,落实生态屏障建设

以"带、网、片、点"相结合,建立层次多样、结构合理、功能齐全的森林生态屏障体系,逐步实施荒山造林计划。建设生态保护治理工程,推进水土流失综合治理、三北防护林体系建设、自然保护区工程建设,重点加

---

① 崔敏:《定西市生态建设与环境保护问题探析》,《安徽农学通报》2016年第7期。
② 张广裕:《西部重点生态区环境保护与生态屏障建设实现路径》,《甘肃社会科学》2016年第1期。
③ 田良才、牛天堂、李晋川:《重塑黄土高原,根治水土流失,建设北方现代旱作农业高产带》,《农业技术与装备》2013年第3期。

强湿地、草地和矿区等生态保护区的恢复重建，全面实施生态环境综合整治。

以小流域为单元，以支流为骨架，坡沟兼治、治坡为主，生物措施与水土工程措施相结合，注重连片规模经营治理。小流域是一个完整的水文—生态单元，有叶脉状沟网水道系统。居民点分布、土地利用方式、侵蚀强度、水土保持措施配置等与小流域地形的空间特征有关。因此，只有以小流域为单元实施水土保持措施，才能组成配套体系，达到最大保土效益。建设流域治理工程，加强重点生态功能区的植被恢复与保护，加大淤地坝建设，综合治理重点流域和坡耕地的水土流失，区分水土流失重点预防区和重点治理区，将"被动补救"变为"超前设防"。

以水资源高效利用和节约保护为重点，积极开展黄河中上游生态修复和渭河、泾河流域，以及洮河水土保持综合治理等重点生态工程，加快推进引洮供水二期等水利工程。充分利用洮河水资源优势，借水提升，适度调整，从而增加循环经济园区规模、档次和特色，提高水资源利用率。根据市县面山绿化不同立地条件，实施面山绿化工程，高标准提升面山绿化水平和质量。加快水库工程建设和以治沟骨干工程为主体的小流域沟道坝系建设，推进雨水集蓄利用工程建设，提高可持续发展能力。

以坡耕地治理工程防治水土流失。耕地管理最重要的措施是修建梯田，变坡地为梯级平地。沟壑治理是黄土高原水土保持治理的一个重要方面，须实行植被建设和坝系建设并重，更须结合生物与工程措施进行治理。将梯田建设项目与农村土地流转和特色优势产业发展相结合，改善旱作农业的基础条件。重点建设绿色廊道工程，构建东西连通、南北纵贯的绿色生态廊道体系。大力建设营造林木、拦蓄径流、治河治沟造地和拦沙蓄洪坝库等沟道治理工程。

加强淤地坝建设工程。减少泥沙入黄，变水土流失为水土资源利用。根据黄土高原洪水峰高、量小、多泥沙的特点，小流域支沟密布的特征，"小多成群，大小结合，轮蓄轮种，计划淤排"的规划原则，在坝库设计、工程施工、管理养护方面进行合理的技术创造。此项工程作为一种有效的防治措施，对防治淤地坝农业利用中出现的盐碱化和洪涝危害有显著效果。

G.7
中部沿黄河地区生态走廊安全
屏障建设评价报告（2017）

李明涛　台喜生*

摘　要： 本报告基于生态屏障的建设内涵，从生态环境、生态经济
和生态社会三个方面选取 21 个指标构建中部沿黄河地区
生态安全屏障建设评价指标体系，利用综合评价法、熵值
法等，对兰州、白银、永靖等三市（县）的生态安全屏障
建设进行综合评价。在此基础上，采用指标体系法对其资
源环境承载力进行多因素的综合评价，并对中部沿黄河地
区近年来生态安全屏障建设的实践与问题进行分析，提出
合理利用土地资源、实行退耕还林还草建设及推广节水技
术等可行性对策。

关键词： 中部沿黄河地区　生态走廊　生态安全　资源环境承载力
屏障建设

　　甘肃中部沿黄河地区生态走廊包括兰州市、白银市大部分县（区）及
临夏州的永靖县，面积约 2.9 万平方千米，是兰州都市圈核心区的生态保护
区域。本地区属于黄土高原、青藏高原、内蒙古高原三大高原交接处，兼有

---

* 李明涛，博士，兰州城市学院地理与环境工程学院副教授，主要从事城市生态环境的教学与
科研工作；台喜生，博士，兰州城市学院地理与环境工程学院副教授，主要从事环境生态工
程方向的教学和科研工作。

厚积的黄土丘陵、湿润的石质山地及河谷阶地、川台平地组合条件，海拔1500～2600米，由于重力侵蚀和水力侵蚀的作用，沟壑纵横，梁峁起伏，地形破碎，按地貌形态及构造成因，分别划属西秦岭山地、兴隆山—马衔山山地和陇西黄土高原三个区域。区域气候光照丰富，干燥少雨，蒸发强烈，多年平均气温 6～8℃，多年平均降水量 300～500 毫米，多年平均蒸发量1400～2000 毫米。降水地域分布不均，由西南向东北随着纬度的增加而递减。降水量年内分布受东亚季风气候影响，降水年际分配不均，变率达40%，大多数年份降水稀少，旱灾频繁发生。降水在年内分布差异较大，每年 6～9 月的降水量占全年总降水量的 60%～70%，并且以大雨、暴雨为主，高强度的降水是造成水土流失的主要原因。区内分布有黑垆土、灰钙土、黄绵土、红黏土等土壤类型，黑垆土和灰钙土分布较广。植被稀少，荒漠半荒漠化草原居多，在小部分干草原、部分山地分布有亚高山灌木草甸群落及寒漠冷生群落。

一　中部沿黄河地区生态安全屏障与资源环境承载力建设评价

依据《甘肃省生态保护与建设规划（2014—2020 年)》《甘肃省建设国家生态安全屏障综合试验区"十三五"实施意见》《甘肃省加快转型发展建设国家生态安全屏障综合试验区总体方案》《甘肃省主体功能区规划》，并结合区域实际，本评价研究选取甘肃中部沿黄河地区三个主要市（县）为研究对象，包括兰州市、白银市大部分县（区）及临夏州的永靖县。在借鉴相关研究成果的基础上，构建评价指标体系。

（一）中部沿黄河地区生态安全屏障评价

1. 生态安全屏障建设评价指标体系

本报告遵循科学性、可获得性、可比性等基本原则，结合国家生态安全屏障试验区建设主要指标①，在充分考虑自然环境、经济社会发展现状、生态安全内涵及数据可得性的前提下，构建自然生态安全、经济生态安全和社会生态安全 3 个二级指标和森林覆盖率等 18 个三级指标的中部沿黄河地区生态走廊生态安全屏障评价的指标体系（见表 1）。

表1 中部沿黄河地区生态走廊安全屏障评价指标体系

| 一级指标 | 二级指标 | 核心指标 | | 特色指标 |
		序号	三级指标	四级指标
中部沿黄河地区安全屏障	生态环境	1	森林覆盖率(%)	引洮工程
		2	湿地面积(万公顷)	
		3	河流湖泊面积(平方千米)	
		4	农田耕地保有量(平方千米)	
		5	城市建成区绿地面积(%)	
		6	未利用土地面积(平方千米)	
		7	PM2.5(空气质量优良天数)(天)	
		8	人均绿地面积(平方米)	
	生态经济	9	人均 GDP(元)	
		10	单位 GDP 耗水量(吨/万元)	
		11	二氧化硫(SO_2)排放量(千克/万元)	
		12	一般工业固体废物综合利用率(%)	
		13	第三产业占比(%)	
	生态社会	14	城市燃气普及率(%)	
		15	R&D 研究和试验发展费占 GDP 比重(%)	
		16	信息化基础设施［互联网宽带接入用户数(户)/年末总人口(百人)］	
		17	城市人口密度(人/平方米)	
		18	普通高等学校在校学生人数(人)	

---

① 《甘肃省人民政府办公厅关于印发甘肃省建设国家生态安全屏障综合试验区"十三五"实施意见的通知》，甘肃省人民政府网站，2016 年 8 月 26 日，http：//www.gansu.gov.cn/art/2016/8/26/art_4827_284437.html。

2. 数据来源及处理

（1）数据来源

本报告中部沿黄河地区生态走廊安全屏障建设评价以 2017 年统计年鉴为基础。为保持生态屏障建设时间尺度上的可比性，评价指标的数据来自《中国环境年鉴》《中国城市统计年鉴》《中国城市建设统计年鉴》《甘肃省发展年鉴》，以及各城市的《国民经济和社会发展统计公报》等。永靖县部分统计数据难以找到，因其属于临夏州，故根据实际情况，部分数据用临夏州平均数据替代。各评价指标的原始数据整理结果见表2。

表2 2017 年中部沿黄河地区生态走廊安全屏障评价各指标原始数据

指标	兰州市	白银市	永靖县
森林覆盖率（%）	28.00	34.82	16.77
湿地面积（万公顷）	0.99	1.46	2.42
河流湖泊面积（平方千米）	32.14	61.62	5.43
农田耕地保有量（平方千米）	2841.28	5180.39	424.02
城市建成区绿地面积（%）	25.80	35.10	14.40
未利用土地（平方千米）	7572.65	991.25	1156.75
PM2.5[空气质量优良天数（天）]	313	309	289
人均绿地面积（平方米）	9.17	9.71	5.10
人均 GDP（元）	54771	26174	15508
单位 GDP 耗水量（吨/万元）	13.11	14.00	12.70
二氧化硫（SO_2）排放量（千克/万元）	3.37	21.92	5.72
一般工业固体废物综合利用率（%）	98.46	74.00	95.00
第三产业占比（%）	59.98	41.68	61.70
城市燃气普及率（%）	93.50	86.46	49.54
R&D 研究和试验发展费占 GDP 比重（%）	1.39	0.56	0.14
信息化基础设施[互联网宽带接入用户数（户）/年末总人口（百人）]	19.48	8.99	6.27
城市人口密度（人/平方千米）	7540	4255	6853
普通高等学校在校学生人数（人）	315032	3261	670

（2）数据归一化与权重确定

a. 数据的归一化

18 项三级指标具有不同量纲单位，需要通过数据标准化处理，以消除

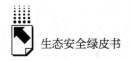

指标间的量纲影响，使数据指标具有可比性。

本报告采用极差法对数据进行归一化处理，具体计算公式为：

正向指标：$X = X_i / X_{max}$；

负项指标：$X = X_{min} / X_i$。

其中，X 表示参评因子的标准化赋值，X_i 表示实测值，X_{max} 表示实测最大值，X_{min} 表示实测最小值。

b. 指标权重的确定

指标体系中的每个指标相对整个评价体系来说，其重要程度不同，指标权重的确定就是从若干评价指标中分出轻重。本报告利用熵值法计算各个指标的权重，计算过程分为如下三步：

①通过上述指标标准化后，各标准值都在［0，1］区间，计算各指标的熵值：$U_j = -\sum_{i=1}^{m} X_{ij} \ln X_{ij}$，其中 m 为样本数；

②熵值逆向化：$S_j = \dfrac{\max U_j}{U_j}$；

③确定权重：$W_j = \dfrac{S_j}{\sum\limits_{j=1}^{n} S_j} (j = 1,2,\cdots,n)$。

通过以上公式计算得到各指标的权重值（见表3）。

表3　中部沿黄河地区生态走廊安全屏障评价指标权重

一级指标	二级指标	三级指标	权重
中部沿黄河地区生态走廊安全屏障建设	生态环境	森林覆盖率	0.1190
		湿地面积	0.1482
		河流湖泊面积	0.1292
		农田耕地保有量	0.1263
		城市建成区绿地面积	0.1318
		未利用土地	0.1115
		PM2.5(空气质量优良天数)	0.1129
		人均绿地面积	0.1210

一级指标	二级指标	三级指标	权重
中部沿黄河地区生态走廊安全屏障建设	生态经济	人均 GDP	0.2679
		单位 GDP 耗水量	0.1805
		二氧化硫（SO_2）排放量	0.2507
		一般工业固体废物综合利用率	0.1507
		第三产业占比	0.1502
	生态社会	城市燃气普及率	0.1422
		R&D 研究和试验发展费占 GDP 比重	0.1653
		信息化基础设施（互联网宽带接入用户数/年末总人口）	0.1994
		城市人口密度	0.138
		普通高等学校在校学生人数	0.3551

3. 生态安全屏障建设评价

本报告采用生态安全综合指数 EQ 来评价区域生态安全度，计算公式为：

$$EQ(t) = \sum_{i=1}^{n} W_i \times X_i$$

其中，X_i 为指标标准化值，W_i 为指标 i 的权重，n 为指标总数。

根据上述计算公式，2017 年中部沿黄河地区安全综合指数见表4。

表4　2017 年中部沿黄河地区生态走廊安全评价指数

地区	生态环境安全指数	生态经济安全指数	生态社会安全指数	综合指数
兰州市	0.3799	0.7428	0.9912	0.6942
白银市	0.6972	0.2887	0.2300	0.4191
永靖县	0.5017	0.4076	0.1380	0.4007
中部沿黄河地区	0.5263	0.4797	0.4531	0.5046

由表4可知，2017 年中部沿黄河地区生态环境安全指数为 0.5263。其中，白银市的生态环境安全指数最高，达到 0.6972；其次是永靖县，生态环境安全指数是 0.5017；兰州市区的生态环境安全指数值最低，为 0.3799。

该区生态经济安全指数为 0.4797，兰州市的生态经济安全指数最高，达到 0.7428，永靖县和白银市的生态经济安全指数分别为 0.4076 和 0.2887。生态社会安全指数为 0.4531，其中，兰州市的生态社会安全指数最高，达到 0.9912，白银市和永靖县的生态社会安全指数分别为 0.2300 和 0.1380。

生态安全评价综合指数反映该地区的生态安全度以及生态预警级别，根据学界的研究结果，将生态安全综合指数分为五个级别，分别反映不同程度的生态安全度和预警级别。生态安全分级标准见表5。

表5　生态安全分级标准

综合指数	状态	生态安全度
[0~0.2]	恶劣	严重危险
(0.2~0.4]	较差	危险
(0.4~0.6]	一般	预警
(0.6~0.8]	良好	较安全
(0.8~1]	理想	安全

根据生态安全分级标准，中部沿黄河地区生态走廊安全综合指数为 0.5046，生态安全状态一般，处于预警状态。说明中部沿黄河地区生态走廊生态环境受到一定破坏，生态系统服务功能已经退化。其中，兰州市的生态安全综合指数最高，达到 0.6942，生态安全状态良好；其次是白银市，生态安全综合指数是 0.4191，生态安全状态一般；永靖县生态安全综合指数为 0.4007，生态安全状态一般。这说明该生态屏障区域内各市县差别不大，生态环境状况水平一般，生态问题较多，生态灾害时有发生。

（二）中部沿黄河地区生态走廊资源环境承载力评价

资源环境承载力是基于资源承载力和环境承载力研究发展而来，是指特定时期内，在保证资源合理开发利用和生态环境保育良好的前提下，不同尺度区域的资源环境条件对人口规模及经济总量的承载能力。资源环境承载力的研究特点是从资源环境—社会经济系统相互作用的角度探讨资源环境

（承载体）所能支撑的社会经济（承载对象）发展规模和限度，是人类社会一切经济活动对自然资源的利用程度及对生态环境干扰力度的重要指标，也是探索区域可持续发展的重要依据。本报告以经济统计数据为基础，采用指标体系法对中部沿黄河地区的资源环境承载力进行多因素的综合评价。

1. 资源环境承载力的评价指标体系

根据科学性、全面性、可操作性和简明性的原则，综合甘肃中部沿黄河地区自然资源、环境和社会经济发展现状，本研究建立了包含11项针对性强、便于度量且内涵丰富的指标体系。指标体系由目标层、准则层、系数层和指标层构成。根据指标性质，将其分为资源可承载指标和环境安全指标。其中，资源可承载指标由土地资源系数（人均耕地面积）、粮食资源系数（人均粮食产量）、水资源系数（人均水资源）构成；环境安全指标由大气环境安全系数（万元GDP二氧化硫排放量、万元GDP工业粉烟尘排放量）、水环境安全系数（万元GDP工业废水排放量、万元GDP化学需氧量排放量、水旱灾成灾率）和土地环境安全系数（万元GDP固体废弃物产生量、人均公园绿地面积、城镇化率）构成。在这11项指标中，有5项是正向指标，表示该指标与总目标呈明显正相关关系，分别是人均耕地面积、人均粮食产量、人均水资源、人均公园绿地面积和城镇化率；有6项指标是负向指标，表示该指标与总目标呈明显负相关关系，分别是万元GDP二氧化硫排放量、万元GDP工业粉烟尘排放量、万元GDP工业废水排放量、万元GDP化学需氧量排放量、水旱灾成灾率及万元GDP固体废弃物产生量。各指标体系和相应的量纲如表6所示。

表6 中部沿黄河地区生态走廊资源环境承载力评价指标体系

目标层	准则层	系数层	指标层	相关关系
中部沿黄河地区生态走廊资源环境可持续发展	资源可承载力	土地资源系数	人均耕地面积(公顷)	+
		粮食资源系数	人均粮食产量(吨)	+
		水资源系数	人均水资源(立方米)	+

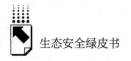
续表

目标层	准则层	系数层	指标层	相关关系
中部沿黄河地区生态走廊资源环境可持续发展	环境安全	大气环境安全系数	万元 GDP 二氧化硫排放量(吨)	−
			万元 GDP 工业粉烟尘排放量(吨)	−
		水环境安全系数	万元 GDP 工业废水排放量(吨)	−
			万元 GDP 化学需氧量排放量(吨)	−
			水旱灾成灾率(%)	−
		土地环境安全系数	万元 GDP 固体废弃物产生量(吨)	−
			人均公园绿地面积(平方米)	+
			城镇化率(%)	+

2. 数据归一化与权重确定

本报告中涉及的基础数据主要来源于《甘肃省统计年鉴（2017）》《甘肃省发展年鉴（2017）》，以及各地市网站相关数据资料。经过统计年鉴、文献分析等途径获取研究对象的具体数据，进而通过计算来评价其资源环境承载力的大小。各评价指标的原始数据结果见表7。

表7　2017年甘肃中部沿黄河地区生态走廊资源环境承载力评价指标原始数据

指标	兰州市	白银市	永靖县
人均耕地面积(公顷)	0.08	0.30	0.23
人均粮食产量(吨)	0.12	0.46	0.40
人均水资源(立方米)	720.00	161.00	100.00
万元 GDP 二氧化硫排放量(吨)	0.00	0.01	0.00
万元 GDP 工业粉烟尘排放量(吨)	0.00	0.00	0.00
万元 GDP 工业废水排放量(吨)	1.48	0.90	0.93
万元 GDP 化学需氧量排放量(吨)	0.00	0.00	0.00
水旱灾成灾率(%)	53.76	52.78	55.41
万元 GDP 固体废弃物产生量(吨)	0.13	1.41	0.04
人均公园绿地面积(平方米)	9.17	9.71	5.10
城镇化率(%)	81.02	49.32	34.47

（1）数据归一化

在进行评价之前，由于原始指标数据间存在的量纲不同，需要缩小指标间各数量级存在的明显差异。具体计算公式为：

正向指标：$X = X_i/X_{max}$；

负向指标：$X = X_{min}/X_i$。

其中，X 表示指标的归一化赋值，X_i 表示指标的实测值，X_{max} 表示指标实测最大值，X_{min} 表示指标实测最小值。

计算结果的指标归一化值映射到 ［0，1］（见表8）。

表8　2017年甘肃中部沿黄河地区生态走廊指标数据归一化后数据

指标	兰州市	白银市	永靖县
人均耕地面积	0.25	1.00	0.76
人均粮食产量	0.26	1.00	0.86
人均水资源	1.00	0.22	0.14
万元GDP二氧化硫排放量	1.00	0.14	0.37
万元GDP工业粉烟尘排放量	1.00	0.53	0.16
万元GDP工业废水排放量	0.61	1.00	0.97
万元GDP化学需氧量排放量	1.00	0.35	0.31
水旱灾成灾率	0.98	1.00	0.95
万元GDP固体废弃物产生量	0.33	0.03	1.00
人均公园绿地面积	0.94	1.00	0.53
城镇化率	1.00	0.61	0.43

（2）指标权重的确定

指标数据权重即确定每个指标对整个指标评价体系的重要程度，实践中主要有两种常用方法：主观赋权、客观赋权。本文运用客观赋权——熵值法，计算各个指标的权重，计算得到资源可承载力和环境安全各指标的权重值（见表9）。

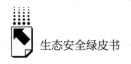

表9　甘肃中部沿黄河地区资源可承载能力环境安全评价指标权重

准则层	指标	权重
资源可承载力	人均耕地面积	0.0891
	人均粮食产量	0.0769
	人均水资源	0.0976
环境安全	万元 GDP 二氧化硫排放量	0.1025
	万元 GDP 工业粉烟尘排放量	0.1007
	万元 GDP 工业废水排放量	0.0536
	万元 GDP 化学需氧量排放量	0.1171
	水旱灾成灾率	0.1171
	万元 GDP 固体废弃物产生量	0.0756
	人均公园绿地面积	0.0629
	城镇化率	0.1067

3. 资源环境承载力评价

（1）资源可承载力及环境安全指数的计算

资源环境承载力的资源可承载力和环境安全指数计算采用综合评价法。

资源环境承载力为 $HI = \sqrt{P \times N}$，其中 P 为积极指标组指数，N 为消极指标组指数。

积极指标组指数为 $P = \sum_{i=1}^{n} W_i \times C_i$，消极指标组指数为 $N = \sum_{i=1}^{n} W_i \times C_i$。其中，$W_i$ 对应各指标的指标值，C_i 对应各指标的指标权重。

（2）分级评价标准

根据资源环境承载力的评价指标体系，综合考虑各个指标及其相对应的评价标准，本报告采用分级评价方法，对中部沿黄河地区资源可承载力和环境安全进行总体评价。

一级评价为资源可承载力评价。资源可承载力主要反映资源对该区社会经济发展所能提供的支撑能力，故 HI 数值越大，表示资源可承载力越高，对社会经济发展提供的支撑作用越大；反之，HI 数值越小，表示资源可承载力越低，对社会经济发展提供的支撑能力越小。

二级评价为环境安全评价。环境安全表示环境对人类社会、经济、生态的协调或胁迫程度，故 HI 数值越大，表示环境安全度越高；数值越小，表明环境安全度越低。本报告拟设定的环境安全分级标准为：［0，2］（红，不安全）、（2，4］（橙，脆弱）、（4，6］（黄，较安全）、（6，8］（蓝，基本安全）、（8，10］（绿，安全）五级。

（3）评价结果分析

根据上述计算方法，中部沿黄河地区各区的资源可承载力和环境安全指数计算结果见表10。

表10 甘肃中部沿黄河地区生态走廊资源可承载力和环境安全计算结果

指标	兰州市	白银市	永靖县
资源可承载力	7.13	3.38	2.67
环境安全	7.67	6.10	5.11

由表10可以看出，2017年中部沿黄河地区内部资源可承载力差异较大，白银市、永靖县的资源可承载力都较低，兰州市最高，表明资源对该地区社会经济的发展所提供的支撑能力较高。从环境安全指数看，兰州市和白银市处于基本安全水平，永靖县则处于黄色较安全水平。

（三）甘肃中部沿黄河地区生态安全屏障建设评价指导

1.建设侧重度、建设难度、建设综合度的计算

生态安全屏障建设侧重度、建设难度、建设综合度是生态安全屏障建设的辅助决策参数，有利于对生态建设的动态引导，因此，定量计算必须遵照客观、合理、科学性的原则。

（1）建设侧重度

设 $A_i(t)$ 是城市 A 在第 t 年关于第 i 个指标的排序名次，则城市 A 在第 $t+1$ 年第 i 个指标的建设侧重度计算公式为

$$\lambda A_i(t+1) = \frac{A_i(t)}{\sum_{j=1}^{n} A_j(t)} \quad (i=1,2,\cdots,N)$$

其中，N 为城市个数，n 是指标个数。

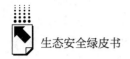

若 $\lambda A_i(t+1) > \lambda A_j(t+1)$，则表明在第 $t+1$ 年，第 i 个指标建设应优先于第 j 个指标。这是因为在第 t 年，第 i 个指标在所在区域排名比第 j 个指标较后，所以在第 $t+1$ 年，第 i 个指标应优先于第 j 个指标建设，这样可以缩小同所在区域的差距，使生态建设与所在区域发展同步。

（2）建设难度

设 $A_i(t)$ 是城市 A 在第 t 年关于第 i 个指标的排序名次。

分别用 $\max_i(t)$、$\min_i(t)$ 表示第 i 个指标在第 t 年的最大值和最小值，$\alpha A_i(t)$ 为城市 A 第 i 个指标在第 t 年关于建设难度的值，令

$$\mu A_i(t) = \begin{cases} \dfrac{\max_i(t)+1}{\alpha A_i(t)+1} & （指标\ i\ 为正向） \\[3mm] \dfrac{\alpha A_i(t)+1}{\min_i(t)+1} & （指标\ i\ 为负向） \end{cases}$$

则城市 A 在第 $t+1$ 年第 i 个指标的建设难度计算公式为

$$\gamma A_i(t+1) = \frac{\mu A_i(t)}{\displaystyle\sum_{j=1}^{n} \mu A_i(t)} (i = 1,2,\cdots,N)$$

若 $\gamma A_i(t+1) > \gamma A_j(t+1)$，则意味着在第 $t+1$ 年，第 i 个指标建设难度比第 j 个指标大。

（3）建设综合度

城市 A 在第 $t+1$ 年第 i 个指标的建设综合度计算公式如下：

$$\nu A_i(t+1) = \frac{\lambda A_i(t)\mu A_i(t)}{\displaystyle\sum_{j=1}^{n} \lambda A_j(t)\mu A_j(t)} (i = 1,2,\cdots,N)$$

若 $\nu A_i(t+1) > \nu A_j(t+1)$，则表明在第 $t+1$ 年，第 i 个指标理论上应优先于第 j 个指标建设。

2. 甘肃中部沿黄河地区生态安全屏障建设侧重度、建设难度、建设综合度的计算

根据上文生态安全屏障建设侧重度、建设难度和建设综合度定义及计算

方法，2017 年甘肃中部沿黄河地区三个地区的生态安全屏障建设 27 个指标计算结果见表 11、表 12 和表 13。

（1）建设侧重度

建设侧重度数值越大，排名越靠前，表示越应该优先考虑，侧重建设。甘肃中部沿黄河地区 2017 年三个地区的生态安全屏障建设侧重度结果如表 11 所示。

从表 11 可以看出，27 个指标中，兰州市建设侧重度排位前十的是 PM2.5、人均 GDP、一般工业固体废物综合利用率、R&D 研究和试验发展费占 GDP 比重、信息化基础设施、城市人口密度、人均耕地面积、万元 GDP 二氧化硫排放量、万元 GDP 工业烟粉尘排放量、万元 GDP 工业废水排放量；白银市建设侧重度排位前十的是一般工业固体废物综合利用率、城市人口密度、人均耕地面积、万元 GDP 工业废水排放量、人均绿地面积、人均公园绿地面积、森林覆盖率、城市建成区绿地面积、农田耕地保有量、河流湖泊面积；永靖县建设侧重度排位前十的有单位 GDP 耗水量、第三产业占比、湿地面积、万元 GDP 固体废弃物产生量、万元 GDP 工业废水排放量、PM2.5、人均粮食产量、未利用土地、一般工业固体废物综合利用率、人均耕地面积。

（2）建设难度

指标建设难度越大，排名越靠前，则意味着下一个年度该地区这项指标的建设难度越大，越难以取得建设成效。甘肃中部沿黄河地区 2017 年三个地区的生态安全屏障建设难度结果如表 12 所示。

从表 12 可以看出，27 个指标中，兰州市建设难度排位靠前的有信息化基础设施、万元 GDP 工业废水排放量、人均水资源、湿地面积、普通高等学校在校学生人数；白银市建设难度排位靠前的有 PM2.5、一般工业固体废物综合利用率、万元 GDP 工业废水排放量、万元 GDP 固体废弃物产生量、未利用土地；永靖县建设难度排位靠前的有单位 GDP 耗水量、第三产业占比、湿地面积、万元 GDP 固体废弃物产生量、万元 GDP 工业废水排放量。

表11 2017年中部沿黄河地区生态走廊安全屏障建设指标的建设侧重度

地区	PM2.5（空气质量优良天数）		人均GDP		一般工业固体废物综合利用率		R&D研究和试验发展费占GDP比重		信息化基础设施（互联网宽带接入用户数/年末总人口）		城市人口密度		人均耕地面积		万元GDP二氧化硫排放量		万元GDP工业烟粉尘排放量	
	数值	排名	数值	排名	数值	排名	数值	排名	数值	排名	数值	排名	数值	排名	数值	排名	数值	排名
兰州市	0.0482	1	0.0482	2	0.0482	3	0.0482	4	0.0482	5	0.0482	6	0.0482	7	0.0482	8	0.0482	9
白银市	0.0511	13	0.0247	20	0.0517		0.0208	22	0.0239	21	0.0517	2	0.0517	3	0.0071	25	0.0276	19
永靖县	0.0611	6	0.0187	21	0.0515	9	0.0067	24	0.0213	19	0.0411	11	0.0503	10	0.0245	18	0.0106	22

地区	万元GDP工业废水排放量		城镇化率		城市燃气普及率		单位GDP耗水量		人均绿地面积		人均公园绿地面积		森林覆盖率		第三产业占比		城市建成区绿地面积	
	数值	排名	数值	排名	数值	排名	数值	排名	数值	排名	数值	排名	数值	排名	数值	排名	数值	排名
兰州市	0.0482	10	0.0482	11	0.0468	12	0.0467	13	0.0455	14	0.0455	15	0.0387	16	0.0362	17	0.0354	18
白银市	0.0517	4	0.0315	17	0.0478	14	0.0469	15	0.0517	5	0.0517	6	0.0517	7	0.0350	16	0.0517	8
永靖县	0.0639	5	0.0281	16	0.0351	12	0.0662	1	0.0347	13	0.0347	14	0.0319	15	0.0662	2	0.0271	17

地区	万元GDP化学需氧量排放量		普通高等学校在校学生人数		农田耕地保有量		河流湖泊面积		湿地面积		万元GDP固体废弃物产生量		人均水资源		人均粮食产量		未利用土地	
	数值	排名	数值	排名	数值	排名	数值	排名	数值	排名	数值	排名	数值	排名	数值	排名	数值	排名
兰州市	0.0294	19	0.0272	20	0.0264	21	0.0251	22	0.0197	23	0.0160	24	0.0126	25	0.0122	26	0.0063	27
白银市	0.0179	23	0.0005	27	0.0517	9	0.0517	10	0.0312	18	0.0016	26	0.0116	24	0.0517	11	0.0517	12
永靖县	0.0207	20	0.0001	27	0.0054	26	0.0058	25	0.0662	3	0.0662	4	0.0092	23	0.0570	7	0.0567	8

表12　2017年中部沿黄河地区生态走廊安全屏障建设指标的建设难度

地区	单位GDP耗水量		第三产业占比		湿地面积		万元GDP固体废弃物产生量		万元GDP工业废水排放量		PM2.5（空气质量优良天数）		人均粮食产量		未利用土地		一般工业固体废物综合利用率	
	数值	排名	数值	排名	数值	排名	数值	排名	数值	排名	数值	排名	数值	排名	数值	排名	数值	排名
兰州市	0.0416	6	0.0416	7	0.0423	4	0.0322	22	0.0510	2	0.0322	19	0.0322	21	0.0322	23	0.0322	26
白银市	0.0322	17	0.0322	18	0.0322	15	0.0460	4	0.0527	3	0.0570	1	0.0436	6	0.0441	5	0.0567	2
永靖县	0.0548	1	0.0522	2	0.0519	3	0.0513	4	0.0496	5	0.0463	6	0.0440	7	0.0427	8	0.0412	9

地区	人均耕地面积		城市人口密度		城市燃气普及率		人均绿地面积		人均公园绿地面积		森林覆盖率		城镇化率		城市建成区绿地面积		万元GDP二氧化硫排放量	
	数值	排名	数值	排名	数值	排名	数值	排名	数值	排名	数值	排名	数值	排名	数值	排名	数值	排名
兰州市	0.0371	10	0.0322	27	0.0357	13	0.0331	16	0.0327	18	0.0322	24	0.0400	8	0.0337	14	0.0322	25
白银市	0.0322	20	0.0401	7	0.0322	22	0.0322	25	0.0335	10	0.0322	26	0.0401	8	0.0322	23	0.0322	27
永靖县	0.0400	10	0.0396	11	0.0381	12	0.0370	13	0.0369	14	0.0348	15	0.0345	16	0.0337	17	0.0321	18

地区	信息化基础设施（互联网宽带接入用户数/年末总人口）		万元GDP化学需氧量排放量		人均GDP		万元GDP工业烟粉尘排放量		人均水资源		R&D研究和试验发展费占GDP比重		河流湖泊面积		农田耕地保有量		普通高等学校在校学生人数	
	数值	排名	数值	排名	数值	排名	数值	排名	数值	排名	数值	排名	数值	排名	数值	排名	数值	排名
兰州市	0.0513	1	0.0332	15	0.0322	20	0.0368	11	0.0498	3	0.0385	9	0.0366	12	0.0331	17	0.0420	5
白银市	0.0322	13	0.0322	24	0.0325	12	0.0368	9	0.0322	14	0.0322	19	0.0322	21	0.0332	11	0.0322	16
永靖县	0.0303	19	0.0296	20	0.0293	21	0.0287	22	0.0280	23	0.0275	24	0.0226	25	0.0221	26	0.0214	27

表13 2017年中部沿黄河地区生态走廊安全屏障建设指标的建设综合度

地区	单位GDP耗水量		第三产业占比		湿地面积		万元GDP固体废弃物产生量		万元GDP工业废水排放量		PM2.5（空气质量优良天数）		人均粮食产量		未利用土地		一般工业固体废物综合利用率	
	数值	排名	数值	排名	数值	排名	数值	排名	数值	排名	数值	排名	数值	排名	数值	排名	数值	排名
兰州市	0.0467	13	0.0362	17	0.0197	23	0.0160	24	0.0482	10	0.0482	1	0.0122	26	0.0063	27	0.0482	3
白银市	0.0469	15	0.0350	16	0.0312	18	0.0016	26	0.0517	4	0.0511	13	0.0517	11	0.0517	12	0.0517	1
永靖县	0.0688	1	0.0688	2	0.0688	3	0.0688	4	0.0665	5	0.0636	6	0.0593	7	0.0590	8	0.0536	9

地区	人均耕地面积		城市人口密度		城市燃气普及率		人均绿地面积		人均公园绿地面积		森林覆盖率		城镇化率		城市建成区绿地面积		万元GDP二氧化硫排放量	
	数值	排名	数值	排名	数值	排名	数值	排名	数值	排名	数值	排名	数值	排名	数值	排名	数值	排名
兰州市	0.0482	7	0.0482	6	0.0468	12	0.0455	14	0.0455	15	0.0387	16	0.0482	11	0.0354	18	0.0482	8
白银市	0.0517	3	0.0517	2	0.0478	14	0.0517	5	0.0517	6	0.0517	7	0.0315	17	0.0517	8	0.0071	25
永靖县	0.0524	10	0.0427	11	0.0365	12	0.0362	13	0.0362	14	0.0332	15	0.0293	16	0.0282	17	0.0255	18

地区	信息化基础设施（互联网宽带接入用户数/年末总人口）		万元GDP化学需氧量排放量		人均GDP		万元GDP工业烟粉尘排放量		人均水资源		R&D研究和试验发展费占GDP比重		河流湖泊面积		农田耕地保有量		普通高等学校在校学生人数	
	数值	排名	数值	排名	数值	排名	数值	排名	数值	排名	数值	排名	数值	排名	数值	排名	数值	排名
兰州市	0.0482	5	0.0294	19	0.0482	2	0.0482	9	0.0126	25	0.0482	4	0.0251	22	0.0264	21	0.0272	20
白银市	0.0239	21	0.0179	23	0.0247	20	0.0276	19	0.0116	24	0.0208	22	0.0517	10	0.0517	9	0.0005	27
永靖县	0.0222	19	0.0215	20	0.0195	21	0.0110	22	0.0096	23	0.0069	24	0.0061	25	0.0056	26	0.0001	27

（3）建设综合度

生态安全屏障建设指标综合度同时考虑了建设侧重度和难度，反映的是由本年的建设现状来决定下一年度的各建设项目的投入力度，综合度越大，表明应在下一年度建设中加大投入力度，反之，应减小投入力度。综合度的值介于 0 与 1 之间，各地区 27 个指标的侧重度之和等于 1，表 13 是甘肃中部沿黄河地区三个地区生态安全屏障建设指标的综合度。

27 个指标中，兰州市建设综合度排位前三的是 PM2.5、人均 GDP、一般工业固体废物综合利用率；白银市建设综合度排位前三的有一般工业固体废物综合利用率、城市人口密度、人均耕地面积；永靖县建设综合度排位前三的是单位 GDP 耗水量、第三产业占比、湿地面积。

从甘肃中部沿黄河地区三个地区生态安全屏障的建设侧重度、建设难度、建设综合度可以看出，生态安全屏障建设已经进入深水区、攻坚期，应在河流保护、河流治理、第三产业发展、科技创新、人才培养等方面继续加大投入力度，突破重点，攻克难点，推进甘肃中部沿黄河地区生态安全屏障建设。

二 中部沿黄河地区生态走廊安全屏障
建设的实践与探索

近年来，中部沿黄河地区生态走廊实施的一些典型生态保护项目可以反映这一生态安全屏障的建设现状，其中以跨流域调水工程"引洮工程"成效最为显著。

（一）引洮工程概况

甘肃中部地区，缺水的大多是位于渭河上游的地区。而同样是发源于甘肃的洮河，从碌曲县西南部西倾山东麓的勒尔当倾泻而出，经岷县至永靖县刘家峡注入黄河。洮河是黄河上游最大的一条支流，多年平均径流量 49.2 亿立方米，水量丰富。把洮河水引入渭河流域，就可以解决甘肃中部多个地

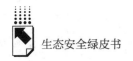
区的缺水之痛。引洮供水工程是甘肃有史以来投资规模最大、引水渠线最长、覆盖范围最广、受益群众最多的大型跨流域调水工程，对从根本上解决甘肃中部水资源短缺问题、改善生态环境、促进区域经济社会发展具有十分重要的意义。

2013 年 2 月 3 日，中共中央总书记、中央军委主席习近平视察引洮工程时指出："引洮工程是造福甘肃中部干旱贫困地区的一项民生工程，工程建成后可解决甘肃六分之一人口的长期饮水困难问题，工程的建设具有非常重大的意义……民生为上、治水为要，要尊重科学、审慎决策、精心施工，把这项惠及甘肃几百万人民群众的圆梦工程、民生工程切实搞好，让老百姓早日喝上干净甘甜的洮河水。"

作为大型跨流域调水工程，引洮工程目标是以解决甘肃中部干旱地区城镇工业用水、农村饮水、生态环境用水为主，兼有灌溉、发电、防洪等综合利用功能。工程计划总投资 105 亿元，建设期为 12 年，规划范围涉及兰州、定西等五个地市所属的榆中、安定、会宁、静宁、秦安等 11 个县（区）155 个乡镇，惠及 1.9 万平方千米。2015 年 8 月 6 日，引洮供水一期工程正式运行，为受益区的定西、兰州、白银三个市辖的会宁、安定、陇西、渭源、临洮、通渭、榆中七个县（区）城乡生产生活用水、工业供水、生态供水提供了水资源保障，发展灌溉 19 万亩，受益人口达 225.35 万人。引洮供水二期工程是一期工程的延伸，是国务院确定的 172 项节水供水重大水利工程之一。引洮供水二期工程将进一步扩大受益地区和人口，不仅对全面发挥引洮供水工程整体效益至关重要，也将为"丝绸之路经济带"甘肃黄金段建设提供坚实的水利支撑和保障。

（二）引洮工程对甘肃中部地区水生态环境的影响

1. 对地质环境的影响

引洮工程的建设将给地质环境带来明显的影响，这些影响既有正面的，也有负面的；既有短期的，也有长远的。从长远来看，引洮工程对地质环境最有利的一面是增加水资源的供给，提高植被覆盖率，抑制水土流失，从而减少滑坡、泥石流等地质灾害。从短期来看，工程的施工过程是在特定的地质体中进行的，是对原地质环境的局部破坏过程。在这个过程中，工程活动对地质环境的不利影响在施工期居主导地位，如果地质问题处理不好，必然影响工程进度和工程质量。

引洮工程横跨西秦岭山地、陇西黄土高原和马衔山山地等不同的地貌单元，渠系以隧洞、暗渠、明渠、渡槽、倒虹吸等方式修建，加上料场开挖及田间工程中修造梯田，工程量大，线路长，隧洞多，地质环境复杂。在建设过程中，必然对原地貌造成极大的扰动，从而诱发滑坡、崩塌、泥石流或使老滑坡复活形成地质灾害。

2. 对水环境的影响

引洮工程调水后，水库调蓄合理，不会对洮河九甸峡下游的水环境带来明显不利影响。相反，由于水库的调节，泄水量的丰枯变幅小于天然径流的变幅，减小了水库下游河道洪水期的流量，减轻了洪水对沿岸的冲刷，也增大了枯水季节的流量，提高了下游河道流量的稳定性，改善了枯水季节水库下游的水环境。九甸峡水库下游还有已建成的三甲水库和正在建的海甸峡水库的协调运营，对河道垃圾、污物及工业污水的冲刷不会产生大的影响。洮河的泥沙多产生在九甸峡水库下游，对枢纽工程没有影响，而上游少量泥沙将沉积在九甸峡水库，将减少刘家峡水库的沉积。

3. 对水土保持的影响

引洮工程渠线长，工程量大，建筑物及施工点相对分散，附属工程、施工设备及施工队伍庞大。除主体工程外，新修、扩修道路、施工营地及场地、人为活动等都将占用土地、扰动土壤、破坏植被。在工程建设过程中移动大量的土石方，扰动原生地貌，破坏植被，致使渠系沿线土壤抗侵蚀冲性和边坡稳定性大为降低，弃渣堆置在山坡、沟谷，容易引起水土流失。若不及时采取防护措施，在工程施工期和运行初期，大量弃渣被暴雨冲刷进入河流，增加河流泥沙量，隧洞的石质弃渣甚至会演变为泥石流的物质来源。

三　中部沿黄河地区生态走廊安全屏障
建设的对策

甘肃中部地区资源禀赋区域差异大，且资源利用效率低，水资源紧缺是甘肃中部地区社会经济发展重要"瓶颈"。因此，提高资源利用效率，充分发挥地区资源优势，挖掘区域开发潜力是甘肃中部地区可持续发展的方向和动力。

（一）调整农业结构，合理利用土地资源

甘肃中部沿黄河地区的农业发展中存在要素配置不合理、资源环境压力大、农民收入增长乏力等问题。在有限的土地资源条件下，如果不加快对农业结构的调整，即使充分利用当地光热资源来提高农作物产量，农民收入仍较难提升。所以，必须瞄准市场需求，统筹调整粮经饲三大种植结构，促进区域农产品供给由"生产导向型"向"消费导向型"转变。要让农业增效、农民增收，就必须摒弃传统经营理念，着力推行资源节约型、环境友好型的绿色生产方式，不断优化农业经营体系，推进农业清洁生产、大规模实施农业节水工程、集中治理农业环境突出问题、加强重大生态工程建设等举措，努力提升土地产出率、资源利用率、劳动生产率。

（二）实行退耕还林还草建设措施，加强生态环境保护

退耕还林还草符合现代农业的要求，通过大规模退耕还林还草的实施，建立营利农业思想，拓宽与草、林相关联的产业，彻底调整农村产业结构。改善生态环境是退耕还林还草的主导目标，但由于目前仍缺乏全程的、有效的监测评价机制，生态效益优先原则面临诸多挑战。退耕还林还草是一项政策性强、涉及面广的重点生态工程，在实施过程中具有极大的艰巨性和复杂性，需要各级政府加强组织领导，林业等有关部门密切配合，共同推进工作。退耕还林还草措施往往会涉及土地问题，不同区域在还林还草成本与收

益方面存在较大差别，因此应该实行分区调控政策，对不同区域实施不同的经济补偿标准，并加强对退耕补贴工作的重视，严格实施补贴资金专款专用等措施。

（三）推广节水技术

甘肃中部沿黄河地区在节水增效工作方面还有很大的潜力，应全面推广各项节水措施，高效利用有限的水资源。在农业节水工程建设中，加快推进引洮供水二期工程、大中型灌区续建配套节水改造、田间高效节水灌溉等项目；积极推进高标准农田水利体系建设，大力发展规模化喷灌、微灌、高标准管灌等高效节水灌溉技术，同时调整优化种植结构，大力推广节水产品和节水增效技术。在工业节水方面，加大重点行业规模企业节水建设力度，大力发展节水新工艺和新技术，提高用水重复利用率。在城镇生活节水方面，进一步优化城镇管网布局，推广绿地灌溉高效节水技术，并发展中水利用、雨水集蓄利用等非常规水源利用技术。

专 题 篇

Special Reports

G.8

西部生态安全屏障建设的战略
意义及实践探索

马仲钰*

摘 要： 本报告基于西部生态环境问题对国家安全影响的背景下，从
财政、水利、交通、草原和林业等方面就甘肃建设西部生态
安全屏障的现状与取得的成绩进行了分析论证，并针对甘肃
存在重点区域生态综合治理资金投入不足、生态补偿机制亟
待完善等问题，提出积极拓宽林业融资渠道、加快建立健全
生态补偿机制的对策措施。

关键词： 西部生态屏障 环境治理 生态建设 林草植被

---

* 马仲钰，甘肃省发展和改革委员会科员，主要从事发展战略等方面的管理和研究。

良好的自然生态环境是人类社会赖以生存的基础，其提供的各种各样的生态系统服务支撑着人类社会的永续发展。但是，近几十年来，全球生态状态总体呈恶化趋势，生态安全已成为影响国家安全的重要因素。受限于自然地理条件和社会经济发展等多重因素，中国生态环境脆弱，生态安全形势依然严峻，生态环境风险增加。[①] 生态环境是当今社会国家安全的重要基石。冷战结束后，生态环境安全问题已成为全球关注的焦点。生态中的森林植被不仅保护林中各种动植物链，也有含蓄水源和吸收温室气体 CO_2 和调节大气功能。世界上越来越多的国家将生态环境纳入国家安全的范畴，并且渗透国际关系的各种层面，成为影响国际关系的一个重要因素。如 2009 年 12 月 19 日，有 194 个成员代表参加的联合国气候变化大会《哥本哈根协议》草案未获通过。生态安全已成为国家经济安全的基础。生态安全在不同程度上透过经济安全对国家其他安全因素产生影响。例如，对社会安全来说，其对生态安全的依赖程度比对经济安全的依赖程度更高。政治安全对生态安全和经济安全具有同等依赖程度。而生态保护的作用是实现人类生存和发展所处的生态环境不受破坏，保持土地、水源、天然林、地下矿产、动植物资源、大气等自然资本的保值、增值、永续利用，避免因自然衰竭资源生产率下降，环境污染和退化给社会生活和生产造成短期灾害和长期不利影响，甚至危及人类的生存和发展的状态。生态环境既是一种公共物品，也是纯自然物品，与人类可持续发展有密切的关系。西部生态环境建设就是重建生态公共产品的供给，补偿西部生态资源，保护和提供人类生存的安全栖息之地，也就是保护国家生态安全和发展所需的生存环境处于不受破坏和威胁的状态，使自然生态系统状况能够维系经济社会可持续发展。

一　西部生态环境问题已形成对国家安全的影响

众所周知，由于历史的和现实的、自然的和人为的原因，西部地区的自

---

① 侯鹏、杨旻、翟俊、刘晓曼、万华伟、李静、蔡明勇、刘辉明：《论自然保护地与国家生态安全格局构建》，《地理研究》2017 年第 3 期。

然环境状况较为恶劣，全国水土流失面积的 80% 在西部，每年新增的荒漠化、石漠化的面积也大部分在西部，土地和草场不断退化，荒漠化现象日益严重，沙尘暴连年发生。经有关科学考察和遥感技术等研究探索，近 30 年来青藏高原冰川雪线退缩，年均减少 131.4 平方千米，湿地萎缩占原有面积的 10%，青藏高原蓄水总量正在下降。新疆、内蒙古、甘肃、宁夏、陕西地区身居内陆，加之青藏高原的隆起，太平洋暖湿气流难以到达，降雨量极少，常年干旱缺水。另外，对水资源不合理的开发利用和水污染，也加剧了河流、湖泊的干涸和萎缩的速度。在西北的内陆河流域，因上游水源减少和过度用水，下游生态恶化和沙尘暴连年发生。西南地区天然林曾被滥伐和水土流失，使"石漠化"现象日趋严重，并导致长江中下游洪水成灾，严重影响长江流域的安全。这些现象都是西部地区自然生态环境系统的稳定性被严重破坏的表现。

生态环境作为人类生存栖息之地，一旦被破坏，将会严重干扰人们的生产、生活与社会安定，直接影响国家社会经济的健康与可持续发展。如果自然界系统中的生物链遭受破坏，将很难恢复，对人类生存构成威胁。西部地区生态环境脆弱，其自然环境状况已威胁国家的经济社会发展和当地人类社会的生存和发展，也将对国家安全造成不利影响。加快改善生态环境是我国 21 世纪全面推进实施可持续发展战略的重要目标。西部生态环境保护与重建对甘肃改善全国生态环境、实施可持续发展战略都具有非常重要的战略意义。①

二 甘肃建设西部生态安全屏障的现状与
取得的成绩

（一）财政方面

1. 支持农业农林生态保护建设与建设资金

2015~2017 年，省级财政累计安排农业、林业生态保护与建设资金

---

① 张平军：《西部生态建设是全国的生态安全屏障》，《未来与发展》2010 年第 5 期。

182.44 亿元。一是落实退耕还林还草财政补助 59.1 亿元，支持实施新一轮退耕还林还草 431.2 万亩。二是安排天然林资源保护工程补助 32.09 亿元，全省 7069 万亩天然林资源纳入保护范围，支持提高林区职工收入和社会保障水平。三是落实草原生态保护奖励补助 42.16 亿元，全省 2.41 亿亩可利用草原纳入保护范围，实施禁牧补助和草畜平衡奖励，支持转变草原畜牧业发展方式。四是安排森林生态效益补偿 17.77 亿元，全省 5218 万亩公益林纳入补偿范围予以保护。五是落实林木良种、森林抚育、造林等林业补贴 9.59 亿元，支持扩大森林面积，提升森林质量。六是争取国有林场改革补助 7.39 亿元，支持剥离国有林场教育医疗办等社会职能，解决职工社会保险欠费问题。七是争取自然保护区以及湿地保护补助 2.29 亿元，在尕海则岔、敦煌西湖、黄河首曲开展湿地生态效益补偿试点，支持林业国家级自然保护区管护能力建设。八是安排防沙治沙补助 2.8 亿元，支持敦煌、民勤、玛曲等 16 个重点沙区县建立沙化土地封禁保护区，加大对武威等重点沙区的扶持力度。九是安排农业资源及生态保护资金 3.38 亿元，扶持创建废旧农膜回收示范县 45 个，支持加大废旧农膜、秸秆尾菜等农业面源污染的防治力度。十是安排森林和草原植被恢复费 4.27 亿元，支持植树种草，促进森林和草原植被恢复，推进国土绿化进程。十一是安排生态护林员补助 1.6 亿元（此为 2016 年资金，2017 年起从重点生态功能区转移支付中安排，当年安排 2.1 亿元）。

截至 2018 年底，省级财政安排农业、林业生态保护与建设资金 48.5 亿元。一是落实退耕还林还草财政补助 15.9 亿元；二是安排天然林资源保护工程补助 11.33 亿元；三是落实草原生态保护奖励补助 11.03 亿元；四是安排森林生态效益补偿 6.69 亿元；五是落实林木良种、森林抚育、造林等林业补贴 1.55 亿元；六是安排林业自然保护区补助 0.2 亿元；七是安排防沙治沙补助 0.36 亿元；八是安排农业资源及生态保护资金 0.45 亿元；九是安排森林和草原植被恢复费 0.99 亿元。

2. 支持水土保持和山洪灾害防治

一是推进国家水土保持重点工程。2016～2018 年安排 5.51 亿元（中央

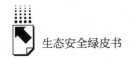
5.4亿元、省级0.11亿元），主要用于规划治理区内的坡改梯、淤地坝、小型水保工程及营造水保林草等项目补助支出。二是安排保障山洪灾害防治经费。2016~2018年安排2.76亿元（中央2.34亿元、省级0.42亿元），主要支持开展山洪灾害调查评价、补充完善非工程措施及治理重点山洪沟防洪等方面。

3. 争取重点生态功能区转移支付

经积极争取，"十三五"以来，中央财政累计下达甘肃省生态功能区转移支付140.8亿元。其中，2016年42.56亿元，2017年51.7亿元，2018年提前下达甘肃省46.53亿元。甘肃省财政厅按照财政部分配办法，根据标准财政收支缺口、总人口、林地面积、草地面积、国土面积、湿地面积、禁止开发区面积和财政自给能力等因素的一定权重，采用规范的公式化方式测算分配。同时，加大支持祁连山生态保护修复工作力度，重点向祁连山地区所属市（县、区）倾斜。2018年，甘肃省财政厅已下达重点生态功能区转移支付41.2亿元。

4. 加大环境保护治理资金投入

2016年省级投入资金4.08亿元，2017年投入4.4亿元，主要用于工业企业污染减排、重点区域污染防治、水污染防治、土壤污染治理、农村环境综合整治项目、严重威胁居民身体健康的污染治理、省级环境保护部门主要污染物减排指标统计、监测和考核三大体系建设、环境监管能力建设等项目。

（二）水利方面

黄河流域甘肃段包括兰州、白银、定西、天水、平凉、庆阳、临夏、甘南八个市（州）及武威市天祝县、古浪县两县。这一地区是甘肃省人口和经济重心，也是我国重要的能源化工基地。工业化和城镇化过程的迅速推进，社会经济活动规模和范围扩大，对流域内的水质产生了日益严重的影响。流域内的这些地区以能源矿产资源开发和加工为主的产业体系，耗能高、污染重（如火电、冶金、建材、化工等），工业排放的固体、废水、废气，居民家庭的生活垃圾、污水，以及农业使用化肥、农药、塑料薄膜等化工产品成为主要污染源。

"十二五"期间，在国家的大力支持下，按照国家环保部、国家发改委、财政部、水利部四部委《重点流域水污染防治规划（2011—2015年）》和国家发改委《重点流域水污染防治项目管理办法》中对黄河流域中上游水质保持目标和重点工作要求，甘肃重点围绕黄河干流和一、二级支流治污减排，在城镇污水处理厂建设、排污企业监控、水源地保护等方面做了大量工作，在保持黄河流域水质稳定和污染防治方面取得了显著成效。对污染严重、治理无效的企业实行关、停、迁，淘汰落后产能。关闭各类小企业上百家。对淀粉、造纸、制革、洗毛、印染等行业的污染防治进行专题检查和清洁生产审核，实施清洁生产方案，有效减少了污染物排放。通过节水和中水回用，中石油兰州石化公司等一批大型企业水循环利用率达到了90%以上，水环境安全、水环境质量、污染物总量减排有了明显的改善。

"十三五"以来，根据国家发改委《"十三五"重点流域水环境综合治理建设规划》，环境保护部、国家发改委、水利部《关于印发〈重点流域水污染防治规划（2016—2020年）〉的通知》和国家发改委《关于印发〈重点流域水环境综合治理中央预算内投资计划管理办法〉的通知》要求，甘肃加大力度争取中央支持，重点建设黄河流域水环境综合治理项目，并通过积极争取，首次将我省长江流域包括陇南市及甘南州舟曲县、迭部县，共1区10县，主要河流包括嘉陵江及其一级支流白龙江、西汉水，二级支流白水江，全部纳入重点流域水污染防治规划范围，享受中央预算内投资项目支持。

根据国家发改委《关于印发〈重点流域水环境综合治理中央预算内投资计划管理办法〉的通知》规定，重点流域水环境综合治理专项重点支持流域内对水环境质量改善直接相关的项目，项目类型主要包括城镇污水处理、城镇垃圾处理、河道（湖库）水环境综合治理和城镇饮用水水源地治理，以及推进水环境治理的其他工程。

1. 建设生态安全屏障综合试验区水利主要任务

国家发改委印发的《甘肃省加快转型发展建设国家生态安全屏障综合

试验区总体方案》和甘肃省政府印发的《甘肃省人民政府关于贯彻落实
〈甘肃省加快转型发展建设国家生态安全屏障综合试验区总体方案〉的实施
意见》《甘肃省建设国家生态安全屏障综合试验区"十三五"实施意见的通
知》确定的涉水工作主要包括五个方面。一是加快坡耕地水土流失综合治
理等重点生态工程和石羊河、黑河、疏勒河等重点流域生态综合治理，加强
河西走廊内陆河区地下水超采治理。二是大力改善水利保障条件，加快引洮
供水工程二期、黄河甘肃段防洪治理等重大项目实施，加强中小河流重点河
段治理、病险水库除险加固和山洪灾害防治。三是加快民生水利建设，全面
完成农村饮水安全建设规划，启动实施河西走廊高效节水灌溉示范项目和中
部沿黄灌区高效节水灌溉，加强小水电等工程建设。四是加快节水型社会建
设，实施最严格水资源管理制度。五是深化水利改革，拓宽重点生态项目投
资渠道，深化水权制度等各项改革。

2. 主要工作推进情况及取得的成效

总体方案第一阶段（2015 年）涉水各项任务目标圆满完成，全省万元
GDP 用水量从 2010 年底的 303 立方米降低到 175 立方米，降幅为 42%，超
过总体方案第一阶段目标任务 12 个百分点；全省国家重点水功能区水质达
标率达到 70%，超水利部省政府签署框架协议 5 个百分点。

（1）重点生态工程建设和重点流域治理成效显著

不断加强重点区域水土流失综合治理，持续推进梯田建设，总体方案第
一阶段期间每年完成水土流失治理面积 2000 平方千米，兴修梯田 100 万亩，
截至 2015 年，全省已累计治理水土流失面积 7.7 万平方千米，占全省水土
流失总面积 28.13 万平方千米的 27.4%，累计兴修梯田 3020 万亩。2016
年、2017 年全省共完成水土流失治理面积 4011 平方千米，超额完成甘肃省
政府目标任务。

石羊河流域治理成效进一步显现，通过了省级中期评估和水利部发展研
究中心的第三方评估。黑河流域重点治理成效不断巩固，自 2000 年国家实
施黑河水量统一调度以来，内蒙古东居延海自 2004 年以来连续 13 年不干
涸。敦煌水资源合理利用与生态保护规划项目加快实施，重点工程基本完

成，敦煌盆地地下水开采量得到有效控制，月牙泉周边地下水位下降趋势减缓，生态下泄水量显著增加，河道末端干涸多年的哈拉诺尔湖碧波重现。

（2）水利保障能力不断提升

被列入国家172项节水供水重大水利工程范围的引洮二期、黄河甘肃段治理工程于2015年开工建设，进展顺利；武威市民勤县红崖山水库加高扩建工程于2016年2月开工建设，是当年全国第一个开工的重大水利工程项目，得到水利部表扬；白龙江引水工程规划报告已经水利部技术讨论，同步启动项目建议书编制工作；修改完善后的马莲河水利枢纽工程可研报告水利部水规总院即将安排技术审查；引哈济党工程正在按照水规总院技术讨论会议要求修改相关补充论证报告。大力推进防灾减灾工程建设，加快实施江河主要支流、中小河流及山洪沟道治理项目；完成142座中小型病险水库和35座大中型病险水闸除险加固；建成83个县级山洪灾害防治非工程措施项目，提升了防灾减灾能力，有效保障了群众生命财产安全。

（3）民生水利发展步伐不断加快

将农村饮水安全巩固提升工程作为水利脱贫攻坚的核心任务，结合全省农村饮水安全实际，按照"缺什么，补什么，建什么"的原则，由各县区自主确定建设任务并批复方案，向省水利厅报备。全年计划建设集中供水工程648处，分散供水工程8167处，覆盖547个乡镇、2974个行政村、14011个自然村，受益人口63.8万户、275.7万人（其中涉及建档立卡贫困村1280个，贫困人口13万户、53万人）。全省各地统筹整合各类资金，建成集中供水工程617处、分散供水工程6855处，完成投资16亿元，超额完成水利部下达的7.5亿元考核任务。联合省发改等六部门制定了《甘肃省农村饮水安全巩固提升工作考核办法》，将全省农村饮水安全巩固提升工作全面纳入地方政府和部门的目标责任考核体系。

（4）节水型社会建设加快推进

全省水资源管理"三条红线"指标体系基本建立，用水总量、用水效率、水功能区限制纳污控制指标已细化分解到县级行政区。省、市、县三级贯彻落实最严格水资源管理的"四项制度"体系和贯彻落实的运行机制得到建立和完善。国务院连续四年对甘肃省最严格水资源管理制度落实情况进行考核，考核结果良好；甘肃省政府连续三年对各市州最严格水资源管理制度落实情况进行考核，并将考核结果进行通报。取水许可及水资源费工作得到加强，已将全省80%以上取水许可水量纳入实时在线监控。武威、庆阳、敦煌市节水型社会建设试点和加快实施最严格水资源管理制度试点全面完成，武威市被命名为"全国节水型社会建设示范区"。总体方案第一阶段期间，全省万元GDP用水量从2010年底的303立方米降低到175立方米，降幅为42%；万元工业增加值用水量从90立方米降低到63立方米，降幅为30%；全省国家重点水功能区水质达标率达到70%，超水利部省政府签署框架协议5个百分点。2016年、2017年最严格水资源管理制度涉及的各项指标均完成国家年度目标任务。

（5）水利改革全面深化

"项目搭台、改革唱戏"，水权、水价等重点领域改革取得阶段性成效。疏勒河流域全国水权试点于2017年7月通过了水利部组织的技术验收，12月通过终期验收。水流产权试点工作全面启动，2017年9月，水利部、国土资源部、甘肃省政府批复疏勒河流域水流产权确权试点实施方案，11月甘肃省政府召开疏勒河流域水流产权确权试点推进会，全面动员部署加快试点工作。农业水价综合改革已经在河西灌区、沿黄灌区及东南部补充灌溉区依次推进，各级试点整体实施态势良好，14个市州、44个县区政府出台农业水价综合改革实施方案，达到58%。水利建设和投融资机制进一步完善，积极推进设计施工总承包，在引洮供水二期配套城乡供水工程建设上全面落实；引洮济合工程代建制取得重要进展。如期完成厅属企业改制脱钩任务，甘肃省水投公司和水电设计院移交省国资委管理。全省累计组建市县水务公司47家，在筹集水利建设资金方面发挥了重要作用。凉州、白银、武都国家级小型农田水利设施产权制度改革和创新运行管护机制试点工作全部完成。

（三）交通方面

"十三五"时期，甘肃省深入贯彻落实新发展理念，按照《甘肃省建设国家生态安全屏障综合试验区"十三五"实施意见》的要求,积极推进生态文明建设,加大交通基础设施投资力度,积极开展"四好"农村公路建设,扎实推进交通精准扶贫,深入开展公路建设项目环保自查、生态保护区和环境敏感点排查工作、推进码头污染防治工作,积极推广新能源车船,开展绿色交通建设,较好地完成了生态安全屏障实验区建设的各项目标任务。

1. 加强组织领导,为生态安全屏障建设提供制度保障

为全面贯彻落实甘肃省委、省政府和交通运输部关于生态文明建设的重大决策部署,甘肃交通厅成立了甘肃省交通运输厅生态文明建设领导小组,印发了《加快推进全省交通运输生态文明建设强化节能环保工作实施方案》,明确了"十三五"时期甘肃省交通运输行业生态文明建设和节能减排工作的目标和要求;印发了《甘肃省交通运输环境监测网络建设工作计划》,进一步提升行业环境保护监督管理规范化、科学化和信息化水平。

2. 深入贯彻新发展理念,继续加大交通基础设施建设力度,推进绿色公路建设

为深入贯彻落实"创新、协调、绿色、开放、共享"的新发展理念,甘肃交通厅组织制定了《甘肃省"十三五"交通运输发展规划》《关于深入推进交通提升建设的实施方案》《甘肃省 4A 级及以上旅游景区连接道路建设实施方案》《甘肃省"十三五"公路养护管理发展纲要》等一系列规划、方案,同时,继续加大交通基础设施项目的建设力度。2017 年全省完成交通运输固定资产投资 865.7 亿元,同比增长 10.2%,占全省固定资产投资的 15.2%。2017 年建成高速及一级公路 249 千米,普通国省干线及旅游公路 1653 千米,农村公路 11733 千米。全省公路总里程达到 14.3 万千米,其中,高速公路达到 4014 千米,55 个县通高速公路,二级及以上公路里程达到 1.33 万千米,全省农村公路达到 11 万千米,具备条件的建制村全部通沥青(水泥)路。

在加强交通基础设施建设的同时,积极推进绿色公路建设。兰州南绕城高速公路作为交通运输部批复确立的创建绿色公路项目,确定了涵盖桥涵、隧道、路基、路面、房建、机电、绿化等工程的六类 25 项具体绿色支撑项目。项目实施以来,目前已有施工期集中供电、送风式喷雾除尘、预制梁养

生自动喷淋等九项内容得到实施，节能减排效果已逐步显现。同时，甘肃省交通运输行业还积极推进路域生态恢复与整治工作，开展了道路两侧的植草种树等绿化美化行动，路域生态和景观得到有效恢复和整治。

3. 积极开展"四好"农村公路建设，扎实推进交通精准扶贫攻坚

甘肃交通厅紧盯农村发展新变化，狠抓"四好农村路"建设，通过现场推进、督导约谈等方式，强化调度检查，开展技术培训，组织综合考评，农村公路建设持续加快，交通运输助推扶贫脱贫的能力不断提升。2017年新增通沥青（水泥）路建制村651个，全省具备条件的建制村通了沥青（水泥）路。硬化村组道路1643千米，改善了180个"千村美丽"示范村通行条件。实施农村公路安全生命防护工程4843千米，改造危桥81座（其中村道危桥49座）。新增通客车建制村656个，乡镇和建制村通客车率分别达到100%和95.6%。改造、开通城乡公交、村镇公交线路150余条，农村交通运输服务水平持续提升。推进创建"四好农村路"示范县工作，授予10个县（区）全省第一批"四好农村路"示范县称号，清水县、陇西县、西和县被交通运输部命名为"四好农村路"全国示范县。

通过对农村道路的硬化，有效改善了农民出行条件，缩短了农村与城市的时间距离，改变了农民的生活方式，提高了农民的生活水平，减少了原有土路的扬尘污染，降低了原有农民生火做饭、燃烧麦秆等造成的烟尘污染。

4. 认真落实生态环保相关法律法规职责规定，加大交通建设项目生态环保监管力度

为认真贯彻落实国家、部、省有关生态环保的法律法规，加快推进绿色交通建设，甘肃交通厅先后组织开展了祁连山自然保护区交通基础设施项目专项督查核查，对涉及祁连山自然保护区的公路建设项目路域生态进行了整治与恢复。组织开展了2018年全省公路建设项目环境监管检查专项行动，与省环境保护厅联合印发了《关于进一步加强全省公路建设项目环境监管检查的通知》，按照"实事求是、因时制宜、限时清理、依法从快"的原则，联合对各市州辖区内三年来已交工运营的项目和正在建设的项目开展专项监管检查，积极推进公路建设项目环境隐患和违法问题整改工作。组织开

展了中央环保督察反馈意见道路穿越水源地问题整改督导和回头看活动，积极推进道路穿越水源地问题整改工作。组织开展了公路路域环境联合整治百日专项行动，先后清理公路及公路用地堆积物5.8万立方米，拆除违法建筑物构筑物6650平方米，清理公路垃圾6万立方米，清理摆摊设点占道经营3008处、广告牌5154块，查处漏洒货运车辆1067辆。

5.积极开展营运船舶和码头污染防治工作，全面完成各项目标任务

在船舶污染治理方面，一是建立健全全省营运船舶基础台账，并详细核对了每艘营运船舶的类型、建成日期、强制报废日期等基础信息。二是加强船舶污染防治日常监管和整治。要求各地区的码头经营管理单位、水运企业和船舶经营人建立健全污染防治制度，明确责任，落实措施。充分利用船舶、码头、装卸站、城市区域内现有可利用的环保设施，要求机动船（卧舱机）安装油水分离装置、配置生活污水处理设备及足够数量的垃圾存储容器等，基本实现了船舶舱底水、生活污水和生活垃圾上岸转运处理。三是修订印发了《甘肃省水路交通突发事件应急预案》，将环境安全纳入水路交通突发事件应急预案中，明确了管理机构、应急处置、信息发布、信息报送等事项。四是加强船舶污染防治设备检验，坚决杜绝环保不达标船舶进入水运市场。五是加强船员污染防治教育培训。

在港口码头治理方面，甘肃交通厅印发了《甘肃省码头和装卸站污染防治实施方案》，计划在"十三五"时期对全省39座生产用码头、4座船舶检验起泊设施及船舶修造厂进行污染防治设施的改造利用。通过开展船舶和码头的污染防治工作，有效降低了甘肃省通航河道水污染风险。

6.积极推广应用新能源、清洁能源车船，推进节能低碳新技术推广应用

"十三五"以来，甘肃省积极推广清洁能源车在城市公交车、出租车行业的投入使用。兰州、天水、酒泉、白银、平凉、庆阳、定西等多个市（州）加快新能源车辆推广，新能源汽车应用规模不断扩大。2017年，全省更新公交车基本为新能源车，出租车更新基本为清洁能源车或新能源车。截至2017年底，全省共有公交车8158辆，出租车36161辆。2017年新增公交车2397辆，出租车3033辆。其中，新增新能源公交车1976辆，

新能源出租车138辆。2017年新能源车辆在城市公交、出租车中的增幅达到38.93%，城市公交、出租新能源车辆保有量较上年有显著增长。清洁能源船舶推广应用方面，现天水有2艘电动船，临夏州盐锅峡有4艘电动船。清洁能源车船的推广应用，有效降低了CO_2等有害气体和颗粒物的排放。

甘肃路桥建设集团积极推广应用沥青拌和楼"油改气"技术，2017年全年承建的二级公路路面项目六个全部应用了沥青拌和楼"油改气"技术。甘肃省公路管理局开展的《甘肃省公路沥青路面热再生应用技术研究》获甘肃省科技进步三等奖，并推广至天水公路管理局、白银公路管理局、金昌公路管理局使用。甘肃省交通规划勘察设计院股份有限公司编制了甘肃省地方标准《路面废旧料冷再生应用技术规程》，经甘肃省发改委批复建设了"甘肃省路面材料循环利用技术工程实验室"省级科技创新平台。

（四）草原方面

甘肃是我国西北地区重要的生态屏障和战略通道，在全国发展稳定大局中具有重要地位。甘肃是我国六大草原牧区，草原面积大、分布广、类型多，加之甘肃特殊的区位和自然条件，草原问题始终是关乎甘肃生态问题的重中之重。保护和建设好草原生态，对维护生态安全具有重大意义。甘肃有天然草原2.68亿亩，占全国天然草原面积的4.6%，居全国第六位。草原是省内面积最大的土地类型，也是最大的陆地生态系统，占全省面积的39.4%，是耕地的4.5倍、林地的3.1倍。草原主要分布于甘南高原、祁连山—阿尔金山山地及北部沙漠沿线一带。全省14个市（州）中，酒泉市草原面积最大，其次为甘南州、张掖市、武威市、庆阳市、白银市、兰州市、陇南地区、定西地区、金昌市、临夏州、平凉市、天水市、嘉峪关市。草原面积占土地面积的比重达到50%以上的有庆阳、武威、张掖、甘南、兰州、白银六个市（州），其中甘南占比为67.74%；占比为30%~50%的有定西、临夏、金昌三市（州）；陇南、酒泉两市占20%~30%；平凉、天水和嘉峪关三市占11%~17%。

1.甘肃草原资源特点

（1）资源丰富，类型多样

甘肃是典型的农牧过渡区，气候、土壤、地形、地貌等自然因素的多样性，决定了甘肃草原类型的多样性。在全国统一划定18个类别中，甘肃就有14个，占全国草原类型的77%。从海拔1000米以下到3800米以上均有分布，草原水平分异和垂直分异与全国其他省份相比，具有明显的类型特色。

（2）区系复杂，牧草种类成分丰富

天然草原牧草群落组分主要有禾本科80属254种，菊科76属306种，蔷薇科29属102种，豆科32属127种，莎草科7属71种，蓼科7属34种，黎科19属57种，共7科250属951种。其中以禾本科牧草的经济价值和作用最为突出，在88个草原型中，以禾本科为建群种组成的草原型就有32个，占草原型数的36.4%。

（3）地域差异显著，生态脆弱

热量不足限制了草原总生物量的提高、再生草的生长和放牧利用次数。甘肃天然草原利用面积中约有45.6%受热量不足的影响，牧草的旺长期仅1～5个月，牲畜的饱青期也只有5个月左右。枯草期长，营养匮乏，是其本质的特点之一。在甘肃天然草原的利用面积中约有47.88%的面积年均降水量在400毫米以下，37.3%的面积年均降水量在250毫米以下。在这样大的干旱草原分布区对牧草的自然生长和人工种植来说，都难以稳定提供一定的牧草。除热量、供水不足两类草原面积外，其余17.1%的天然草原虽具水热因子相对优越的特点，但因地形破碎、地面陡峻、土层薄厚差异较大、分布零星、人口密度大、经济活动频繁而成为严重的水土流失区。

2.甘肃草原生态功能不可替代

甘肃地处内蒙古高原、黄土高原、青藏高原三大高原的交会处，具有亚热带湿润区、暖温带湿润区、温带半湿润区、温带半干旱区、温带干旱区、暖温带干旱区、高寒半干旱区、高寒湿润区等众多的气候形态特征。甘肃地形狭长，地貌复杂多样，盆地、山地、高原、平川、河谷、沙漠、戈壁交错

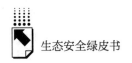

分布。这种独特的区位条件决定了甘肃草原在全国生态格局中的特殊重要性及其生态功能的不可代替性，对确保国家环境安全至关重要。

甘肃的草原大多地处黄河、长江及河西众多内陆河的上游，是黄河、长江两大水系及河西众多内陆河的重要水源补给区。保护和建设好全省的草原生态，对涵养和补给黄河长江水源、减少黄河长江泥沙量、阻止风沙南侵、维护西部地区生态平衡、保障国家生态安全都具有十分重要的意义。

（1）甘南高原大面积湿地和草原是黄河、长江的重要水源补给系统

甘南是黄河重要水源补给生态功能区。甘南草地资源规模大，可利用草原面积占草原总面积的94.20%；牧草种类多，生长良好，覆盖度达85%以上；水域广阔，境内有黄河、洮河、大夏河、白龙江等120多条干支流纵横分布。黄河在甘南境内流经433千米，玛曲县境内草场、大小湖泊和沼泽湿地等生态系统的总补水量达到108.1亿立方米，分别占黄河源区总径流量的58.7%、黄河年径流量的18.6%。正是水源的补给，使甘南高原有"黄河蓄水池"和"中华水塔"之美誉。

（2）祁连山地的草原是河西走廊重要的水源涵养地和生态屏障

祁连山东西长800千米，南北宽200～400千米，总面积2.72万平方千米，境内的2444处冰川、58万公顷天然林、445.6万公顷天然草地和70.2万公顷湿地构成了祁连山北麓水源涵养区的主体和根基，涵养区孕育了黑河、石羊河、疏勒河、哈尔腾河四大水系57条大小河流，年均出山径流量72.6亿立方米。祁连山涵养区是维系河西生态平衡和河西绿洲农业的生命线。

（3）河西北部沙漠沿线一带的荒漠和半荒漠草原是保护走廊生态安全的天然屏障

北部沙漠沿线一带的荒漠和半荒漠草原，处于中国西北部温带干旱荒漠的东南部边缘，是阻止腾格里沙漠、巴丹吉林沙漠和库姆塔格沙漠向走廊入侵，保护河西走廊乃至全省脆弱生态环境的天然屏障。它发挥着保护绿洲、维护生态平衡、阻止沙漠扩展、控制土地荒漠化、减少沙尘暴危害、抑制水土流失等重要作用。

（4）陇中、陇东黄土高原干旱草原的水土保持功效

草地对防止水土流失减少地面径流有显著作用。据测定，在相同降水量和地形条件下，农闲地和庄稼地的土壤冲刷量比林地和草地大 40 ~ 110 倍；在坡度为 28°的坡地种上草木樨比一般农耕地的径流量减少47%，土壤冲刷量减少60%。在降水量较大的地区，草地的保土保水能力愈加明显。

（5）甘肃草原对东部发达地区的生态屏障作用

甘肃草原不仅保护了甘肃，而且对我国东部发达地区起到了生态屏障作用。一是减少了由上游流向东部中下游地区河流的泥沙，因而减少了东部河流与湖泊的淤塞。二是减少了由西北吹向东南大地的沙尘源，因而保护了我国东部人口密集地区的环境。三是保护和建设好甘肃草原可以减少因水土流失而造成的东部洪、涝、渍、盐等灾害。四是甘肃生态与经济的改善，有利于东西部地区间的经济交流，有利于东部的发展。

3. 草原生态保护建设的探索和实践

（1）全面落实草原补奖政策

全省 2.41 亿亩可利用草原全部承包到户或联户。落实草原禁牧 1 亿亩，草畜平衡面积 1.41 亿亩，出台《甘肃省草畜平衡管理办法》《甘肃省草原禁牧办法》，科学划定禁牧、草畜平衡范围，将禁牧和草畜平衡任务层层分解落实到县、乡、村、户，发布禁牧令，层层签订责任书，制定工作任务明细台账，实行资金发放与任务完成挂钩，强化监督执法，督促严格落实禁牧、草畜平衡制度，确保政策任务落到实处。利用国家草原补奖绩效奖励资金，组织在 43 个重点县区实施转变草原畜牧业发展方式项目，在 9 个县区开展草牧业试点，着力夯实草畜业发展基础。政策实施成效初步显现，草原生态环境加快恢复，全省草原植被盖度从 2012 年的 50.6% 提高到 52.2%，草原牲畜超载率从 2012 年的 27% 下降到 2017 年的 12.5%，政策覆盖全部草原区，惠及 315 多万户，1200 多万农牧民，直接增加了农牧民的现金收入。

（2）稳步推进草原重点工程项目

连续在夏河等 22 个县（市、场）实施退牧还草工程，落实草原围栏

1.22 亿亩，补播改良草原 3295 万亩，建设人工饲草地 198 万亩、舍饲棚圈 9.7 万户，治理毒杂草 19 万亩、黑土滩 25 万亩。在武都等县区组织实施退耕还草工程 64.2 万亩，在环县等县区组织实施已垦草原治理工程 139.8 万亩。通过工程实施，进一步改善了工程区草原生态环境、夯实了畜牧业发展基础，工程区部分重度退化草原植被发生顺向演替，草原生态环境整体趋好，局部地区退化速度有所减缓逐步改善。监测显示，工程区内的平均植被盖度比非工程区提高 2%，高度和鲜草产量比非工程区分别提高 5.5% 和 5.5%。

（3）建立健全草原保护制度

认真贯彻执行《草原法》《甘肃省草原条例》，出台了《甘肃省草原禁牧办法》《甘肃省草畜平衡管理办法》《甘肃省草原防火办法》《甘肃省草原管护员管理办法》《关于加强草原生态保护与修复工作的意见》《关于进一步加快推进全省饲草产业发展的指导意见》，修订完善了《甘肃省草原火灾应急预案》《甘肃省草原虫灾应急预案》，印发了《草原生态保护建设规划》《全省草产业发展规划》《秸秆饲料化利用规划》。将"草原综合植被盖度"纳入市州政府和省管领导工作实绩评价的重要内容，制定了包括落实禁牧、草畜平衡制度等五大类 14 项指标开展考核，形成"统一领导、齐抓共管、分工负责、各司其职"草原保护工作机制。

（4）大力发展饲草产业

成立"甘肃省草产业技术创新战略联盟""甘肃省草产业协会""甘肃省草业标准化技术委员会"，开辟了草产品运输绿色通道，减免了高速公路运输通行费，积极推广全膜覆土、精量穴播、水肥一体化等牧草种植丰产技术，全省饲草产业持续发展。截至 2017 年底，全省人工种草面积 2490 万亩，居全国第二；苜蓿达到 1043 万亩，占全国的 1/3，居全国第一。全省草产品加工企业发展到 181 家，加工能力达到 465 万吨；秸秆饲料化利用量达到 1407 万吨，利用率达到 62.2%。

（5）着力加强草原灾害防控

2011 年以来，全省新建国家级草原防火物资储备库 4 座，市州级防火指挥中心1个，县级草原防火站12个，边境草原防火隔离带71千米。共有草原扑火应急队伍529支，各类基层防火领导小组304个，草原防火管理人员达到3061名。草原火灾防控体系进一步完善，未发生重大以上草原火灾。积极推广应用生物、物理、生态治理措施，不断提高草原鼠虫害防控水平，累计建成草原鼠虫害测报站17个，每年完成草原治虫灭鼠1000多万亩，有效减轻了灾害造成的损失。

(6) 认真做好草原监理监测

启动以"加强草原管护，推进生态文明建设"为主题的"大美草原守护行动"，开展草原执法检查"绿剑行动"等五个专项行动。加大禁牧和草畜平衡区监管，严肃查处超载过牧、违规放牧、滥采滥挖、乱占乱垦等违法行为。进一步规范草原征占用审核审批程序，积极推行分级审核审批制度。完善草原野生植物采集和草种生产经营许可管理。全省草原监理机构达到80个，有草原监理专兼职人员778人，聘用村级草管员1.5万名。2011年以来，共立案查处草原违法行为417起，结案350件，向司法机关移送30起。为136个项目建设单位办理了草原征占用审核手续，为37家企业办理了草原野生植物采集经营许可证，为213家企业办理了草种生产、经营许可证，办理草种进出口许可手续162起。全省建成草原固定监测站、点、地1154个，形成覆盖全省所有草原类型的草原监测网络，确立了"地面、遥感、气象"三位一体的草原监测方法，持续开展退牧还草工程、草原补奖政策实施效果等草原生态监测工作，及时发布监测信息。扎实推进全省第二次草原资源普查和清查工作，摸清了全省草原面积，编制出全省草原资源分布图，完成草原类型和草原等级的初步划分，完成20个牧业县草原资源清查。

（五）林业方面

甘肃省地处黄土、内蒙古、青藏三大高原交会地带，分属黄河、长江和内陆河三大流域，是一个多山、多沙、多灾、少雨、少林、水土流失严重、森林植被稀疏、生态环境脆弱的省份。全省山地和高原约占国土总面积的

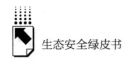

70%以上。根据 2016 年国家林业局组织完成的第九次森林资源清查结果，全省林地面积 1046.35 万公顷（合 1.57 亿亩），其中森林面积 509.73 万公顷（合 7645.95 万亩），森林覆盖率 11.33%，森林蓄积 25188.89 万立方米。

甘肃省是西北地区重要的生态安全屏障，国家批复甘肃省建设国家生态安全屏障综合试验区以来，大力推进以天然林保护、三北防护林建设和退耕还林为主体的林业生态建设，加强重点区域生态修复与治理，着力增加林草植被，着力改善区域生态环境，着力维护生态安全。"十三五"以来，全省累计完成营造林任务 1396.3 万亩。其中，新造林 960.8 万亩，退化林修复 26.5 万亩，森林抚育 409 万亩。

1. 退耕还林工程实施情况

1999 年，甘肃省作为全国三个试点省份之一启动实施退耕还林工程。工程涉及全省 14 个市（州）86 个县（区）。2007 年起国家暂缓安排退耕地还林任务，转入成果巩固阶段，截至 2015 年，国家每年下达资金 7.2 亿元，主要用于实施基本口粮田建设、农村能源建设、生态移民、后续产业及退耕农民技能培训、补植补造五个方面的退耕还林巩固成果项目。2014 年，国家启动实施新一轮退耕还林还草工程，截至 2017 年累计争取下达退耕还林任务 603.6 万亩，其中，"十三五"以来争取下达退耕还林任务 408.6 万亩，落实中央投资 63.38 亿元。经过多年连续投资建设，退耕还林作为甘肃省涉及农村群众最广、任务投资最大的国家重点林业生态工程，取得了显著的生态、社会和经济效益，有效改善了生态环境，给农村传统观念和思想认识带来重大变革，有力促进了农业产业结构优化升级，通过劳务输转、发展林果产业，大幅增加了农民收入，加快了脱贫致富的步伐。

2. 天然林保护工程实施情况

1998 年 10 月 1 日发布了在全省范围内全面停止天然林商品性采伐的政府令。同年，率先在白龙江林区试点实施，1999 年试点范围扩大到小陇山林区，2000 年在全省范围内启动实施天然林资源保护工程。工程一期实施以来，全省累计停伐减产 2000 万立方米，累计完成公益林建设和森林抚育任务 1385.96 万亩，活立木蓄积从 1.7 亿立方米增加到 2.04 亿立方米，增加了 0.34 亿立方米。工程区森林覆盖率由 18.48% 增加到 21.21%，提高了 2.73 个百分点，实现了森林面积和蓄积双增长，工程区生态恶化的状况得到有效遏制。工程二期实施以来，全省累计争取公益林建设任务 348.67 万亩，落实中央预算内投资近 5.5 亿元；落实森林抚育任务近 800 万亩。工程区森林植被逐步恢复，水源涵养功能显著增强，水土流失面积不断减少，动植物生存环境得到明显改善，生物多样性增加，国家一、二级保护动物和珍稀濒危植物种群数量稳步增长。

3. 三北防护林工程实施情况

甘肃省是三北防护林工程的重点工程区之一，自 1978 年启动实施以来，甘肃省各级党委、政府带领广大干部群众，坚持不懈地开展防沙治沙、治理水土流失，相继实施了三北防护林工程一、二、三、四、五期工程建设任务，工程建设取得了明显的生态、经济和社会效益。目前，全省共完成三北工程营造林建设任务 6467.35 万亩。"十三五"以来，完成新造林 120.6 万亩，其中，人工造林 31 万亩，封山育林 89.6 万亩。三北防护林工程实施，为有效改善生态状况、增加农牧民收入、促进经济社会可持续发展做出了重要贡献。但随着工程建设进入攻坚克难阶段，投入总量不足、标准偏低、结构不合理等问题严重制约着工程建设的健康发展。

4. 自然保护区建设管理情况

甘肃省林业系统自 1978 年建立第一个自然保护区——白水江国家级自然保护区以来，已建立森林生态、野生动物、湿地和荒漠类型自然保护区 45 处，保护区总面积 775.71 万公顷，占甘肃省总面积的 18.21%。其中，国家级自然保护区 17 处，面积 603.4 万公顷，占保护区总面积的 77.78%；省级自然保护区 28 处，面积 172.3 万公顷，占保护区总面积的 22.2%。长期以来，在甘肃省委、省政府的正确领导和国家林草局的大力支持下，甘肃省林业自然保护区不断加大建设力度，通过自然保护区基础设施建设工程、湿地保护与恢复工程、天保工程、重点生态公益林补偿工程、国家级自然保护区一期、二期、三期基础建设项目、大熊猫保护区对外合作项目、自然保护区能力建设项目的实施，自然保护区建设取得了可喜成绩，保护事业得到了长足发展。尤其是国家级自然保护区的建设已达到一定规模，为不断发展奠定了坚实的基础。2016 年以来，全省林业系统自然保护区先后扎实开展了自然保护区"绿箭行动"、严厉打击盗采盗挖等破坏自然资源专项行动、祁连山生态环境破坏问题整治工作、全省林业系统自然保护区生态环境问题自查整改工作、"绿盾 2017"专项行动，对自然保护区内的违法违规建设项目进行了清理整治。各自然保护区认真履行对自然环境和自然资源的保护管理职能，定期开展专项执法检查，对发现的违法问题，进行了严厉打击和依法查处。

5. 湿地保护恢复情况

"十三五"以来，甘肃省政府印发《甘肃省湿地保护修复制度实施方案》，进一步加大对湿地保护和修复力度，争取中央财政资金支持 17 个国家沙漠公园、国家级湿地自然保护区和县区开展能力建设，秦王川和石羊河国家湿地公园顺利通过国家林业局验收，湿地产权确权登记试点工作稳步推进；实施尕海国际重要湿地保护恢复项目，恢复湿地 2300 公顷。积极推进湿地生态效益补偿试点，2016 年以来相继实施敦煌西湖湿地保护区、黄河首曲自然保护区湿地保护区湿地生态补偿试点，为缓解湿地保护压力、改善农牧民生产生活方式、提高群众参与湿地保护的积极性提供了示范、探索了经验。

6. 国家公园体制试点情况

加强对国家公园体制试点工作的组织领导。甘肃省成立了专门领导小组，在省林业厅设立了办公室，全面组织实施《建立国家公园体制总体方案》和《祁连山国家公园体制试点方案》、《大熊猫国家公园体制试点方案》，统筹谋划部署、务实高效推进祁连山和大熊猫国家公园体制试点各项工作，"十三五"以来，认真组织开展了国家公园本底数据调查，配合甘肃省发改委起草了《关于贯彻落实祁连山国家公园体制试点方案的实施意见》，组织起草了《大熊猫国家公园白水江园区体制试点实施方案》和《祁连山国家公园体制试点甘肃省片区实施方案》，完成并上报了祁连山、大熊猫国家公园范围功能区勘界工作，启动了国家公园总体规划和专项工作编制工作。同时，积极争取中央和省财政对国家公园体制试点工作的资金支持，启动了大熊猫国家公园和祁连山国家公园体制试点项目，开展了生态监测体系建设、生态保护与修复、生态保护基础设施和能力建设等工作，取得了初步成效。着力强化开发利用监管，划定了祁连山地区生态保护红线，研究制定了《甘肃祁连山地区自然资源资产负债表编制制度》，稳步推进祁连山保护区核心区和缓冲区居民搬迁，抓紧解决林权证、草原证"一地两证"问题。

7. 防沙治沙情况

印发《关于加快推进防沙治沙工作的意见》，开展了"防沙治沙、甘肃故事"宣传主题年活动，成功举办了全省"防沙治沙用沙、讲好甘肃故事"大型图片展。全力推进沙化土地封禁保护区项目，"十三五"以来，全省完成封禁保护面积431.9万亩，启动实施治沙造林任务1.12万亩、工程治沙任务2万亩和精准治沙任务1.6万亩。

8. 重点区域生态治理情况

按照《甘肃省建设国家生态安全屏障综合试验区"十三五"实施意见》要求，积极推进生态安全屏障试验区建设，强化生态保护和修复工程建设，着力打造生态安全大屏障。"十三五"期间，全面配合甘肃省发改委等部门，积极推进祁连山生态保护与建设综合治理规划、"两江一水"区域综合治理规划、定西渭河源区生态保护与综合治理规划的实施，"十三五"以来，累计完成三大区域造林200多万亩，区域生态治理和修复工作稳步推进。依托三北防护林工程体系建设，实施了黄土高原综合治理示范县、黄土高原泾渭流域水土保持林基地和黄土高原元城河流域百万亩水土保持林基地建设等项目，完成造林建设任务35万亩。

9. 启动大规模国土绿化工作

紧紧围绕甘肃省委、省政府年初确定的重点工作任务，研究起草《关于加快推进大规模国土绿化的实施意见》，提出全省各市（州）绿化建设任务，明确相关支持保障政策，到2020年基本建成层次多样、结构合理、功能完备，"点、线、面"相结合的国土绿化体系，全省生态环境显

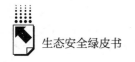

著改善，全民生态意识显著增强。该实施意见已由甘肃省委、省政府于
2018年3月印发。

三　存在的问题

（一）重点区域生态综合治理资金投入不足

甘肃省生态区位十分重要，但由于省级财政困难，尽管逐年加大投入，
但用于生态治理的资金缺口仍然很大，大部分建设项目配套资金难以落实，
远不能满足区域生态治理的需求。

（二）生态补偿机制亟待完善

甘肃省生态地位重要，同时经济基础相对落后，贫困人口较多，地方财
政困难。目前，国家虽然在森林和草原保护与恢复方面，建立了中央生态效
益纵向补偿制度，但在林区矿产资源、林区水电、森林生态旅游开发、水源
涵养林、湿地资源、荒漠化土地等方面尚未建立长期有效的补偿机制，尤其
是横向补偿机制缺失，仍然存在补偿标准低、补偿范围不全面、资金来源渠
道和补偿方式单一等问题，与甘肃生态屏障建设和经济发展的需求还有较大
差距。

四　几点建议

（一）积极拓宽林业投融资渠道

在现有投资渠道的基础上，加大融资力度，拓宽融资渠道。第一，建议
围绕国家生态安全屏障综合试验区建设，鼓励地方政府通过整合打捆方式形
成项目包，依托政府公共服务平台或行业部门信息平台适时发布招商引资信
息，积极引导有融资意愿的社会资本参与生态建设和绿色产业发展，探索适

合甘肃省特点的发展新机制。第二，建议积极对接，共同协商，争取与省内有关金融机构签订金融支持相关建设合作协议，深化甘肃省体制机制改革，推动精准扶贫，促进产业转型升级、提质增效。

（二）加快建立健全生态补偿机制

一是建议争取国家继续动态调整森林生态效益补偿标准和天然林保护、三北防护林及退耕还林等林业重点工程营造林补助标准，并加快建立生态公益林补进调出机制，将符合条件的新营造公益林纳入补偿范围，将不具备条件的或建设项目占用的公益林及时退出补偿范围。二是建议有关部门继续呼吁国家层面尽快推进生态补偿立法，在此基础上，积极配合有关部门启动祁连山生态补偿条例立法工作。进一步争取中央财政通过现有渠道加大支持力度，并通过重点生态功能区转移支付给予甘肃省重点支持。积极配合相关部门推进流域上下游横向生态保护补偿试点，鼓励并引导通过资金补偿、技能培训、就业引导、转产扶持、共建园区等方式建立横向补偿关系。

G.9
甘肃特色生态城市安全屏障
建设发展报告

常国华　胡鹏飞　孙海丽*

摘　要： 本报告主要对甘肃省12个重点城市在《中国生态城市建设发展报告（2018）》中的评价结果进行了详细介绍。然后，以生态城市健康指数排名结果位于甘肃省之首的金昌市为例，对其在公共交通、新能源建设、循环经济、环境保护、生态城市建设、智慧城市及生态安全屏障建设现状等方面进行简要介绍，并基于此提出金昌市在今后进一步推进生态城市及国家生态安全屏障建设过程中，应该增强水源涵养及生物多样性保护能力，牢固树立"规划建绿"的理念、坚持规划先行，合理拓展城市绿化空间，以及坚持依法治绿等对策。

关键词： 金昌市　循环经济　生态城市　智慧城市　生态安全屏障

一　甘肃省生态城市安全屏障建设

甘肃省自然生态类型非常复杂、生态承载力较弱，其下辖的12个地级

---

* 常国华，副教授，中科院生态环境研究中心博士，兰州城市学院地理与环境工程学院副院长，主要从事环境科学方面的教学与研究；胡鹏飞，西北师范大学地理与环境科学学院硕士，主要从事地图学与地理信息系统方面的研究；孙海丽，副教授，博士，兰州城市学院地理与环境工程学院教师，主要从事环境科学方面的教学与研究。

市、2 个自治州均属于国家重点生态功能区，限制或禁止开发地区的面积约占全省土地总面积的 90% 左右。目前，甘肃省水土流失、土地沙化、草原退化、湿地萎缩、冰川消融、沙尘暴频发等生态问题类型多样、层出不穷，加之省内大部分地区资源型缺水或工程型缺水问题由来已久，已有约 45% 的土地荒漠化，约 28% 的土地沙化，约 90% 的天然草原出现不同程度退化，水土流失面积甚至占甘肃总面积的 66% 左右。甘肃省地处西北内陆地区，经济结构主要以石油化工、有色冶金等能源资源型产业为支撑，区域位置和自然资源环境严重制约着省内经济的发展，面临经济、环保、脱贫和生态文明建设等多重压力。加快转变甘肃省原有落后的发展模式，积极响应国家开发西部的战略部署，加强生态文明建设，大力发展循环、低碳经济，建设生态宜居城市，不仅是甘肃省摆脱贫困落后窘境的明智之举，也是国家生态安全建设的必然要求。

近年来，随着中国城市生态建设不断发展和深入，为科学合理地评价生态城市建设的现状及其成效，《中国生态城市建设发展报告（2016）》分别从城市的生态环境、生态经济和生态社会三大系统选取 14 项核心指标，采用动态方式对中国地级以上城市的生态建设效果进行了城市之间和不同年份之间的评价，同时结合特色指标的评价，有效实现了普遍与特殊、共性兼个性的评价，取得了良好的评价结果。

本报告针对《中国生态城市建设发展报告（2018）》中甘肃省金昌市、兰州市、张掖市、嘉峪关市和酒泉市等 12 座城市生态建设的评价排名结果进行了详细分析（见表 1 和表 2），并对评价排名为全省之首的金昌市在生态建设方面所做的努力进行概述。

根据生态城市建设的健康指数（ECHI）评价指标评价结果，金昌市的生态城市健康指数排名位列全国 284 个地级城市的第 98，同时居甘肃省之首。金昌市被誉为中国的"镍都"，是甘肃省重要的有色金属基地和交通枢纽，也是丝绸之路经济带上的重要节点城市，其在城市绿化、交通基础设施建设、新材料和第三产业等方面有突出的表现，公众对城市生态环境状况亦有较高的满意度，生态社会指数排名靠前，居全国第九位，这主要是因为金

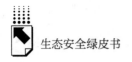

昌市在生态环保知识和法规普及、水利环境和公共基础设施建设，以及城市道路建设和投资方面做出了实实在在的成绩。金昌市的生态环境指数全国排名第87名，其在建成区人均绿地面积、河湖水质（人均用水量）及生活无害化垃圾处理率方面都处于全国地级以上城市的前30名。金昌市生态经济指数排名靠后，是其生态城市建设方面的短板，今后应注重降低单位GDP综合能耗、提高工业固体废物利用率、发展绿色交通等方面的发展。

兰州市属甘肃省会城市，在能源、绿色消费、生态城市建设和智慧城市建设等诸多领域引领甘肃其他城市发展。在2018年中国生态城市绿皮书中，兰州市的生态城市健康指数排名位列第101，生态环境指数排名第174名，生态经济指数排名第138名，生态社会指数排名第41名。兰州市在森林覆盖率（建成区人均绿地面积）、河湖水质（人均用水量）、环保知识普及、化肥使用量、第三产业占GDP比重和人均公共基础设施建设投资方面有突出的表现，排名均在全国前50名以内，但在空气质量优良天数、生活垃圾无害化处理率和单位GDP综合能耗方面排名落后，这也是今后兰州市在城市建设上的主要着力点。

张掖市是全国历史文化名城之一。该市生态城市健康指数位列第119，生态环境指数排名第97名，生态经济指数和生态社会指数排名分别为第187名和第146名，其在建成区人均绿地面积、空气质量优良天数、生活垃圾无害化处理率、第三产业占GDP比重、R&D经费占GDP比重、生态环保知识和法规普及率、基础设施完好率方面处于前100名，但在人均用水量、单位GDP工业二氧化硫排放量、单位GDP综合能耗、一般工业固体废物综合利用率、公众对城市生态环境满意率、教育支出占地方公共财政支出的比重、人均公共设施建设投资、人行道面积占道路面积的比例、道路清扫保洁面积覆盖率等方面排名较低。所以，该市在今后城市建设中需进一步做好环境保护和基础设施建设方面的工作。

嘉峪关市是我国第二批国家全域旅游示范区之一，也是明代万里长城的西端起点，素有"天下第一雄关"的美称，其生态城市健康指数排名全国第123名，生态环境指数和生态社会指数分别排在第85名和第27名，其在建成区人均绿地面积、空气质量优良天数、生活垃圾无害化处理率、信息化基础设施、生态环保知识和法规普及率、基础设施完好率、公众对城市生态环境满意率、主要清洁能源使用率、第三产业占 GDP 比重、人均公共设施建设投资和道路清扫保洁面积覆盖率排名均处于全国前 100 名，但单位 GDP 工业二氧化硫排放量、单位 GDP 综合能耗、一般工业固体废物综合利用率、R&D 经费占 GDP 比重、单位耕地面积化肥使用量等方面非常落后。所以，在今后的城市建设中该市应该进一步加强环境保护和节能减排。

酒泉市是敦煌石窟艺术的故乡、航天卫星的摇篮、国家风电基地和新能源装备制造业生产基地，曾荣获"中国最具国际影响力旅游目的地"称号。该市生态城市健康指数排名全国第 137 名，生态环境指数、生态经济指数和生态社会指数排名分别为全国第 114 名、第 190 名和第 160 名，其在生活垃圾无害化处理率、生态环保知识和法规普及率、基础设施完好率和道路清扫保洁面积覆盖率方面表现突出，但在单位 GDP 工业二氧化硫排放量、单位 GDP 综合能耗、一般工业固体废物综合利用率、政府投入与建设效果及主要清洁能源使用率排名非常落后，故该市在今后的城市建设中应该对太阳能、风能等清洁能源进行合理、高效的利用，为节能减排和环境保护做出贡献。

天水市历史悠久，是关天经济区次核心城市，当地的麦积山石窟被誉为"东方雕塑艺术陈列馆"，生态城市健康指数排名全国第 182 名，生态环境指数位列第 185，生态经济指数位列第 99，生态社会指数位列第 216，其在生活垃圾无害化处理率、R&D 经费占 GDP 比重、单位耕地面积化肥使用量、主要清洁能源使用率、第三产业占 GDP 比重、教育支出占地方公共财政支出的比重和人行道面积占道路面积的比例的排名均处于前 50 名，今后须加强城市绿化、节能减排和公共基础设施建设等方面的工作。

白银市资源丰富，境内发现矿产资源多达 45 种，是目前中国最大的有色金属工业基地，生态城市健康指数排名全国第 199 名，生态环境指数排名第 154 名，生态经济指数排名第 261 名，生态社会指数排名第 113 名，其中人均用水量、R&D 经费占 GDP 比重、单位耕地面积化肥使用量、主要清洁

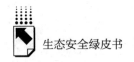

能源使用率、第三产业占 GDP 比重和人行道面积占道路面积的比例排名处于中上游,但单位 GDP 工业二氧化硫排放量、生活垃圾无害化处理率和单位 GDP 综合能耗都非常落后,该市在今后的城市发展中应系统规划,加快城市经济发展方式和功能结构的转变。

武威市历史文化悠久,享有"中国旅游标志之都"的美誉,是世界白牦牛唯一产地,生态城市健康指数排名第 205 名,生态环境指数、生态经济指数和生态社会指数均处于全国 284 个地级城市的中下游,其 R&D 经费占 GDP 比重、道路清扫保洁面积覆盖率、生态环保知识和法规普及率、基础设施完好率以及单位城市道路面积公共汽车营运车辆数排名分别为第 11 名、第 27 名、第 57 名和第 49 名,但其他方面的指标排名均比较落后,所以该市在今后的发展中应该着力发掘历史文化名城的潜力,积极推进生态城市建设。

平凉市被称为"陇上旱码头",是陇东黄土高原地区的商品集散地,欧亚大陆桥第二通道的必经之地,生态城市健康指数排名第 240 名,生态环境指数位列第 241,生态经济指数位列第 230,生态社会指数位列第 197,其 R&D 经费占 GDP 比重居第 5 名,教育支出占地方公共财政支出的比重排名第 27 名,生活垃圾无害化处理率排名为并列第 1 名,在今后的城市建设中应该坚持创新、开放、绿色发展,注重节能减排和公共基础设施建设。

庆阳市地处陕甘宁三省交会地带,石油、天然气和煤炭资源丰富,长庆油田的基地,生态城市健康指数排名第 241 名,生态环境指数排名第 227 名,生态经济指数排名第 128 名,生态社会指数排名排名第 267 名,其人行道面积占道路面积的比例、一般工业固体废物综合利用率和 R&D 经费占 GDP 比重排名分别为第 5 名、第 10 名和第 13 名,但其他方面的指标在全国地级以上城市排名中比较落后,故该市在今后的城市发展中应该投入更多的努力。

定西市地处关天经济区和兰白都市经济圈的过渡地带,被称为"甘肃咽喉、兰州门户",生态城市健康指数排名第 258 名,生态环境指数、生态经济指数和生态社会指数的排名均非常靠后,其在生活垃圾无害化处理率在全国地级以上城市排名并列第 1 名，R&D 经费占 GDP 比重在全国地级以上城市排名第 2 名，但其他方面与甘肃省其余地级城市相比仍有一定的差距，故该市在今后的城市建设中应该充分利用地理位置优势，加强与周边城市的联系和互动，积极推动本市的经济发展，进一步加强生态文明建设。

陇南市位于秦巴山区、黄土高原和青藏高原的交会区域，动植物资源丰富，盛产中药材和油橄榄，生态城市健康指数排名位列第 282，生态环境指数、生态经济指数和生态社会指数方面的表现均非常落后，其 R&D 经费占GDP 比重、单位城市道路面积公共汽车营运车辆数、第三产业占 GDP 比重、民用汽车百人拥有量和单位耕地面积化肥使用量排名靠前，但其他方面的表现很靠后，在今后的城市发展中须大力加强生态城市建设。

综上所述，甘肃省参与评价的 12 个地级城市在生态城市建设中虽各具特点，但与中东部城市相比差距也是显而易见的。甘肃省的生态城市建设应该坚持"协调、开放、创新、绿色、共享"的发展理念，统筹规划、合理布局，走出一条适合甘肃省城市生态健康发展的特色之路，为我国生态城市建设贡献力量。

表 1　甘肃省 12 座城市生态城市健康指数（ECHI）评价指标考核排名

指标体系	指标名称	金昌市	兰州市	张掖市	嘉峪关市	酒泉市	天水市	白银市	武威市	平凉市	庆阳市	定西市	陇南市
一级	生态城市健康指数	98	101	119	123	137	182	199	205	240	241	258	282
二级	生态环境指数	87	174	97	85	114	185	154	197	241	227	265	280
	生态经济指数	265	138	187	273	190	99	261	197	230	128	173	278
	生态社会指数	9	41	146	27	160	216	113	170	197	267	241	245
三级	森林覆盖率（建成区人均绿地面积）	28	36	65	2	97	223	122	254	216	273	278	284
	空气质量优良天数	119	226	96	97	156	113	126	110	100	91	82	148
	河湖水质（人均用水量）	7	21	161	122	156	241	86	212	261	281	283	284
	单位 GDP 工业二氧化硫排放量	279	121	232	284	212	119	278	123	249	116	218	209
	生活垃圾无害化处理率	1	284	1	1	1	1	241	201	1	222	1	279

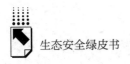

续表

指标体系	指标名称	金昌市	兰州市	张掖市	嘉峪关市	酒泉市	天水市	白银市	武威市	平凉市	庆阳市	定西市	陇南市
三级	单位GDP综合能耗	256	252	241	284	232	141	270	210	227	78	158	177
	一般工业固体废物综合利用率	281	58	186	237	243	206	193	137	107	10	129	277
	R&D经费占GDP比重（科学技术支出和教育支出占GDP比重）	121	140	32	226	106	6	17	11	5	13	2	3
	信息化基础设施（互联网宽带接入用户数/全市年末总人口）	77	55	123	36	98	116	225	206	245	279	249	283
	人均GDP	149	90	206	83	123	278	251	256	280	246	284	283
	人口密度	87	70	259	219	231	152	50	132	254	83	10	61
	生态环保知识、法规普及率，基础设施完好率	20	19	37	2	21	263	121	57	177	213	193	143
	公众对城市生态环境满意率	47	63	204	8	120	172	107	199	201	257	277	275
	政府投入与建设效果	76	128	124	100	275	138	229	206	121	257	153	221

资料来源：刘举科、孙伟平、胡文臻主编《生态城市绿皮书：中国生态城市建设发展报告（2018）》，社会科学文献出版社，2018。

表2 甘肃省12座城市部分特色指标考核排名

特色指标	金昌市	兰州市	张掖市	嘉峪关市	酒泉市	天水市	白银市	武威市	平凉市	庆阳市	定西市	陇南市
民用汽车百人拥有量	172	230	147	248	176	56	152	90	98	119	118	27
单位耕地面积化肥使用量（折纯量）	48	16	101	226	151	31	11	122	78	40	18	47
主要清洁能源使用率	6	93	137	2	261	23	92	223	237	134	280	266
第三产业占GDP比重	168	10	86	19	53	43	94	175	81	209	31	25
教育支出占地方公共财政支出的比重	249	142	198	193	148	44	125	284	27	71	18	117

特色指标	金昌市	兰州市	张掖市	嘉峪关市	酒泉市	天水市	白银市	武威市	平凉市	庆阳市	定西市	陇南市
人均公共设施建设投资	140	5	229	56	205	180	102	144	208	195	280	224
人行道面积占道路面积的比例	16	133	274	103	97	15	78	116	262	5	261	283
单位城市道路面积公共汽(电)车营运车辆数	264	127	211	248	102	87	185	49	246	93	218	2
道路清扫保洁面积覆盖率	62	109	229	84	40	278	207	27	284	102	266	279

资料来源：刘举科、孙伟平、胡文臻主编《生态城市绿皮书：中国生态城市建设发展报告（2018）》，社会科学文献出版社，2018。

二 金昌市生态城市安全屏障建设

根据《中国生态城市建设发展报告（2018）》中生态城市健康指数（14项核心指标）排名结果，金昌市在甘肃省地级以上城市中排名第一。故本报告对金昌市近年来在交通、能源、环境保护和生态文明建设等方面的发展成果逐一做简要介绍。

金昌市位于河西走廊东段，与民勤县、武威市、肃南县、门源县、山丹县、民乐县和阿拉善右旗相邻，是我国古代丝绸之路重要节点城市，也是河西走廊主要城市之一。金昌市现辖一区一县，其中金川区辖宁远堡、双湾两个镇，永昌县辖6个镇、4个乡、10个社区。全市总面积8896平方千米，2016年的常住人口为46.98万人，城镇化率达69.09%，全市生产总值近207.82亿元。近年来，金昌市各方面的发展一直稳步提升，通过对有色金属、农副产品等支柱产业的深化改革、优化产业结构第一、第二产业的作用逐渐提升，城乡居民的生活水平不断提高，环境质量较以往有很大的提高，2015年荣获"全国文明城市"称号。金昌地势自西南向东北倾斜，处于龙首山南侧深大断裂带之上，北部属中朝准地台阿拉善隆起带，南部为北祁连地槽，地形以山地、平原为主，气候属温带大陆性气候，光照充足，昼夜、四季温差大，春季多沙尘暴。工农业和城市用水主要依赖祁连山区降水和东大河源头高山冰雪融水供给，水资源十分匮乏，自然生态环境非常脆弱。金昌市属于丝绸古道上的旅游新城，存在大量的历史文化遗迹，旅游资源独具特色，有反映人类早期活动的二坝、鸳鸯池遗址，以明代钟鼓楼、北海子为核心的古建筑群、巴丹吉林沙漠、现代科技广场、东湖景区等新的旅游景点，每年都吸引着无数国内外游客前来观赏游玩。

金昌市是"四屏一廊"河西祁连山内陆河生态安全屏障中最重要的城市，其在经济建设、环境保护以及生态文明建设等方面的发展均对整个甘肃省生态安全屏障建设起到举足轻重的作用。由于甘肃省属欠发达和生态脆弱地区，既要实现经济发展，以保障人民的生活质量不断提高；又要兼顾保护提升当地生态环境质量，努力建设生态文明，这对处于河西地区的金昌市而言，更是严峻的挑战。所以只有坚持发展与保护并重，统筹全局，兼顾发展，才能实现当地经济、社会和环境生活水平的稳步提升。

（一）交通

金昌市是"因矿建企，因企建城"的典型资源型工矿城市，城区道路网以新华大道为界，南部老区与北部新区路网大致呈"人"字形结构，受到大厂区位置影响，主干道无法贯通，交通压力只能传导至周边道路，这就加剧了交通负荷，造成了交通堵塞。次干道和支路数量建设不足，生活性交通道路承载能力有限，部分道路功能也不够清晰，随着城西生活区与城东工业区之间的联系日益加强，当前城区交通道路的承载能力已经无法满足交通量增长的需求。虽然金昌市在新旧城区修建了许多道路，但受到历史原因的影响，机动车道数量仍然偏少，通行效率低下，难以适应机动化趋势。此外，人行道与机动车道分配不当，港湾式停靠站较少，不仅浪费了资源，还造成交通瓶颈。城中心盘旋路设计前瞻性不够，交叉口公共建筑多，拓宽空间受到局限，渠化程度不高，平时通行效率较高，但在上下班高峰期堵塞严重，人车矛盾问题突出。金昌市在前期城市道路建设过程中，对停车设施用量估计不足，历史欠账较多，随着经济的发展，本地人口与外地人口交流和联系日趋密切，路侧停车位不足已成为交通管理部门急需解决的首选问题。目前，金昌市城市交通问题已经成为影响城市发展的突出问题，衍生的环境污染、通行效率低下、资源浪费等城市病逐渐显现，对该市的外在形象掣肘严重。因此，今后交通规划方向变革的合理化，交通战略部署思维进一步前瞻化、灵活化、明晰化应是金昌市交通发展的重要方向。

近年来，金昌市在交通管理上逐步规范了道路运输市场秩序，促进了道路运输业的持续、快速、健康发展。目前，金昌市已初步形成较为完善的公路、铁路、航空、管道的运输网络，如公路有连霍高速（G30）、金武高速（G3017）、金昌—永昌高速（S17），铁路有兰新铁路、金昌—阿拉善右旗铁路专线，金昌机场开通了金昌往返北京、西安、兰州、嘉峪关等地区的航线。随着社会经济化和信息化的深度融合，"智慧交通"和"绿色交通"势在必行，这也是未来城市交通的发展方向。今后，金昌市可在交通网络信息化、智能化，以及发展公共交通、建设步行和自行车交通系统等方面做出更多的努力。

（二）能源

在能源建设方面，金昌市一直坚持在保护环境、节约能源的基础上积极发展新能源，这为生态城市的建设发展奠定了扎实的基础。金昌市风能、太阳能资源丰富，有良好的资源基础，发展新能源的优势明显。另外，金昌市周边地区戈壁滩面积广布，为建设风能、光能发电站提供了充足的场地。充分利用风能和太阳能对城市向生态化发展具有重要作用。目前，金昌市共有新能源发电企业23家，可开发光电总规模为2000万千瓦时，可开发建设用地面积约900平方千米，可开发建设风电总装机能力为500万千瓦，可开发建设用地面积约1000平方千米。值得一提的是，2014年1月，金昌市被指定为国家新能源示范城市，为建成国家新能源示范城市，该市制定了《金昌新能源示范城市发展规划（2012—2015年）》，确定了建设新能源示范城

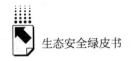

市的发展目标、实施措施、后勤保障等。截至 2017 年，金昌市新能源示范城市创建工作卓有成效，如新能源装机容量高达 227.7 万千瓦，其中风力发电为 29.7 万千瓦，光伏发电为 198 万千瓦，新能源已经成为金昌市电网第一大电源，是全省第一个建成百万千瓦级光伏发电基地的城市。自 2015 年开始，金昌市在大力建设新能源发电基地的同时，积极推广太阳能热利用和清洁能源供暖取暖，目前全市已安装的太阳能集热器面积达 29000 平方米，城市居民住宅区的太阳能热水器普及率达 90%。新能源利用率和普及程度的快速提高直接为金昌市减少了约 50 万吨碳硫排放量，这对该市的节能减排和环境改善工作来说意义深远。

（三）循环经济

甘肃省是国务院批准的第一批循环经济示范省区之一，而金昌市则是甘肃省主要的循环经济试点城市。近年来，金昌市在循环经济发展中走出了一条适合自己的路子——金昌模式。这种经济高效的模式已被纳入全国区域循环经济发展 12 个典型案例，其以实现资源利用率最大化为目标，以"减量化、再利用、资源化"为宗旨，积极发展循环经济、最大程度减少化石能源的投出，着力开发新能源，加快提高资源的循环利用效率、建立健全绿色金融和绿色消费体系，为整个甘肃省甚至全国的城市的经济发展提供了新思路。

金昌市在发展循环经济过程中特别注重新材料、新能源等领域的创新，能够充分利用有色金属生产过程中产生的副产品配套发展化工、建材、再生资源利用等关联产业，进一步促使产业结构由单一的有色金属领域向化工、建材及新材料等多领域发展转变，基本建成了完整的循环经济产业链条。金昌市非常重视园区建设，能够抓住国家级经济技术开发区发展的机遇，完善"一区多园"、新材料工业区和化工循环经济产业园发展布局的同时，成功引进了其他省市的强势企业加盟"循环经济圈"，快速实现了企业集群、产业衔接。金昌市在科技引领方面也有突出表现，积极为重点企业与科研院所的合作创造条件，争取自主开发和引进新技术、新工艺、新产品和新设备。目前，金昌市累计获得专利授权 940 件，金川公司的综合利用项目也在 2014 年获国家"科技进步一等奖"。金昌市在节能减排和改善环境空气质量方面坚持"新账不欠、旧账快还"的原则，并在全省率先淘汰了立窑水泥、小造纸及小炼焦等落后产能。除此之外，金昌市注重引导城市文化建设，倡导市民节约用水、用电、用餐，形成绿色消费、绿色办公、绿色出行的好习惯，弘扬新风，热心公益，呵护绿色生命，保护绿化成果。

（四）城市环境保护

近几年，金昌市坚决执行国家和甘肃省政府关于环境保护工作的战略决策部署，制定了环境保护目标责任书，已在水污染、大气污染和土壤污染防治方面取得了一定成绩。在水污染防治方面，金昌市已经建成可以满足本市污水处理量的大型污水处理厂。目前，全市各类水源水质优良，其中乡镇饮用水水源水质 100% 达到或优于Ⅲ类标准，北海子和金川峡水库的水质也达到Ⅱ类水质要求。在大气污染防治工作方面，金昌市组建大气污染防治专项巡查小组，近年来针对煤质、施工场地扬尘及餐饮油烟等方面进行相应程度的管控，不符合排放标准的项目实行重点治理，对重点任务的落实情况进行跟踪督查，及时通报违规问题并督促限期解决。为尽早解决土壤污染问题，金昌市重拳出击，金昌市政府与甘肃省厅点名的十家土壤环境敏感公司一一签订责任书，并向全社会公开，这为初步掌握土壤污染现状和进一步开展全市土壤污染彻查工作积累了经验。目前，金昌市在环境保护方面的努力还远远不够，后续工作应在做好具体工作的同时，也要积极完善环境监测、环评管理、环境执法方面的制度体系，推进城镇乡村绿色发展，促进城乡环境质量的全面改善，建设生态宜居城镇乡村，真正做到长治久安。

（五）智慧城市

近年来，金昌市全面推进信息化建设，提升信息基础设施服务水平，深化信息通信普及程度，推动了"互联网＋"在全市的快速发展，信息化水平显著提高。截至 2017 年，金昌市的宽带网络基本实现城乡全覆盖，全市基站总数共有 2023 个，4G 基站 930 个，宽带接入端口约 23 万个，有线电视网络双向优化比例可达 100%。另外，全市所有的住宅小区已覆盖光纤，固定宽带家庭普及比例达 64.2%，全省排名第三位，移动电话的 3G/4G 用户渗透比例可达 56.4%，全省排名第四位。互联网是智慧城市建设的重要基础媒介，目前金昌市的信息通信普及程度已经走在全省前列，如"惠农通""农技宝""智慧农业"等综合信息服务平台已经深入覆盖到农村，为广大农民用户在农业技术应用方面提供了便捷的智能服务。金昌市相关单位已经完成数字城市信息管理平台、数字地理空间框架系统及"三维数字社区"等重点信息化项目建设，城市管理和服务能力均有了质的提升。不过，金昌市离真正智慧城市还有很大的距离，正处于数字城市的发展阶段，在今后城市发展中还要加强技术、资金、人才的交流和引进，努力推进"数字金昌"向"智慧金昌"的转变。

（六）生态安全屏障建设现状

金昌市在生态安全屏障建设过程中坚持生态优先、绿色发展的理念，扎实执行三北防护林、退耕还林、公益林管护、湿地恢复、森林火险区防治等多项国家重大生态战略决策部署，为保质保量完成各阶段生态安全屏障建设任务打下良好基础。金昌市依据"南护水源、中建花城、北固风沙"的建设思路，以祁连山水源涵养林保护、石羊河综合整治等重大项目为依托，大规模推进国土绿化工程，在南部扎实开展祁连山天然林保护行动，合理部署对祁连山国家自然保护区管理工作，稳步推进祁连山国家级公园试点建设。金昌市在中部绿洲区的建设过程中，根据"紫金花城、神秘骊轩"规划思路，逐步建成紫金苑、植物园、十里花海等特色景区，并在环城防护林区组织建造了荒漠旱生植物园和鲜花培育基地。北部风沙区固沙工作十分艰难，在坚持自然修复的前提下，对芨芨泉自然保护区、黑水墩林场、西滩林场等进行了围栏封护，荒漠化、沙化的加强趋势得到一定程度的控制。

金昌市在做好生态文明建设一系列工作之余，着力推进循环经济、绿色消费和节能减排发展，在生态建设、环境保护和公共服务方面取得了不俗的成绩，荣获"国家卫生城市""国家园林城市"称号，成功被评为"全国循环经济示范城市"，但与全面建成小康社会、"美丽中国"及人民群众对美好生活的愿望相比，仍有较大的差距。金昌市作为河西走廊地区生态安全屏障建设的重要城市，一方面应该积极保护该地区各类生态系统、主动承担重大生态工程建设任务，争取早日改善生态环境质量，促进生态健康可持续发展；另一方面要注重加强生态文化建设，培育并提高人民生态文明素养，推动形成健康、绿色、节约、和谐的社会新风尚。

三　金昌市生态安全屏障建设对策

金昌市自然条件严酷，生态环境极其脆弱，年均蒸发量大约是降水量的 18 倍。其不仅在河西祁连山内陆河生态安全屏障建设中举足轻重，甚至在青藏高原生态安全屏障和北方防沙带建设中起着牵一发而动全身的作用。根据甘肃发展战略定位和主体功能区规划，《甘肃省建设国家生态安全屏障综合试验区"十三五"实施意见》中针对河西祁连山内陆河生态安全屏障的建设，明确提出坚持以水源涵养、湿地保护、荒漠化防治为重点，保护和修复森林、草原、湿地等生态系统，增强水源涵养及生物多样性保护能力。重点实施祁连山生态保护，对冰川、湿地、森林、草原进行抢救性保护，深入推进三大流域生态综合治理，加强北部防风固沙林体系建设，全面保护戈壁沙漠的建设任务。因此，金昌市今后还需要在水源涵养、湿地保护、荒漠化沙化防治，保护和修复林地、草地、湿地等生态系统，提高生物多样性抵御风险能力等方面继续加强工作，并进一步在戈壁绿城建设、城市宜居和生态建设方面加大力度，积极发挥在甘肃省生态安全屏障建设中的模范带头作用，为保质保量完成国家生态安全屏障建设做出努力。

在城市绿化方面，金昌市应该牢固树立"规划建绿"的理念，坚持规划先行，积极建造以生态公益林、防护林带、隔离带为主体的城市生态圈，进而保护生物多样性。坚持以城市各种绿化项目为依托，合理拓展城市绿化空间，形成以庭院绿化为点、公共道路绿化为线、公园湿地绿化为面的城市绿化新格局。坚持依法治绿，确定绿地范围红线，禁止任何单位和个人改作他用，并实施建设项目报批制度，建设"数字园林"，完善城市园林绿化数字化信息库，设立城市园林绿化信息服务共享平台，自觉接受社会各界监督。以优化居民生活环境为出发点和落脚点，牢记"资源有限、循环无限"的发展思路，加强节能减排工作，加快大气污染、水污染和固体废弃物污染整治进程，从城区道路、居民住宅区、菜市场、超市商城出入口、城郊接合部等脏乱差的地点着手，综合整治城市环境卫生，改善城市面貌，不断推进教育、医疗、文化、卫生等公共基础设施发展，努力打造全国甚至全世界级别循环经济示范区。

创建国家园林城市是一项功在当代、利在千秋的惠民工程，这对提升生态建设水平具有重要意义。可积极探索建立一种"政府投资融资、企业出资集资、群众捐资代资"的全民参与模式，充分发挥手机、报纸、电视、政府门户网站等新闻媒体的宣传作用，最终形成全民共建绿色家园的强大合力，推动城市生态环境建设的发展，建成绿色舒适的宜居环境，使城市的生态承载力、经济辐射力和综合竞争力得到全面提升。

金昌市目前在交通、经济、环保、生态城市、智慧城市和生态安全屏障建设方面均有很大的提升空间，任重而道远，今后更需百尺竿头，更进一步，努力完成并做好河西祁连山内陆河生态安全屏障在国家生态安全屏障综合试验区"十三五"规划中的全部任务，紧抓历史机遇，着力推动城市经济社会发展方式转变、促进产业更新换代升级、推进扶贫开发攻坚、创新生态保护机制、加快完善生态补偿机制，为甘肃省和全国生态安全屏障建设增色添彩。

附　录
Appendix

G．10
甘肃国家生态安全屏障建设大事记（2017年）

朱　玲[*]

2017 年 1 月 18 日　甘肃省环境保护工作会议在兰州召开。会议强调，2017 年甘肃省将抓好环保领域改革，打好大气、水、土壤"三大攻坚战"，进一步规范自然保护区建设与环境监管，认真做好自然保护区专项检查问题的整改工作，对违规建设项目进行清理。

2017 年 1 月　泾川、康县两个集体林业改革试验示范区被国家确定为"集体林地所有权、承包权、经营权'三权分离'试点"区域，创新推进"三权分置"工作，在明确林地经营权权属的同时，形成县、乡、村三级联动的林业综合管理服务体系，建立和完善生态公益林管护责任制，规范林权

---

[*]　朱玲，兰州城市学院马克思主义学院教授，主要从事马克思主义哲学、伦理学研究。

281

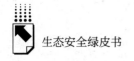

流转，促进林业规模经营。

2017 年 2 月 4 ~ 5 日　甘肃省委副书记、省长林铎深入河西地区张掖、金昌、武威，就祁连山自然保护区生态环境保护修复工作进行调研。林铎强调，要深入贯彻习近平总书记系列重要讲话精神，特别是关于祁连山生态环境保护的重要指示精神，全面落实五大发展理念，强化措施，靠实责任，坚决抓好问题整改，切实筑牢国家生态安全屏障。

2017 年 2 月 28 日　甘肃省政府办公厅印发《甘肃省生态环境监测网络建设实施方案》。该方案目的是加快推进全省生态环境监测网络建设，形成政府主导、部门协同、社会参与、公众监督的生态环境监测新格局，切实提高全省生态环境管理系统化、科学化、法制化、精细化、信息化水平。

2017 年 3 月 5 日　2017 年甘肃景电工程向民勤绿洲调水正式启动。2001 年起，景泰川电力提灌工程已连续 17 年向有中国"沙乡"之称的民勤跨流域调水超过 10 亿立方米，为当地生态用水提供了保障，使其所在的石羊河流域生态环境恶化趋势得到有效遏制，生态环境明显改善。

2017 年 3 月 29 日　甘肃省政府办公厅印发《关于开展第二次全省污染源普查的通知》。

2017 年 4 月 13 日　中央第七环境保护督察组向甘肃省反馈督察意见时特别指出，"祁连山等自然保护区生态破坏问题严重"，应高度重视祁连山生态环境保护工作，坚决清退采、探矿项目，切实推进祁连山生态保护与修复。

2017 年 4 月 18 日　甘肃省代省长唐仁健主持召开了甘肃省政府第 147 次常务会议，专题研究了祁连山自然保护区生态环境保护修复治理措施。

2017 年 4 月 21 日　甘肃省环保厅、财政厅组成的核查组对永昌县、天祝县、民乐县、山丹县进行了 2014 ~ 2016 年生态功能区转移支付绩效评估现场核查工作，甘肃省环境监测中心站相关技术人员配合现场核查。核查组根据核查情况，要求被考核县政府增强责任意识，高度重视县域考核及生态环境保护工作，落实好重点生态功能区环境保护和管理的主体责任，严格将国家重点生态功能区转移支付资金用于保护生态环境和改善民生，以此推动生态环境质量的持续改善。

2017年5月 甘肃省林业部门组织制定了《甘肃省湿地产权确权试点工作方案》。

2017年5月3日 甘肃省代省长唐仁健主持召开了甘肃省政府第149次常务会议。会议审议了《关于加快推进防沙治沙工作的意见》。

2017年5月5日 甘肃省人民政府办公厅印发《甘肃省2017年大气污染防治工作方案》。该方案指出，2017年全省14个市州所在城市平均优良天数比例要达到84.0%以上，将对大气质量终期评估不合格的市州实行"一票否决"。

2017年5月9～10日 甘肃省委书记、省人大常委会主任林铎到武威和张掖两市，就祁连山生态环境保护工作进行了检查调研，强调要有力有序有效推进生态环境整治和保护修复，逐步构建祁连山生态环境保护长效机制。

2017年5月17～18日 甘肃省省长唐仁健到祁连山国家自然保护区腹地，检查生态环境问题整治及修复保护工作，强调要牢固树立绿色发展理念，守牢生态红线和环保底线，以"刮骨疗伤"的勇气和决心抓问题整改，全面改善提升祁连山生态环境质量，筑牢国家生态安全屏障。

2017年5月19日 甘肃省委常委会审议了《甘肃省贯彻落实中央环保督察反馈意见整改方案》，进一步研究部署了中央环保督察反馈意见整改工作。

2017年5月22日 在中国共产党甘肃省第十三次代表大会上，甘肃省委书记林铎针对甘肃经济发展与脆弱的生态环境关系，提出要积极推进国家生态安全屏障综合试验区建设，加大祁连山等自然保护区生态环境破坏问题整治、修复和保护力度，并加大对农村面源污染治理力度，确保民众"喝上干净的水、呼吸清新的空气"，筑牢西部生态安全屏障。

2017年6月14日 甘肃省省长唐仁健主持召开了甘肃省政府第154次常务会议，研究落实中央要求的具体举措，专题审议《甘肃祁连山保护区生态环境问题整改落实方案》。

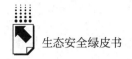

2017 年 6 月 15 日　甘肃省人民政府办公厅正式印发《甘肃省水污染防治 2017 年度工作方案》。该方案明确，2017 年甘肃省地级城市重点监管集中式饮用水水源地水质优良比例要达到 100％，兰州市基本消除黑臭水体。

2017 年 6 月 19 日　中共甘肃省委办公厅、甘肃省人民政府办公厅印发《甘肃省贯彻落实中央环境保护督察反馈意见整改方案》。该方案坚持目标导向，统揽全局，以落实中央环境保护督察反馈意见整改工作为基础目标，以解决全省生态环境问题为根本目标。

2017 年 6 月 21 日　甘肃省委常委会在兰州召开会议，研究部署祁连山保护区生态环境问题整改落实、全面推行河长制。

2017 年 6 月 23 日　甘肃省祁连山自然保护区生态环境问题整改工作领导干部会议在兰州召开。甘肃省省长唐仁健主持会议，并传达了《中共中央办公厅、国务院办公厅关于甘肃祁连山国家级自然保护区生态环境问题督查处理情况及其教训的通报》精神。

2017 年 7 月 11 日　中共甘肃省委办公厅、甘肃省人民政府办公厅印发《甘肃省生态文明建设目标评价考核办法》，将祁连山地区生态环境保护纳入重点督查考核内容，列入省政府环保目标责任考核体系。

2017 年 7 月 12 日　甘肃省生态环境保护大会暨省委理论中心组学习会在兰州召开。甘肃省委书记、省人大常委会主任林铎强调，要深入学习贯彻习近平生态文明思想和全国生态环境保护大会精神，全力推进生态文明建设，坚决打赢污染防治攻坚战，加快绿色发展崛起步伐，努力建设山川秀美新甘肃。

2017 年 7 月 15 日　甘肃省委常委会在兰州召开会议，传达学习了《中共中央办公厅、国务院办公厅关于印发〈祁连山国家公园体制试点方案〉的通知》精神，研究部署了甘肃省贯彻落实工作。

2017 年 7 月 17 日　甘肃省省长唐仁健主持召开了甘肃省政府第 159 次常务会议。讨论通过了《甘肃省技术市场条例（修订草案）》和《甘肃祁连山国家级自然保护区管理条例（修订草案）》

2017 年 7 月 21 日 甘肃省委常委扩大会议学习了《人民日报》评论员文章《扛起生态文明建设的政治责任》和《人民日报》评论《当好生态环境的"保洁员"》，以及《新闻联播》《焦点访谈》关于祁连山生态环境问题的报道，进一步研究和部署祁连山生态环境保护工作。

2017 年 7 月 21 日 中办、国办就甘肃祁连山国家级自然保护区生态环境问题发出通报。通报指出，祁连山是我国西部重要生态安全屏障，是黄河流域重要水源产流地，是我国生物多样性保护优先区域，国家早在 1988 年就批准设立了甘肃祁连山国家级自然保护区。长期以来，祁连山局部生态破坏问题十分突出。中央政治局常委会会议听取督查情况汇报，对甘肃祁连山国家级自然保护区生态环境破坏典型案例进行了深刻剖析，并对有关责任人做出严肃处理。

2017 年 7 月 28 日 《甘肃省石油勘探开发生态环境保护条例》由甘肃省第十二届人民代表大会常务委员会第三十四次会议修订通过。

2017 年 8 月 4 日 中共甘肃省委办公厅、甘肃省人民政府办公厅印发《甘肃省全面推行河长制工作方案》。该方案坚持节水优先、空间均衡、系统治理、两手发力，以保护水资源、防治水污染、改善水环境、修复水生态为主要任务，在全省江河湖泊全面推行河长制，构建责任明确、协调有序、监管严格、保护有力的河湖管理保护机制，为维护河湖健康生命、实现河湖功能永续利用提供制度保障。

2017 年 8 月 19 日 甘肃省明确将于 2017 年底前划定祁连山区域生态保护红线，2018 年底前全面划定生态保护红线，以提升国家生态安全屏障生态功能。

2017 年 8 月 22 日 甘肃省发展和改革委员会印发《甘肃省国家重点生态功能区产业准入负面清单（试行版）》，将涉及祁连山冰川与水源涵养生态功能区的永登、古浪、肃南等县纳入范围，明确了限制或禁止发展的产业目录。

2017 年 8 月 22 ~ 24 日 甘肃省举办了"2017 年环境保护督察培训"，正式启动省级环境保护督察工作。

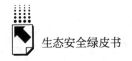

2017 年 9 月 28 日　《甘肃省农村生活垃圾管理条例》由甘肃省第十二届人民代表大会常务委员会第三十五次会议审议通过，自 2017 年 12 月 1 日起施行。

2017 年 10 月　《生态安全绿皮书：甘肃国家生态安全屏障建设发展报告（2017）》出版发行。该书以甘肃省国家生态安全屏障建设为研究对象，与"一带一路"建设密切结合，践行甘肃省委、省政府关于深入推进绿色发展建设国家生态安全屏障的实施方案，通过"四屏一廊"的区域划分，进行针对性的调查研究和分析，梳理"四屏一廊"生态安全屏障建设的发展现状并进行全面、深入和客观的评价，首次建立相应的评价指标体系，针对生态安全屏障建设过程中存在的问题提出切实可行的解决措施和建议。

2017 年 10 月 13 日　兰州市入选"2017 年国家园林城市"，成为甘肃省唯一入选城市。

2017 年 10 月 14 日　由甘肃省老教授协会生态委员会、甘肃省园林商会联合主办的"兰州 2017 生态环保论坛暨业界联谊会"在兰州顺利举行。论坛的主题是"让兰州天更蓝、水更清、山更绿"。

2017 年 11 月　嘉峪关市成功入选第五届全国文明城市。金昌市顺利通过复查确认，继续保留"全国文明城市"荣誉称号。这是甘肃省全国文明城市创建工作取得的重要成果，对进一步推动精神文明建设向纵深发展，开创全省精神文明建设新局面具有重要意义。

2017 年 11 月 5 日　甘肃省省长唐仁健主持召开了甘肃省政府第 170 次常务会议。会议审议通过了《祁连山国家级自然保护区矿业权分类退出办法》。

2017 年 11 月 16 日　2017 年西北地区大气污染防治工作推进会在宁卧庄宾馆举行。

2017 年 11 月 21 日　甘肃省高级人民法院出台《关于加强甘肃祁连山保护区生态环境审判工作为构建国家西部生态安全屏障提供司法保障的意见》，全面加强祁连山生态环境保护审判工作。

2017 年 11 月 30 日　《甘肃祁连山国家级自然保护区管理条例》已由甘肃省第十二届人民代表大会常务委员会第三十六次会议修订通过，自公布之日起施行。祁连山自然保护区内的 144 宗矿业权，143 宗已关停，剩余 1 宗已停止开采。2017 年底前，全面实现省级平台对祁连山地区水电站引水泄水的在线监控和预警管理。

2017 年 12 月 5 日　甘肃省政府第 170 次常务会议审议通过了《祁连山国家级自然保护区矿业权分类退出办法》。该办法决定，在以冻结方式全面停止祁连山国家级自然保护区内矿产资源勘查开发活动的基础上，采取注销、扣除、补偿三种方式，差别化推进已设矿业权分类退出工作。

2017 年 12 月 18 日　甘肃省和兰州市成立省市联合工作组，就媒体报道的中国铝业兰州分公司近年来将大量废阴极炭块危险废物露天堆放在山沟内，对当地环境造成影响并存在巨大潜在危害的情况，全面开展调查处置工作，并于当日下午进驻涉事公司。

2017 年 12 月 29 日　甘肃省人民政府办公厅印发《甘肃祁连山国家级自然保护区水电站关停退出整治方案》的通知，要求认真落实党中央、国务院及甘肃省委、省政府关于加强祁连山生态环境保护工作的决策部署，积极稳妥做好祁连山自然保护区水电站关停退出整治工作，确保祁连山自然保护区水电站生态环境问题得到全面整改，真正筑牢西部生态安全屏障，实现人与自然的和谐共生。

G . 11
后 记

本书课题组对西部生态安全屏障建设的战略意义及实践探索、甘肃特色生态城市安全屏障建设、国家"一带一路"倡议丝绸之路甘肃段生态安全屏障建设等重大问题进行了深入研究与探讨，提出了生态安全屏障建设、环境保护修复的对策建议。当然，我们的研究中还存在诸如遥感地理信息采集受限、评价标准及模型还需要进一步完善等问题，需要对生态安全屏障建设区地质灾害风险进行评估研究，以及对生态屏障建设试验区生态补偿标准等问题进行深入研究。还要加大执法力度，解决空气污染、土壤污染和水污染等突出生态环境问题，还居民一个蓝天白云、繁星闪烁，清水绿岸、鱼翔浅底，田园风光、鸟语花香的美丽家园，努力建设人与自然和谐共生的现代化美丽中国，开创社会主义生态文明新时代。

《甘肃国家生态安全屏障建设发展报告（2018）》的理论构架、发展理念、目标定位、评价标准、工程实践、对策建议等由主编确立。参加研创工作的主要编撰者有李景源、孙伟平、刘举科、胡文臻、喜文华、曾刚、孔庆浩、李具恒、李开明、赵廷刚、温大伟、谢建民、刘涛、常国华、胡鹏飞、孙海丽、汪永臻、康玲芬、庞艳、唐安齐、袁春霞、钱国权、王翠云、高天鹏、南笑宁、方向文、台喜生、李明涛等。本书大事记由朱玲负责完成。中英文统筹由汪永臻、马凌飞负责完成。最后由主编刘举科、喜文华统稿定稿。

甘肃国家生态安全屏障建设发展研究与生态安全绿皮书的策划、立项、编撰、发行与推广工作得到皮书学术委员会及诸多部门领导和专家真诚无私的关心和支持。我们对所有关心和支持这项研究的单位和专家表示衷心感谢。特别感谢中国社会科学院领导、甘肃省人民政府领导所给予的关怀和支持。感谢相关院士、专家所贡献的智慧和无私奉献，感谢配合和帮助我们开展社会调研与信息采集的部门和志愿者，感谢社会科学文献出版社谢寿光社长和社会政法分社王绯社长、周琼副社长，以及责任编辑李惠惠老师为本书出版所付出的辛勤劳动。

刘举科　喜文华

二〇一八年六月三十日

G.12

参考文献

钟祥浩、刘淑珍等：《西藏高原国家生态安全屏障保护与建设》，《山地学报》2006年第3期。

陈东景、徐中民：《西北内陆河流域生态安全评价研究——以黑河流域中游张掖地区为例》，《干旱区地理》2002年第25（3）期。

张淑莉、张爱国：《临汾市土地生态安全度的县域差异研究》，《山西师范大学学报》（自然科学版）2012年第2期。

孙小丽：《甘肃省建设国家生态安全屏障的制度化保障机制研究》，硕士学位论文，甘肃农业大学，2016。

韩枫、朱立志：《草食畜牧业可持续发展中的草场保护问题研究》，《中国食物与营养》2016年第2期。

张志强、孙成权、王学定、吴新年等：《论甘南高原生态建设与可持续发展战略》，《草业科学》2017年第5期。

甘肃省林业厅：《甘肃林业"十三五"工作思路和战略重点》，《甘肃林业》2016年第4期。

张春花：《甘南生态环境建设的现状及对策》，《甘肃高师》2009年第2期。

李凯：《基于SWAT模型的白龙江流域生态修复效应模拟研究》，硕士学位论文，兰州大学，2015。

刘文英主编《哲学百科小辞典》，甘肃人民出版社，1987。

王文浩：《甘南黄河重要水源补给生态功能区生态环境问题成因分析及改善对策》，《生态经济》（学术版）2009年第2期。

金舟加：《议甘南保护生态环境与可持续发展》，《中国农业资源与区划》2016 年第 6 期。

虎陈霞等：《甘肃省少数民族地区生态环境与可持续发展——以临夏回族自治州为例》，《国土与自然资源研究》2011 年第 6 期。

曾云：《甘肃省环境资源治理制度供给研究》，硕士学位论文，西北师范大学，2009。

马雄、张荣：《浅谈甘南高原草地现状及保护对策》，《草业科学》2010年第 34 期。

张春山：《黄河上游地区地质灾害形成条件与风险评价研究》，硕士学位论文，中国地质科学院，2003。

马爱霞：《甘肃黄河上游主要生态功能区草原退化成因及治理对策浅析》，《草业与畜牧》2009 年第 2 期。

李吉昌：《甘南草原生态环境建设的实践与发展途径》，《甘肃农业》2008 年第 3 期。

贾小琴等：《甘肃临夏地区近43a 来的气候特征》，《干旱气象》2012 年第 3 期。

鲁鸿佩：《临夏州天然草原生态现状与可持续利用》，《中国草业发展论坛》2006 年第 Z1 期。

孔照芳等：《甘南州进一步落实完善草场承包责任制情况的调查》，《甘肃农业》1996 年第 10 期。

武瑞鑫等：《甘南草地现状与可持续发展问题分析——以夏河地区桑科乡为例》，《草业科学》2014 年第 4 期。

甘肃省畜牧学校编《畜牧学基础知识初级本》，农业出版社，2010。

张春山、吴满路、张业成：《地质灾害风险评价方法与展望》，《自然灾害学报》2003 年第 02（1）期。

向喜琼、黄润秋：《地质灾害风险评价与风险管理》，《地质灾害与环境保护》2003 年第 1 期。

魏金平、李萍：《甘南黄河重要水源补给生态功能区生态脆弱性评价及其成因分析》，《水土保持通报》2009 年第 1 期。

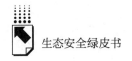
王文浩：《甘南黄河重要水源补给生态功能区生态环境问题成因分析及改善对策》，《生态经济》（学术版）2009 年第 2 期。

王迅：《基于 3S 技术的甘南地区生态风险评价研究》，硕士学位论文，兰州大学，2010。

袁凤军、余昌元：《哈巴雪山保护区大果红杉林的分布格局及其保护价值》，《林业调查规划》2013 年第 2 期。

张英瑞等：《吉林省白河林业局高保护价值森林判定研究》，《当代生态农业》2013 年第 Z1 期。

张静伟、龙大学：《森林生态系统的复杂性与复杂性管理——对化龙山国家级自然保护区森林管护的启示》，《今日中国论坛》2013 年第 10 期。

浦仕梅：《元阳观音山自然保护区资源现状与保护管理浅析》，《内蒙古林业调查设计》2014 年第 1 期。

刘举科、喜文华：《生态安全绿皮书：甘肃国家生态安全屏障建设发展报告（2017）》，社会科学文献出版社，2017。

雷蕾等：《环境安全及其评价指标体系触探》，《地质灾害与环境保护》2006 年第 1 期。

天水市发展和改革委员会：《天水市生态屏障建设"十三五"规划》，2017 年 1 月 17 日。

陇南市政府研究室：《陇南市政府工作报告解读》（上），2017 年 12 月 21 日。

王鹏：《"十二五"天水市国家水土保持重点项目建设成效与经验》，《山西水土保持科技》2017 年第 2 期。

陇南市人民政府办公室：《陇南市生态文明建设和环境保护"十三五"规划》，2016 年 11 月 9 日。

甘肃省政府办公厅：《甘肃省人民政府办公厅关于印发〈甘肃省秦巴山片区区域发展与扶贫攻坚实施规划（2016—2020 年）〉的通知》，2017 年 6 月 15 日。

《甘肃省人民政府办公厅关于印发〈甘肃省建设国家生态安全屏障综合

试验区"十三五"实施意见〉的通知》，2016 年 8 月 22 日。

张广裕：《西部重点生态区环境保护与生态屏障建设实现路》，《甘肃社会科学》2016 年第 1 期。

环境保护部规划财务司：《稳步推进着力构建国家生态安全屏障》，《环境保护》2011 年第 17 期。

吴启发：《中国西部生态环境》(3)，《中国水土保持》2000 年第 7 期。

定西市人民政府办公室：《定西市"十三五"环境保护规划》，2016。

张军驰：《西部地区生态环境治理政策研究》，硕士学位论文，西北农林科技大学，2012.

刘海霞、马立志：《西北地区生态环境问题及其治理路径》，《实事求是》2016 年第 4 期。

张燕、高峰：《甘肃省生态屏障建设的综合评价和影响因素研究》，《干旱区资源与环境》2015 年第 11 期。

冉瑞平、王锡桐：《建设长江上游生态屏障的对策思考》，《就业经济问题》(双月刊) 2005 年第 3 期。

成克武等：《陇东地区生态环境建设问题的探讨》，《北京林业大学学报》2002 年第 1 期。

何慧霞：《甘肃构筑西北生态安全屏障》，《国际商报》2015 年第 1 期。

魏文翠：《甘肃黄土高原生态安全屏障建设的思路》，《学术纵横》2015 年第 3 期。

崔敏：《定西市生态建设与环境保护问题探析》，《安徽农学通报》2016 年第 7 期。

田良才、牛天堂、李晋川：《重塑黄土高原，根治水土流失，建设北方现代旱作农业高产带》，《农业技术与装备》2013 年第 21 期。

《甘肃省人民政府办公厅关于印发〈甘肃省建设国家生态安全屏障综合试验区"十三五"实施意见〉的通知》，甘肃省人民政府网，2016 年 8 月 26 日，http：//www. gansu. gov. cn/art/2016/8/26/art_ 4827_ 284437. html。

《详解十三五：构建"两屏三带"生态安全战略格局》，央广网，2016

年7月5日，http：//china. cnr. cn/ygxw/20160705/t20160705_ 522586596. shtml。

《庆阳强力推进固沟保塬工程建设生态文明新庆阳》，每日甘肃网，2014年8月27日，http：//ldnews. gansudaily. com. cn/system/2014/08/27/015156982. shtml。

《退耕还林带来的巨大收益》，和讯网，2016年7月4日，http：//news. hexun. com/2016 - 07 - 14/184925007. html。

社会科学文献出版社

皮书系列

❖ 皮书起源 ❖

"皮书"起源于十七、十八世纪的英国,主要指官方或社会组织正式发表的重要文件或报告,多以"白皮书"命名。在中国,"皮书"这一概念被社会广泛接受,并被成功运作、发展成为一种全新的出版形态,则源于中国社会科学院社会科学文献出版社。

❖ 皮书定义 ❖

皮书是对中国与世界发展状况和热点问题进行年度监测,以专业的角度、专家的视野和实证研究方法,针对某一领域或区域现状与发展态势展开分析和预测,具备原创性、实证性、专业性、连续性、前沿性、时效性等特点的公开出版物,由一系列权威研究报告组成。

❖ 皮书作者 ❖

皮书系列的作者以中国社会科学院、著名高校、地方社会科学院的研究人员为主,多为国内一流研究机构的权威专家学者,他们的看法和观点代表了学界对中国与世界的现实和未来最高水平的解读与分析。

❖ 皮书荣誉 ❖

皮书系列已成为社会科学文献出版社的著名图书品牌和中国社会科学院的知名学术品牌。2016年,皮书系列正式列入"十三五"国家重点出版规划项目;2013~2018年,重点皮书列入中国社会科学院承担的国家哲学社会科学创新工程项目;2018年,59种院外皮书使用"中国社会科学院创新工程学术出版项目"标识。

中国皮书网

（网址：www.pishu.cn）

发布皮书研创资讯，传播皮书精彩内容
引领皮书出版潮流，打造皮书服务平台

栏目设置

关于皮书：何谓皮书、皮书分类、皮书大事记、皮书荣誉、
皮书出版第一人、皮书编辑部

最新资讯：通知公告、新闻动态、媒体聚焦、网站专题、视频直播、下载专区

皮书研创：皮书规范、皮书选题、皮书出版、皮书研究、研创团队

皮书评奖评价：指标体系、皮书评价、皮书评奖

互动专区：皮书说、社科数托邦、皮书微博、留言板

所获荣誉

2008 年、2011 年，中国皮书网均在全
国新闻出版业网站荣誉评选中获得"最具
商业价值网站"称号；

2012 年，获得"出版业网站百强"称号。

网库合一

2014 年，中国皮书网与皮书数据库端
口合一，实现资源共享。

权威报告·一手数据·特色资源

皮书数据库
ANNUAL REPORT(YEARBOOK)
DATABASE

当代中国经济与社会发展高端智库平台

所获荣誉

● 2016年，入选"'十三五'国家重点电子出版物出版规划骨干工程"

● 2015年，荣获"搜索中国正能量 点赞2015""创新中国科技创新奖"

● 2013年，荣获"中国出版政府奖·网络出版物奖"提名奖

● 连续多年荣获中国数字出版博览会"数字出版·优秀品牌"奖

成为会员

通过网址www.pishu.com.cn访问皮书数据库网站或下载皮书数据库APP，进行手机号码验证或邮箱验证即可成为皮书数据库会员。

会员福利

● 使用手机号码首次注册的会员，账号自动充值100元体验金，可直接购买和查看数据库内容（仅限PC端）。

● 已注册用户购书后可免费获赠100元皮书数据库充值卡。刮开充值卡涂层获取充值密码，登录并进入"会员中心"—"在线充值"—"充值卡充值"，充值成功后即可购买和查看数据库内容（仅限PC端）。

● 会员福利最终解释权归社会科学文献出版社所有。

数据库服务热线：400-008-6695
数据库服务QQ：2475522410
数据库服务邮箱：database@ssap.cn
图书销售热线：010-59367070/7028
图书服务QQ：1265056568
图书服务邮箱：duzhe@ssap.cn

社会科学文献出版社 皮书系列
SOCIAL SCIENCES ACADEMIC PRESS (CHINA)

卡号：655971474622

密码：

S 基本子库
SUB DATABASE

中国社会发展数据库（下设 12 个子库）

全面整合国内外中国社会发展研究成果，汇聚独家统计数据、深度分析报告，涉及社会、人口、政治、教育、法律等 12 个领域，为了解中国社会发展动态、跟踪社会核心热点、分析社会发展趋势提供一站式资源搜索和数据分析与挖掘服务。

中国经济发展数据库（下设 12 个子库）

基于"皮书系列"中涉及中国经济发展的研究资料构建，内容涵盖宏观经济、农业经济、工业经济、产业经济等 12 个重点经济领域，为实时掌控经济运行态势、把握经济发展规律、洞察经济形势、进行经济决策提供参考和依据。

中国行业发展数据库（下设 17 个子库）

以中国国民经济行业分类为依据，覆盖金融业、旅游、医疗卫生、交通运输、能源矿产等 100 多个行业，跟踪分析国民经济相关行业市场运行状况和政策导向，汇集行业发展前沿资讯，为投资、从业及各种经济决策提供理论基础和实践指导。

中国区域发展数据库（下设 6 个子库）

对中国特定区域内的经济、社会、文化等领域现状与发展情况进行深度分析和预测，研究层级至县及县以下行政区，涉及地区、区域经济体、城市、农村等不同维度。为地方经济社会宏观态势研究、发展经验研究、案例分析提供数据服务。

中国文化传媒数据库（下设 18 个子库）

汇聚文化传媒领域专家观点、热点资讯，梳理国内外中国文化发展相关学术研究成果、一手统计数据，涵盖文化产业、新闻传播、电影娱乐、文学艺术、群众文化等 18 个重点研究领域。为文化传媒研究提供相关数据、研究报告和综合分析服务。

世界经济与国际关系数据库（下设 6 个子库）

立足"皮书系列"世界经济、国际关系相关学术资源，整合世界经济、国际政治、世界文化与科技、全球性问题、国际组织与国际法、区域研究 6 大领域研究成果，为世界经济与国际关系研究提供全方位数据分析，为决策和形势研判提供参考。

法律声明